2024年版 1級第1次検定

電気通信工事施工管理技士 突破攻略

高橋英樹 著

技術評論社

目次：CONTENTS

●はじめに－本書の特徴●

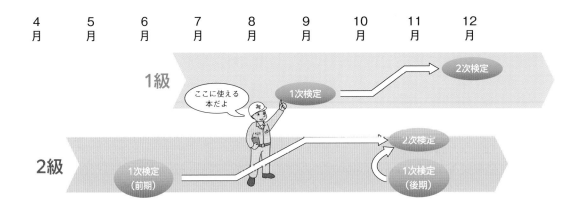

● 設問重要度に応じた独自の編集方針

この本は、勉強すべき順番に編集されています。

非常に大事なことなのでもう一度書きます。この本は「勉強すべき順番」に記述されています。決して、出題分野ごとに並んでいるわけではありません。

いま書店の技術資格コーナーで「みんな似てるけど、どれにしようかな～」と、パラパラ眺めている方、是非他の本と構成を比較してみてください。他の本は「勉強すべき順番」に編集されていますか？　それとも出題分野別の構成でしょうか？
ここは大変大事な部分ですので、しっかりと吟味してください。

1級1次検定では、施工管理法、法規、電気通信工学等の幅広い分野から、90問が出題されます。しかし設問は、「必ず解答すべき」問題と、「設問から指定数を選んで解答すればよい」問題の、2つのグループに分かれています。選択問題は、各受験者が経験してきた専門ジャンルで挑戦できるようにする配慮です。

さらに、選択問題に関しては、設定された「枠」に対して選択すべき問題数に差があるため、出題された全ての問題の重要度は一律ではありません。つまり、各問題群ごとに「重みづけ」があると解釈でき、受験者にとって学習にあたっての「優先度」があると考察できます。

このことは、講習会でも一番最初に説明しています。

本書は、この受験者にとっての「学習優先度」を出題実績から整理して、優先度の高い順で構成しています。「優先度」とは単に時間的に早く着手すべきという意味だけでなく、より深く内容に入り込む必要があるという意味でもあります。
逆にいえば、優先度上位の問題群にしっかり対応しておけば、優先度下位の問題群は、軽く読み飛ばす程度でも十分です。

■ 1級1次検定における
「総出題数」と「解答すべき問題数」「合格ライン」の関係

選択した60問の内、60%に相当する36問以上を正答せよ！

| 36問 | 合格ライン | 60問選択 | 全90問 |

合格に必要な36問は、全90問に対してたった40%

● 合格のみを目的に

　講習会で教えていると、受講生さんから、このような声をよく聞きます。「試験の勉強を進めることで、現場で通用する技術スキルを合わせて高めたい。」

　志も高く、一見もっともらしいご決意のようにも聞こえます。しかし志とは裏腹に、これは実態から大幅にズレた考え方なのです。残念ながら、資格試験のための勉強は、技術スキルと同じ方向の軸上にはありません。この両者は、ほとんど相関性がないほどに離れています。

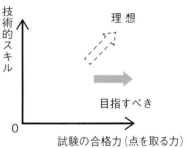

　もちろん、理想としてはこの両者を同時に高められればそれに超したことはありません。ところが現実に目を戻してみますと、みなさんより現場経験の長い先輩方がいつまでも合格できないのはなぜでしょうか？

　それは、これら両者には相関性がないからなのです。

　結論だけを端的に申し上げますが、資格の勉強を進めても、現場で通用する技術スキルはあまり高まりません。逆に技術スキルを高めても、試験の合格には近づきません。

　ですから試験日までのカウントダウンが始まった現在は、技術スキルを高める活動はいったん休止しましょう。今やるべきは、「合格のための勉強」に集中することです。合格のみを目的とした勉強とは、つまり「点を取るテクニック」を習得することに他なりません。

　講習会では、この考え方を特に強調して説明しています。そして、この点はテキストを選ぶ際にもとても重要な要素になってきます。

　もう一度、本書の横に並ぶ他の出版社さんの本を眺めてください。それらは「点を取ること」を主眼としてますか？ まるで学校教育のような、分野ごとに、知識スキルを高める書き方ですよね。残念ですが、それでは点は取れません。つまり合格もできません。

　それに対して手前味噌ですが、この本は点を取ることだけを目的に執筆しています。本書を活用すれば試験には楽に合格できますが、現場で通用する技術スキルはあまり高まりません。それは、合格後に他の本でゆっくり行ってください。

●演習問題で自分の弱みを発見、フォロー

　本書の全体の構成は、「演習問題にあたる」→「自分の理解度を把握」→「弱みを補強する」の流れが効率的にできるように編集しました。電気通信工事をはじめ他の施工管理技術検定、あるいは関連性の高い通信系の資格試験問題から、演習問題としてセレクト掲載。

　みなさんが実際に解いてみて、解説を読み、解答例を確認する過程で、自分の強みや弱みを自身で把握できるように意図して構成しました。さらに深く学びたい方には、関連知識や根拠となる条文を示す等の、フォロー情報も付加しています。

●講習会併用でさらなる補強を狙う

　この本をキッチリ勉強すれば85点は見えてきます。この検定の合格ラインは60点ですから、合格だけが目的なら十分といえます。しかし、それでは物足りない部分があるのも事実です。

　本書は店頭流通の書籍という性格から、出版されたあとは実質的に軌道修正ができません。また文字だけで情報の全てを伝えるのは、おのずと限界があります。そのためにも、試験日の約2か月前に行われる講習会を受講して、最終的な学習方針を確認することは非常に有意義といえるでしょう。

　これまで多岐にわたる講習会を展開してきた著者のさまざまなノウハウ…得点の取り方、やってはいけない勉強法、勉強時間の減らし方、本には書けない裏ワザ等は講習会でしか聞けません。是非「のぞみテクノロジー」のサイト（下記）で概要をご確認ください。

https://www.nozomi.pw/

　最後に、本書で皆様の学習が大きく進むこと、そして見事検定に合格されることを心よりお祈り申し上げます。

令和6年5月
のぞみテクノロジー　高橋英樹

　本書の基本方針である「学習の優先度」について説明します。令和5年度1級1次検定での出題状況が下記の表です。これらはまず「必ず解答しなければならない」必須問題と、「指定数を選択して回答すればよい」選択問題の2つに区分されています。

　次に選択問題の中でも候補問題に対する選択数の比率が大きく異なっており、設問には明らかな「温度差」が存在します。つまり「避けては通れない重要な問題」と、「後回しでもダメージが小さい問題」とが混在しているのが実態なのです。

　どのジャンルから優先的に手を付けるべきか、後回しにできる分野はどれか、このポジショニングをしっかり見極めることこそが、限られた時間をムダにせず、合格への早道となります。

1級1次検定の構造
令和5年度1級1次検定の出題実績

午前の部

16問中、11問を選択
苦手とする5問は捨ててよい
着手すべき優先度③ ★★★★

ジャンル1

No.1	点電荷による電位の大きさ
No.2	環状鉄心の自己インダクタンス
No.3	電池並列回路の電流値
No.4	RLC並列回路
No.5	スペクトル拡散方式
No.6	パケット交換方式
No.7	ヘテロダイン中継方式
No.8	フレネルゾーン
No.9	前方誤り訂正
No.10	2進数の補数
No.11	中央処理装置
No.12	ミドルウェア
No.13	論理回路
No.14	波形整形回路
No.15	周波数シンセサイザ
No.16	フィードバック制御システム

28問中、14問を選択
苦手とする14問は捨ててよい
着手すべき優先度④ ★★★

ジャンル2

No.17	光ファイバの分散
No.18	光ファイバ増幅器
No.19	WDM
No.20	平衡対ケーブル
No.21	PONシステム
No.22	Wi-Fi6
No.23	アンテナ
No.24	携帯電話システム
No.25	VSATシステム
No.26	受信機の雑音
No.27	IPマルチキャスト通信
No.28	SNMP
No.29	検疫ネットワーク
No.30	IPv4収容数
No.31	OSPF

No.32	CPUの高速化
No.33	ストレージ仮想化技術
No.34	コンピュータの性能評価
No.35	サーバの仮想化技術
No.36	セキュアOS
No.37	テレビ共同受信設備
No.38	地上デジタルテレビ放送
No.39	地デジ放送の受信障害
No.40	CMOSイメージセンサ
No.41	影像符号化方式
No.42	IoT
No.43	Xバンドレーダ雨量計
No.44	ITS

14問中、8問を選択
苦手とする6問は捨ててよい
着手すべき優先度⑤ ★★

ジャンル3

No.45	監理技術者資格者証
No.46	元請負人の義務
No.47	標識の記載事項
No.48	賃金
No.49	労働時間・休憩・休日
No.50	作業主任者
No.51	安全衛生推進者
No.52	道路占用工事
No.53	河川法
No.54	事業用電気通信設備規則
No.55	有線電気通信法
No.56	高周波利用設備
No.57	周波数の安定
No.58	電気工事士法

午後の部

必須問題
着手すべき優先度① ★★★★★

ジャンル4

No.1	公共工事標準請負契約約款
No.2	館内放送設備系統図

8問中、5問を選択
苦手とする3問は捨ててよい
着手すべき優先度⑥ ★

ジャンル5

No.3	変圧器のV-V結線
No.4	高圧受変電設備
No.5	太陽光発電設備
No.6	低圧回路
No.7	空気調和設備
No.8	不活性ガス消火設備
No.9	標準貫入試験
No.10	建築物の防水工事

22問中、20問を選択
捨ててよい問題は、わずか2問
着手すべき優先度② ★★★★★
（ただし、No.28〜32は必須）

ジャンル6

No.11	光ケーブルの架空配線
No.12	端子への接続や成端
No.13	メタルケーブルの屋内配線
No.14	防火区画の貫通
No.15	施工計画の留意事項
No.16	原価管理
No.17	各種工程表
No.18	工程計画
No.19	工程管理
No.20	品質管理
No.21	管理図
No.22	近端漏話減衰量
No.23	職長教育
No.24	墜落防止
No.25	停電作業
No.26	巻上げ機
No.27	特別教育
No.28	施工管理法：同軸ケーブルの施工
No.29	施工管理法：届出書等
No.30	施工管理法：山積みや山崩し
No.31	施工管理法：移動式足場
No.32	施工管理法：移動式クレーン

●合格ラインは60パーセント

　1級の本検定は全部で90問出題されますが、選択問題が多く含まれており、実際に解答するのはトータルで60問です（P5上部のバーを参照）。残りの30問は解答しなくてよい、極端にいえばそのジャンルは勉強しなくてよいことにもなります。逆に、指定された問題数を超えて（61か所以上）マークすると、減点となるので注意してください。

　そして選択した60問のうち60％にあたる36問以上を正答すれば合格です。よく勘違いされがちですが、出題された全90問の60％（54問）の正答が要求されるわけではありません。あくまで合格ラインは「36問以上」なのです。

●心構えは、"広く浅く"

　おおむね4択式のマークシート形式です。難易度としては「中堅」程度、出題対象となる各専門分野では常識レベルより少し上といえるでしょう。無線従事者に例えるならば「一陸特」レベル。工事担任者と比較するなら「第1級デジタル通信」と肩を並べる程度です。
　難易度はこれらの資格に近いものの、扱う分野が広い範囲に点在しています。心構えとしては「広く浅く」という戦略にならざるを得ません。

●戦略1：必須問題を最優先に取り組む

　P7の表でわかる通り、必須問題は「ジャンル4」の2問、「ジャンル6」の5問の全7問です。全ての受験者が一律に、必ず解答すべき設問です。ここに苦手意識があれば、早い段階から取り組み克服しておく必要があります。
　本書では、この分野から掲載していますので、最初から順に学習していけばよい構成になっています。

●戦略2：選択問題をどう料理するか

　本書を手にした大部分の方は、勤務に家庭に忙しく勉強に避ける時間には制約があることと思います。ここでとるべき戦略は、より短時間で、より少ない勉強量で、合格ラインの36問以上に確実に正答することです。決して100点をとることではありません。ここをはき違えると泥沼にはまってしまうことになりかねません。
　選択問題の領域では、苦手な問題への対応に多くの時間を割くよりも、業務経験がある等、得意な分野の問題のほうに磨きをかけたほうがずっと効率的なのです。

　というように、本書は各章ごとに選択すべき設問群の枠組みを構成しています。勉強すべき問題と、捨ててもよい問題を選びやすく配置してあります。ここが本書の最大の特徴なのです。

●「出ない問題」という戦略がとれない

　マークシート形式で実施される、これらの技術系の資格試験。定番の裏ワザとして、「出ない問題」の排除がお馴染みですね。

　出ないことが特定できている問題を最初に排除することで、約3割の勉強量をバッサリ省略できますから、目から鱗の学習戦略ですね。
　一陸技や一陸特といった無線系、あるいは工事担任者、電気通信主任技術者等が、この「出ない問題」の典型例です。施工管理でも、電気工事はこの形です。

　しかし残念ながら、今から取り組む「電気通信工事施工管理」は、この美味しい戦略が使えません。「出ない問題」を事前に特定できないため、結果として広い範囲を学習せざるを得ません。
　やはりこの検定は、「問題の重要度」に沿って進めていくのが、最も効率よく点を獲得できます。

● 得点化しやすい11問

　巻頭から繰り返し、「問題の重要度」に焦点をあてて説明しています。ところが近年になって、新しい得点化の裏ワザが見えてきました。

　これが、「得点化しやすい11問」です。本書では3章以降、この11問が点在しています。
　2級ではここは5問でしたが、1級は何と11問もあります！　合格に必要な36問のうち、11問が高い確率で取れるとなれば、これは破格の成果です。
　さらには、避けて通れない必須の7問と合わせれば、何と18問もの集中特化ジャンルを囲い込みできます。まさに戦略的な学習法といえます。

必須問題 7問

得点化しやすい　例の11問

優先度の高いジャンル

合格に必要な36問

難易度が低い問題
or
個人的に得意なジャンル

選択問題　83問

難易度が高い問題
or
個人的に苦手なジャンル

解答すべき60問

出題される全90問

捨ててよい30問

　今期はどの問題が該当するのかのリアルタイムな情報は、前述の「のぞみテクノロジー」のWebサイトを、チェックしてみてください。

● 検定制度の変更について ●

令和３年に検定制度が変わりましたが、令和６年より再び変更がなされます。特に今回は、実務経験等の受検資格に関して大きく変更が加えられます。

まず制度の急な変更は混乱を招きかねないとの配慮からか、令和10年までの5年間は、新制度と並行して、旧制度でも受検可能な期間が設けられます。

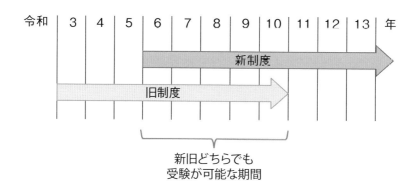

新旧どちらでも
受験が可能な期間

さて、制度変更の大きな着目点は、2つです。

・実務経験は1次検定の合格後しかカウントされない

・実務経験は工事ごとに証明を要する

この2点は、受検者にとって厳しい方向への改正といえます。1級と2級とで流れが若干異なるので、まずは2級の流れを追ってみましょう。

● 2級の制度変更の概要（主な形）

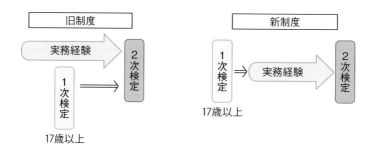

　2級の場合は、まず1次検定は、17歳以上であれば誰でも申請可能でした。そして2次検定の申請までに、1次検定の合格と、実務経験を満たせばよい形でした。

　変更後は、1次検定の合格後に行った実務経験だけが実績としてカウントできる形となります。つまり、1次検定の合格前に積み上げてきた経験が、全て水の泡となってしまいます。

　したがって、既に実務経験を持っている受検者は、令和10年までに2次検定に合格しないと、大損することになります。

● 1級の制度変更の概要（主な形）

　次に1級です。こちらは、実務経験を満たしてから1次検定の申請を行う形でした。つまり実務経験が不足している人は、そもそも1次検定の受検が不可能な仕組みでした。

　変更後は、<u>1次検定は19歳以上の誰でもが申請可能</u>になります。そして1次検定、または2級に合格後に行った実務経験だけを、実績としてカウントできる形となります。

　つまり、これらの合格前に積み上げてきた経験は、全てなかったことになってしまいます。

　したがって、既に実務経験を有している受検者は、令和10年までに2次検定に合格しないと、悔み切れない涙を流すことになります。

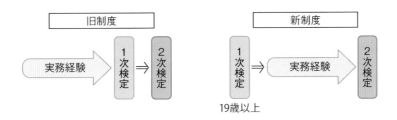

● 両級ともに共通する試練

　そして、さらに追い打ちをかける新条件が、「工事ごとの証明」です。これは1級も2級も、どちらも同様です。旧制度では過去の実務経験も含めて、「現在の代表者等」が証明する方式をとっていました。

　おそらくは、転職者等に配慮したものなのでしょう。

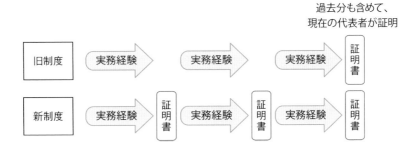

　制度変更後は、これが「工事ごとに、その代表者や監理技術者等の証明が必要」になります。すなわち、ひとつの現場が終わるタイミングで証明をもらい、これを積み上げていく方式になります。

　これは現実論で見ると、<u>転職前や古い案件を実績としてカウントできなくなる</u>可能性が高いことを意味します。厳しい制度変更といわざるを得ません。

　総じていえることは、既に実務経験を持っている受検者は、令和10年までに<u>旧制度</u>で2次検定を確実に合格しておきましょう。

● この本の使い方 ●

● ここでは、実際のページを例にとって、本書の読み方、使い方を説明していきます。

Ⓐ Ⓑ Ⓒ

2章

[着手すべき優先度 ★★★★★]

2-4 • 工程管理② ［各種工程表］

Ⓓ

演習問題 各種工程表の種類と特徴に関する記述として、<u>適当なもの</u>を全て選べ。

① バーチャートは、横軸に部分工事をとり、縦軸に各部分工事に必要な日数をとる
② バーチャートは、図表の作成が容易であり、各部分工事の工期がわかりやすいので、総合工程表として一般的に使用される
③ ガントチャートは、縦軸に出来高比率をとり、横軸に工期をとって工事全体の出来高比率の累計を曲線で表す
④ ガントチャートは、工事全体の出来高比率の累計はよくわかるが、部分工事の進捗度合いはわかりにくい

Ⓔ

ポイント▶ ひと口に工程表といっても、実にいろいろな形のものが考案されてきた。将来の予定を把握するための表なのか。逆に過去の実績を確認するためのものなのか。見るべき時間軸の長短によっても使い分けなければならない。

Ⓕ

解　説

バーチャートは下図のように縦軸に工種、つまり部分工事をとり、横軸にはそれぞれの工種ごとに必要な日数を棒線で記入した形になります。したがって、①は不適当です。

バーチャートはさまざまな分野の工事において、工程管理の場面で最も多く使われています。総合工程表に最も適した工程表ともいえます。②は適当です。

ガントチャートは、縦軸に部分工事を置き、横軸にはその部分工事ごとの出来高比率をとるものです。③の記載は不適当です。

またガントチャートは、部分工事の進捗度合いは一目で判断できますが、工事全体の出来高比率の累計は把握できません。④も不適当です。

工種＼日数		5	10	15	20
作業A					
作業B					
作業C					
作業D					
作業E					

バーチャートの例

（1級電気通信工事　令和3年午後　No.17）

［解 答］　②適当

Ⓖ

?! 学習のヒント

上記のサンプル図は、次ページのガントチャートの図表と内容がリンクしている。それぞれの関係性を眺めてみよう。

●A【着手すべき優先度】

本書最大の特徴である、学習の際に着手する優先度を6段階の★で示しています。

★★★★★★	1章	優先度 ① (必須問題の領域)
★★★★★	2章	優先度 ② (必須と選択とが混在)
★★★★	3章	優先度 ③ (選択問題の領域)
★★★	4章	優先度 ④ (同上)
★★	5章	優先度 ⑤ (同上)
★	6章	優先度 ⑥ (同上)

●B【設問分野】

既に実施された試験期の出題傾向を分析して、着目すべきジャンルを分類しました。まずはここで設問の方向性を把握します。

●C【設問テーマ】

上記で分類した設問分野の中で、次回の試験期に向けて具体的に勉強すべきターゲットとして掘り下げたテーマです。

●D【演習問題】

出題テーマに関して、出題範囲となっているさまざまな分野の過去試験問題から、近いと思われる演習問題をピックアップしています。まず演習問題にあたることで自身の得手不得手をつかんでください。

●E【ポイント】

出題傾向やよく出るテーマ等、出題のポイントをひとこと解説しています。

●F【解説＆解答】

設問の解き方、関連して覚えておくべき情報等を解説しています。一番下に正解が掲載されているので、まずは自力で解いてみて、あえて「間違える」ところから学習を始めるのも効果的な学習法です。演習問題に出典元がある場合には、解説の末尾に試験名を略語で表記しています (下記) ので参考にしてください。

> ・電気通信工事 …電気通信工事施工管理技術検定　　・一陸特 …………第一級陸上特殊無線技士
> ・土木 …………土木施工管理技術検定

●G【フォロー情報】

さらにおさえておきたい重要な情報や、解答を導く根拠となる法令条文等がある場合には ?学習のヒント Oさらに詳しく ■根拠法令等 【重要】▶ のフォロー情報として記載しています。

●日程の確認

2024（令和6）年度
1級電気通信工事施工管理技術検定の日程

	1次検定		2次検定
4月			
5月	受検申込 5/7(火) ↓ 5/21(火)		〈2次検定のみ受検者〉 受検申込 5/7(火) ↓ 5/21(火)
6月			
7月			
8月			
9月	9/1(日) 試験日		
10月	10/3(木) 合否発表 〈同年次受検者〉		受検手続 10/3(木) ↓ 10/17(木)
11月			
12月			12/1(日) 試験日
1月			
2月			
3月			3/5(水) 合否発表 ↓ 合格証明書 申請

◆検定の動向◆

　1次検定は、19歳以上の誰もが受験できます。実務経験は不要なので、初心者や、今後この業界を目指す人も、参加しやすい環境です。あるいは異業種の人が、自己啓発での受験も可能です。将来の職の幅を広げるためにも、どんどん参加しましょう。

　一方で、2次検定の受験には、一定の実務経験が必要となります。建設現場での実務経験を持たない人は、申請することができません。

　また不正行為に関しては、実施機関による厳しい監視がなされています。特に2次検定の対策として、経験記述の添削サービスが広く横行していますが、これを不正行為として取り締まる傾向が強まっています。

　添削サービスでの文脈の表現がみな同じパターンになるために、採点側ですぐに判別できるようです。十分にご注意ください。

※受験制度やスケジュール等は変更になる可能性もあります。詳細については必ず、一般社団法人全国建設研修センターのWebサイトを確認してください。

■ https://www.jctc.jp/ ■

1章

着手すべき優先度 ❶
★★★★★★
必須問題の領域

　1章は必須問題の領域である。ここでは主に配線用図記号と、公共工事標準請負契約約款の2問が出題されるが、全ての受験者が2問とも解答しなければならない。
　いずれの設問も避けて通れないため、十分な学習が必要となる。

　早い段階で苦手意識を克服しておくためにも、全6章の中で最も先に着手しなければならない分野である。繰り返すが、1章は合格にあたって最も重要な範囲である。
　たった2問と侮るなかれ。

●1章必須問題の出題傾向①●

　必須問題を扱うこの1章は、全ての受験者が避けて通れない、非常に重要な学習項目となります。その1つ目のテーマが、配線用図記号です。

　ここまで実施された過去5年間の検定によって、ある程度の出題の方向性が見えてきました。

◆配線用図記号の出題実績

	1級1次検定	1級2次検定	2級2次検定
令和1年	テレビ共同受信設備 ・増幅器 ・混合器	電話設備 ・保安器 ・電話用アウトレット	・分電盤 ・ルータ RT
令和2年	構内電話配線 ・ボタン電話主装置 ・端子盤	テレビ共聴設備 ・混合分波器 ・4分配器	・プルボックス ・デジタル 　サービスユニット DSU
令和3年	テレビ共同受信設備 ・4分配器 ・テレビアンテナ	インターホン設備 ・端子盤 ・電話機形 　インターホン子機 t	・ナースコール 　押ボタン N ・パラボラアンテナ
令和4年	インターホン設備 ・電話機形 　インターホン親機 t ・スピーカ形 　インターホン子機	防犯設備 ・カメラ ・カードリーダ CR	・親時計 ・ホーン形スピーカ
令和5年	放送設備 ・ホーン形スピーカ ・アッテネータ Ø	CATVシステム ・ヘッドエンド ・4分岐器	・認識部テンキー式 T ・増幅器

↓

令和6年	？	－	－

　配線用図記号の設問の一覧です。こうして見ると、1級1次検定は、前年の2次検定から引用されるケースが極めて多くなっています。

　今年もこの傾向が持続すると仮定すれば、テレビ受信系、CATVシステム、入退室管理あたりが、ホットゾーンといえるでしょう。

　闇雲に広い範囲に手をつけるよりも、これらの方向性を踏まえた上で、学習ポイントを絞っていくのも戦略的な進め方かもしれません。

1-1 配線用図記号① ［テレビ受信］

設計部門においても施工部門においても欠かせない要素として、図面に対する理解がある。特に電気通信の分野だけに用いられる独自の図記号もあり、注意しておきたい。

演習問題

次に示すテレビ共同受信設備の系統図において、（ア）および（イ）の日本産業規格（JIS）で定められた、記号の名称を答えよ。

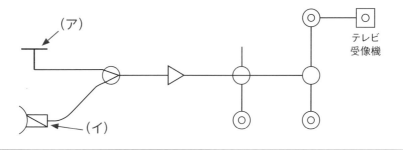

ポイント▶ 日本産業規格（JIS）の根拠法は、産業標準化法である。この中でJIS C0303:2000として構内電気設備の配線用図記号が定義されている。

解 説

　この例題は、テレビジョン放送を受信するにあたっての、各デバイスの配置例を示したものです。

　まず、図記号（ア）はVHF波やUHF波を受信する、「テレビアンテナ」です。構造面で捉えた場合には、「八木アンテナ」との表現でも構いません。

　現行のテレビジョン放送はVHF帯を利用したアナログ伝送は終了し、UHF帯でのデジタル伝送に移行しました。しかし、アンテナの図記号は両者で共通です。

テレビアンテナの例（上がUHF、下はVHF）

　図記号（イ）は、BS放送やCS放送の電波を受信するための、「パラボラアンテナ」です。はるか遠方の人工衛星からの微弱な電波を拾うために、この形式が採用されています。

　なお、構造面で捉えた場合の名称として、「オフセットパラボラアンテナ」とも呼ばれます。

（1級電気通信工事　令和3年午後　No.2改）

パラボラアンテナの例

〔解答〕　（ア）テレビアンテナ　（イ）パラボラアンテナ

演習問題　次に示すテレビ共同受信設備の系統図において、(ア)〜(オ)の日本産業規格(JIS)で定められた、記号の名称を答えよ。

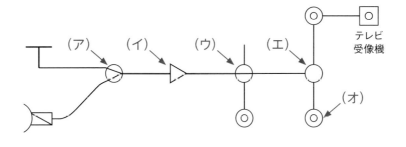

ポイント▶　テレビジョン放送の受信設備に関する図記号は、似た名称のものが多く、記号の形も紛らわしい。また、系統図の状態で出題されずに、記号のみの単体で示されるケースも想定されるため、対処できるようにしておきたい。

解　説

　まず図記号(ア)は、「混合(分波)器」を表します。VHF帯やUHF帯の電波を受信した八木アンテナからの系統と、衛星放送の電波を受信したパラボラアンテナからの系統を、混合器の機能で融合させます。

　また逆に、混合された状態の周波数帯域が異なる電波を、それぞれの周波数ごとに分離することもできます。これが分波器の機能です。

　1つのデバイスで両方の機能を持っているために、混合(分波)器と呼ばれます。なお円の外側の、枝線の向きは関係ありません。円の内側に着目しましょう。

混合(分波)器の例

　次の(イ)は、「増幅器」の図記号です。別名を「ブースタ」ともいい、アンテナで受信した微弱な信号を、受信機が読み取れる必要なレベルまで高めます。

　なおCATVシステム系統では、屋外用の増幅器が存在します。これらは屋内用と屋外用とで、同じ図記号が用いられています。

　記号は、縦向きでも横向きでも、意味は同じです。

増幅器の例(屋内用)

3つ目の図記号（ウ）は、「分岐器」です。幹線と各分岐端子を区別して、出力の大きさに差をつけられる分岐デバイスです。全端子に等分配を行う、「分配器」とは異なります。

円の中に線があるものが分岐器。ないものが分配器です。この記号では、<u>幹線の他に2本の分岐線がある</u>ため、「<u>2分岐器</u>」がより正確な表現となります。

2本だけでなく、4分岐器もよく見られます。分岐線の数え方は、分配器と混同しないよう注意しましょう。

2分岐器の例（屋内用）

（エ）の図記号は、「分配器」です。入力された信号を、出力方に等分配する器具です。出力方の端子数を付して、4分配器や8分配器等、いろいろな種類が存在します。

したがって、この例では「<u>2分配器</u>」がより正確な表現となります。

2分配器の例

なお名称は似ていますが、「分岐器」とは機能と記号が異なります。分配器は出力方が等分配ですが、「分岐器」は出力の大きさに差をつけることができます。

図記号も似ていて、円の中に直線が入らないものが分配器です。

最後の（オ）は、「<u>テレビユニット</u>」の図記号になります。テレビジョン受信機へ接続する、ユーザ方の共聴用端子となります。

別名を「直列ユニット」ともいいます。

（1級電気通信工事　令和3年午後　No.2改）

テレビユニットの例

〔解答〕（ア）混合（分波）器　（イ）増幅器　（ウ）2分岐器　（エ）2分配器　（オ）テレビユニット

【重要】

分岐器、分配器、分波器の3つは名称が似ているが、いずれも異なるデバイスである。
これらの名称や機能、図記号は、きっちり区別しておきたい。

[着手すべき優先度 ★★★★★★★]

配線用図記号② ［CATV］

次に示す同軸ケーブルによるCATVシステム系統図において、（ア）および（イ）の日本産業規格（JIS）で定められた、記号の名称を答えよ。

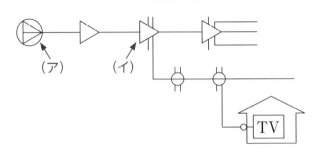

ポイント▶ CATVは有線テレビジョン放送であり、Community Antenna TeleVision の略称である。広義には、有線によるテレビジョン放送全般を指す。

解　説

まず図記号（ア）は、「ヘッドエンド」です。単純な日本語訳では、「頭の端」。つまり、CATVシステム網の起点となる設備を指します。

独自の番組も含めて展開するCATV事業者の場合には、局舎内に設置されます。一方で共同アンテナのように、不感地帯の補完局であれば、受信アンテナの直下に置かれることになります。

記号の向きは関係ありません。また、三角の中央に線が入らない表現も見られますが、同じ意味として解釈します。

図記号（イ）は、「幹線分岐増幅器」です。問題本文に「同軸ケーブル」とあります。同軸で伝送する場合には、一定間隔での増幅が不可欠です。

この記号では、左から右への流れが幹線を意味します。そして上下に出ている4本の線が、分岐線です。幹線を軸として分岐を行うと同時に、増幅の機能を持たせたデバイスです。

分岐は4本とは限りません。2本の場合なども多く見られます。

ヘッドエンド局の例（共同アンテナの場合）

幹線分岐増幅器の例

（1級電気通信工事　令和5年2次検定　問題2改）

──────────────────────────

〔解 答〕　（ア）ヘッドエンド　（イ）幹線分岐増幅器

演習問題 次に示す同軸ケーブルによるCATVシステム系統図において、（ア）および（イ）の日本産業規格（JIS）で定められた、記号の名称を答えよ。

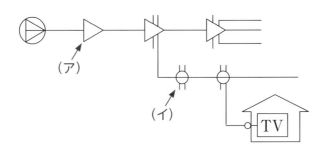

ポイント▶ 図記号は、その形状を象形的に模したものや、用途や役割等をイメージして記号化したものがある。逆にそれらに全く起因しない、一見不自然な記号も存在している。これらは優先順位を決めて、効率よく覚えていきたい。

解　説

　まず1つ目の図記号（ア）は、「増幅器」を表します。前述の幹線分岐増幅器とは異なり、こちらは分岐の機能を持たないタイプです。
なお屋内用と屋外用とで、記号は同じものが用いられます。

増幅器の例（屋外用）

　次の（イ）は、「分岐器」の図記号です。掲示の記号では、左右の流れが幹線を意味し、上下の4本の線が分岐を表しています。
　幹線と各分岐端子を区別して、出力の大きさに差をつけられる分岐デバイスです。全端子に等分配を行う、「分配器」とは異なります。
　円の中に線があるものが分岐器。ないものが分配器です。この記号では、**幹線の他に4本の分岐線があるため**、「**4分岐器**」がより正確な表現となります。

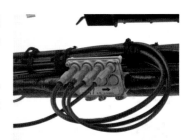
4分岐器の例（屋外用）

　4本だけでなく、2分岐器もよく見られます。分岐線の数え方は、分配器と混同しないよう注意しましょう。

（1級電気通信工事　令和5年2次検定　問題2改）

〔解答〕 **（ア）増幅器　（イ）4分岐器**

> **演習問題**
> 次の系統図において、（ア）〜（カ）の日本産業規格（JIS）で定められた、記号の名称を答えよ。

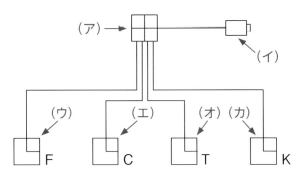

ポイント▶ 入退室管理システムに関する系統図である。それぞれのデバイスがどういった役割や性質を持っているかを含めて、全体を俯瞰して把握しておくとよい。
これら図記号の設問は、系統図の形で出題されずに、記号のみが単体で示されるケースも考えられる。そのような場合でも、対処できるようにしたい。

解 説

まず図記号（ア）は、見慣れない記号ですが、「制御装置」です。文字通り、認識部等の各デバイスを、集中的に管理・制御するためのものです。
この制御装置は、正方形の図記号になります。火災警報設備の「副受信機」に似ていますので、区別しておきましょう。

2つ目の図記号（イ）は、「カメラ」を表します。これは右向きのように見えますが、左を向いていても意味は同じです。

カメラの例

次の図記号（ウ）は、「認識部（指紋式）」です。左の正方形の部分は、認識部に共通した図記号です。その右下にアルファベットの「F」があります。
このように、図記号の脇に英数の文字を付加することを、傍記（ぼうき）といいます。これは本体を補足する目的で、主に仕様や数量を表すものです。
本題の「F」はFingerの頭文字を採ったもので、「指紋式」を意味しています。人の指紋によって、認識を行う方式です。

4つ目の(エ)は、「認識部(カード式)」の図記号です。傍記には「C」の文字が見られますが、これはCardの頭文字をとったものです。

専用のカードキーを挿入したり、あるいは読取り部にスライドさせたりすることで、認識を行う方式です。かざす方式のカードリーダとは、区別されています。

認識部(カード式)の例

(オ)の図記号は、「認識部(テンキー式)」です。傍記に「T」があります。これはTen-keyの頭文字で、「テンキー式」の意味です。

テンキー部に暗証番号を入力することで、認識を行うタイプです。

テンキー式認識部の例

最後の図記号(カ)は、「認識部(キー式)」になります。物理錠を差し込んだり、回転させたりすることで認識を行うタイプです。

傍記の「K」の記号は、説明するまでもなくKeyの意味です。

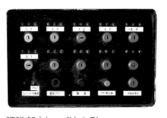

認識部(キー式)の例

〔解答〕 (ア)制御装置 (イ)カメラ (ウ)認識部(指紋式) (エ)認識部(カード式)
(オ)認識部(テンキー式) (カ)認識部(キー式)

[着手すべき優先度 ★★★★★★]

配線用図記号④ ［ネットワーク系］

演習問題 次に示す情報ネットワーク設備に関する系統図において、（ア）、（イ）の日本産業規格（JIS）で定められた記号の名称の組み合わせとして、適当なものはどれか。

	（ア）	（イ）
①	ジョイントボックス	情報用アウトレット
②	ジョイントボックス	複合アウトレット
③	情報分電盤	情報用アウトレット
④	情報分電盤	複合アウトレット

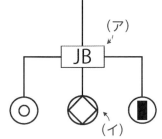

ポイント▶ 情報ネットワーク設備に関係する図記号は、近年制定されたものが多く、他の分野とは体系が異なる印象を受ける。アルファベットの略称で表現されるものも存在するが、必ずしも英語の呼称とは限らない点に注意したい。

解 説

掲出の例題は、有線LANを含む複数の設備の系統図です。

| JB | まず図記号（ア）は、四角の内側にアルファベットの「JB」が記入されたものですが、これは「**情報分電盤**」を指します。このように英語の略称ではなく、ローマ字読みで表現されるものもあり、一貫性がないような印象があります。

情報分電盤は、別名を「ホームLANシステム」ともいいます。主に一般家庭において、テレビジョンやネットワーク関連の機器および配線を1か所に集約したものになります。「分電盤」という表現を用いていますが、強電の場合の電源ブレーカを収納するスタイルとは異なります。

2つ目の図記号（イ）は、円の中に白抜きの菱形が配されたもので、「**複合アウトレット**」を意味します。これは有線LAN用の接続口の他、電話用モジュラージャックや、テレビジョン受信用の直列ユニット、あるいはACコンセント等、さまざまな接続口を集約したものとなります。

複合アウトレットの例

〔解答〕 ④適当

演習問題　次に示す情報ネットワーク設備に関する系統図において、（ア）、（イ）の日本産業規格（JIS）で定められた記号の名称の組み合わせとして、適当なものはどれか。

	（ア）	（イ）
①	リモートタイマ	情報用アウトレット
②	ルータ	情報用アウトレット
③	リモートタイマ	スプリッタ
④	ルータ	スプリッタ

ポイント▶ これらの配線用図記号の設問は、2次検定の段階となると、単に名称を答えさせるに留まらない。それらが持つ機能や概要等を自分の手で記述する形が待っているため、苦手としている場合には早めに克服しておきたい。

解　説

掲出の例題は、有線LAN設備の系統図の抜粋です。

まず図記号（ア）は、四角の内側にアルファベットの「RT」が記入されたものですが、これは「**ルータ**」（Router）を指します。ルータはプロトコル階層のうちネットワーク層（第3層）の情報を解析して、データの転送の可否や転送先の決定等を行う機器になります。主にインターネット等のTCP/IPネットワークにおける、主要な中継機器として用いられます。

2つ目の図記号（イ）は、円の中に黒塗りの長方形が配されたもので、「**情報用アウトレット**」を意味します。これは有線LANを利用する端末との接続口となり、一般的にはRJ45コネクタに対応したジャック（メス側の受け口）となっています。

情報用アウトレットの例

設問にはありませんが、図中の「HUB」の記号は、「ハブ」を意味します。用途によっていろいろなハブが存在しますが、主にネットワークの集線装置を指す場合が多いです。

〔解 答〕　②適当

●1章必須問題の出題傾向②●

　1章で扱う必須問題の2つ目が、<u>公共工事標準請負契約約款</u>です。全ての受験者が避けて通れない、非常に重要なジャンルとなります。

　これら公共工事標準請負契約約款も同様に、過去5年間に実施された当該の設問群を俯瞰すると、以下のようになります。

◆公共工事標準請負契約約款の出題実績

令和1年	設計図書の定義等
令和2年	下請負人の通知、監督員の権限、現場代理人の権限、監督員の通知
令和3年	材料の検査、材料の品質、材料の搬出、臨機の措置
令和4年	施工方法等、監督員の権限、監督員の検査、確認の請求
令和5年	設計図書の取り扱い

↓

令和6年	？

　ここから判断できることとして、前年に出題された分野の問題が、連続して出されたケースが見受けられません。

　したがって、昨年（令和5年）に出題されたジャンル以外に的を絞って、学習を進めていく作戦が効率的かもしれません。

　少し視点を変えて、約款に頻繁に登場する権限と義務について、掘り下げてみます。おおむね「発注者の権限」と「受注者の義務」に大別できます。

◆公共工事標準請負契約約款の設問

	（1）	（2）	（3）	（4）
令和1年	－	－	－	受注者の義務
令和2年	発注者の権限	発注者の権限	受注者の権限	発注者の義務
令和3年	受注者の義務	－	受注者の義務	発注者の権限
令和4年	－	発注者の権限	受注者の義務	受注者の義務
令和5年	発注者の権限	受注者の義務	発注者の権限	受注者の義務

・発注者の権限：6例
・受注者の義務：7例

　以上のように、この両者はほぼ拮抗しています。同じ年度の中でも、比較的分散している形です。これだと方向性が特定できません。

　学習を進める上においては、「<u>発注者の権限</u>」と「<u>受注者の義務</u>」の双方について、特に意識を向けていく必要があるといえます。

　前述の配線用図記号にも同様のことがいえますが、これらの必須問題は、ヤマを張って1本に決めつける学習法は危険です。

　視野を広く持ちつつも、その中で優先順位を決めて、温度差をつけた勉強法が望ましいと考えられます。

1-2　公共工事標準請負契約約款①　[約款全般]

公共工事標準請負契約約款は、発注者と受注者の双方の権利・義務関係を明文化したもので、厳密には法令ではない。しかし、検定試験においては法令に準ずるものとして重要な位置に置かれている。しっかり学習しておきたい。

演習問題　設計図書に関する記述として、「公共工事標準請負契約約款」上、適当でないものはどれか。

① 設計図書でいう図面は、設計者の意思を一定の規約に基づいて図示した書面をいい、通常、設計図と呼ばれているものであり、基本設計図、概略設計図等もここにいう図面に含まれる

② 現場説明書、現場説明に対する質問回答書は、契約締結前の書類であり、契約上は設計図書に含まれない

③ 仕様書は、工事の施工に際して要求される技術的要件を示すもので、工事を施工するために必要な工事の規準を詳細に説明した文書であり、通常は共通仕様書と特記仕様書からなる

④ 受注者は工事の施工にあたり、設計図書の中の文書間に内容の不一致を発見したとき、設計図書に優先順位の記載がない場合には監督員に通知し、その確認を請求しなければならない

ポイント▶　設計図書という表現では、広範囲に「工事にあたっての設計に関係する書類全体」の印象を受ける。しかし実際には、公共工事標準請負契約約款の中で、具体的にどの書類が設計図書に該当するかが示されている。

解　説

設計図書は公共工事標準請負契約約款の中で具体的に謳われていて、下記の4点が定義されています。基本的な項目ですから、この4点は優先的にしっかり覚えておきましょう。これにより、現場説明書や現場説明に対する質問回答書も、設計図書に含まれることになります。②の記述が不適当となります。

■設計図書とは（※暗記必須）

・図面
・仕様書
・現場説明書
・現場説明に対する質問回答書

設計図書に含まれている各書面の記載内容が、全て整合がとれているとは限りません。文書間で内容の不一致や矛盾点がある場合には、受注者は発注者側の監督員に通知して、確認を請求しなければなりません。④は適当です。

（1級電気通信工事　令和1年午後　No.1）

〔解答〕　② 不適当 → 設計図書に含まれる

演習問題　「公共工事標準請負契約約款」に関する記述として、<u>適当でないもの</u>はどれか。

① 受注者は、設計図書において監督員の検査を受けて使用すべきものと指定された工事材料については、当該検査に合格したものを使用しなければならない

② 工事材料の品質は、設計図書にその品質が明示されていない場合にあっては、下等の品質を有するものとする

③ 受注者は、工事現場内に搬入した工事材料を監督員の承諾を受けないで工事現場外に搬出してはならない

④ 監督員は、災害防止その他工事の施工上特に必要があると認めるときは、受注者に対して臨機の措置をとることを請求することができる

ポイント▶ 発注者より交付された設計図書をベースとして、受注者が実際に施工を進めていく段階のプロセスである。設計図書の記載に沿って材料の仕様を選択し、約款の内容に準拠した形で工事を実行しなければならない。

解　説

　工事で使用する材料の品質は、高低さまざまあります。設計図書にて品質基準が指定されている場合には、当然にその品質を採用しなくてはなりません。

　一方で、設計図書にて品質の指定がない場合には、どのようにするべきでしょうか。ここで必要以上に高級品を用いるか、あるいは逆に価格優先で廉価品を採用してもよいのでしょうか。

　これには約款による定めがあり、指定がない場合には、「**中等**」の品質を採用することとされています。②が不適当です。

　材料について、設計図書にて発注者による検査を受けるべき旨が指定されているケースがあります。この際には、しかるべき検査を実施した上で、合格品のみを用いて工事を実行しなければなりません。①は適当。

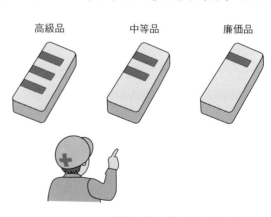

（1級電気通信工事　令和3年午後　No.1）

〔解答〕　②不適当 → 中等の品質

 根拠法令等

約款
（工事材料の品質及び検査等）
第13条　工事材料の品質については、設計図書に定めるところによる。設計図書にその品質が明示されていない場合にあっては、中等の品質を有するものとする。
　2　乙は、設計図書において監督員の検査を受けて使用すべきものと指定された工事材料については、当該検査に合格したものを使用しなければならない。この場合において、検査に直接要する費用は、乙の負担とする。

演習問題 公共工事における公共工事標準請負契約約款に関する次の記述のうち、<u>誤っているもの</u>はどれか。

① 現場代理人は、工事現場における運営等に支障がなく発注者との連絡体制が確保される場合には、現場に常駐する義務を要しないこともあり得る

② 受注者は、必要に応じて工事の全部を一括して第三者に請け負わせることができる

③ 受注者は、契約書および設計図書に特別の定めがない場合には仮設、施工方法その他工事目的物を完成するために必要な一切の手段を、自らの責任において定める

④ 受注者は、工事の完成、設計図書の変更等によって不用となった支給材料は発注者に返還しなければならない

ポイント▶ 公共工事標準請負契約約款には、施工管理技士として工事を遂行していく上での重要なキーワードが多数埋め込まれている。この設問も濃い内容となっているので、是非ともマスターしておきたい。

解 説

一般的に、受注金額が大きくなればなるほど、当該案件に係る組織の規模は大きくなっていきます。それは単に中小企業よりも大企業が参入する、といった水平的な規模だけではありません。発注者に対して直接入札した受注者（いわゆる元請）から階層構造を成すように、下請企業がぶら下がる上下の規模も拡大していきます。

工事案件の規模が大きくなってくると、元請が単独で施工することが難しくなるため、一部を下請に請け負わせる契約形態は普通に見られます。しかし、ここで問題となるのは一部ではなく、工事の全部（あるいは主要部分の全部）を丸投げしてしまうケースです。これは「<u>一括請負</u>」といい、厳しく禁止されています。②は誤りです。

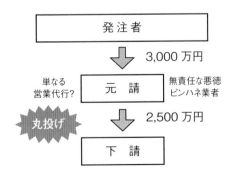

一括請負禁止の喚起例

発注者から支給された材料が余った場合はどうすべきか。これは少なくとも受注者側には所有権はなく、あくまで発注者の財産です。よって発注者に返還する義務を負うことになります。④は正しいです。

(2級土木 平成24年 No.44)

〔解答〕 ②誤り → 丸投げは禁止

1-2 公共工事標準請負契約約款② ［権限と義務］

> **演習問題**
> 「公共工事標準請負契約約款」に関する記述として、適当でないものはどれか。
>
> ① 発注者は、受注者に対して、下請負人の商号または名称その他必要な事項の通知を請求することができる
> ② 発注者が監督員を置かないときは、公共工事標準請負契約約款に定める監督員の権限は、発注者に帰属する
> ③ 現場代理人には、請負代金額の変更、請負代金の請求および受領、契約の解除に係る権限が与えられている
> ④ 発注者は、監督員を置いたときは、その氏名を受注者に通知しなければならない

ポイント▶ 約款では、発注者および受注者の双方に対して、それぞれ権限や義務を細かく規定している。工事を円滑に進行させるために定められたものであるから、これらの権限・義務関係は、しっかりと自分のものにしておきたい。

解 説

　受注者側の現場のトップである現場代理人には、約款上は、幅広い権限を行使することが認められています。具体的には、契約の履行に関して、その運営や取締り等、当該の契約に関する受注者側のあらゆる権限です。

　ただし、以下の権限は除外とされています。

・請負代金額の変更
・請負代金の請求および受領
・契約の解除

　したがって、③の記載が不適当となります。
（1級電気通信工事　令和2年午後　No.1）

現場代理人に金額の変更権限はない

〔解答〕　③不適当

📖 **根拠法令等**

約款
（現場代理人及び主任技術者等）
第10条　受注者は、次の各号に掲げる者を定めて工事現場に設置し、設計図書に定めるところにより、その氏名その他必要な事項を発注者に通知しなければならない。これらの者を変更したときも同様とする。
一　現場代理人
二　主任技術者または監理技術者
三　専門技術者
2　現場代理人は、この契約の履行に関し、工事現場に常駐し、その運営、取締りを行うほか、請負代金額の変更、請負代金の請求及び受領、第12条第1項の請求の受理、同条第3項の決定及び通知並びにこの契約の解除に係る権限を除き、この契約に基づく受注者の一切の権限を行使することができる。

演習問題 「公共工事標準請負契約約款」に関する記述として、適当でないものはどれか。

① 施工方法等については、公共工事標準請負契約約款および設計図書に特別の定めがある場合を除き、発注者がその責任において定める
② 発注者が監督員を置かないときは、公共工事標準請負契約約款に定める監督員の権限は、発注者に帰属する
③ 受注者は、設計図書において監督員の検査（確認を含む）を受けて使用すべきものと指定された工事材料については、当該検査に合格したものを使用しなければならない
④ 受注者は、工事の施工に当たり、設計図書の表示が明確でないことを発見したときは、その旨を直ちに監督員に通知し、その確認を請求しなければならない

ポイント▶ 発注者および受注者は、それぞれ公共工事標準請負契約約款にて権限や義務が定められている。特に受注者側は義務規定が多い。日常の業務遂行と絡めて、基本的な事項は把握しておきたいところである。

解　説

　施工方法をはじめ、工事目的物を完成するために必要となる手段は、どのように決めるべきでしょうか。まずは法令の規程が絶対です。これを逸脱する手段はとれません。

　法令に則った上で、次に採用すべき指針が、公共工事標準請負契約約款や契約書、設計図書になります。これらでなお満足しない部分については、業界の基準やメーカー推奨値等で補います。

　そして、上記のいずれにも記載のない事項に関しては、受注者が定めてよいことになっています。したがって、①が不適当です。

　その他の選択肢の記載は、いずれも正しいです。

（1級電気通信工事　令和4年午後　No.1）

受注者がその責任において定める

〔解答〕　①不適当 → 受注者が定める

 根拠法令等

約款
（総則）
第1条　発注者及び受注者は、この約款（契約書を含む。以下同じ。）に基づき、設計図書に従い、日本国の法令を遵守し、この契約を履行しなければならない。
　〔中略〕
　3　仮設、施工方法その他工事目的物を完成するために必要な一切の手段については、この約款及び設計図書に特別の定めがある場合を除き、受注者がその責任において定める。

> **演習問題**　請負契約に関する記述として、「公共工事標準請負契約約款」上、<u>誤っているもの</u>はどれか。
>
> 　ただし、請負契約には前金払および部分払に関する規定があり、完成の検査は定められた期間内に行われたものとする。
>
> ①発注者は、前払金の支払の請求があったときは、請求を受けた日から14日以内に前払金を支払わなければならない
> ②発注者は、部分払の請求に係る出来高部分の確認を行った後、部分払の請求があったときは、請求を受けた日から40日以内に部分払金を支払わなければならない
> ③発注者は、工事を完成した旨の通知を受けたときは、通知を受けた日から14日以内に工事の完成を確認するための検査を完了しなければならない
> ④発注者は、工事が完成の検査に合格し、請負代金の支払の請求があったときは、請求を受けた日から40日以内に請負代金を支払わなければならない

ポイント▶　工事にあたっての請負代金は竣工後の後払となるのが一般的であるが、契約時の特約によって前金払や部分払の措置をとる場合がある。これらのケースを含め、発注者側の確認と支払に関する義務をおさえておくべきである。

解　説

　目的物が完成したにもかかわらず、発注者がいつまでも完成検査や支払に応じずに、時間稼ぎをするのは好ましくありません。発注者には発注者としての義務があり、特に完成検査と支払に関しては期限が定められています。

　部分払の場合でも完成時であっても、検査は受注者から通知・請求があってから、14日以内に完了しなければなりません。この14日という数字は大切です。

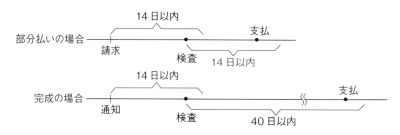

　検査後の支払に関しては、部分払の場合と完成時とで取り扱いが異なります。部分払のときは、検査完了後の請求から<u>14日以内</u>に支払わなければなりません。

　一方の完成時は、合格後の請求から40日以内の支払となります。この両者の違いは理解しておきましょう。

〔解答〕　②誤り→14日以内

2章
着手すべき優先度❷
★★★★★
必須・選択問題とが混在

2章は必須問題と選択問題とが混在した領域である。この章で扱う範囲は、22問が出題されて20問に解答しなければならない。逃げてよい問題は、たったの2問だけである。解答すべき全60問のうち、この20問は実に33％を占めている。

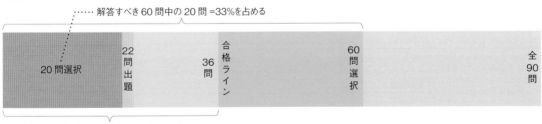

解答すべき60問中の20問 =33%を占める

| 20問選択 | 22問出題 | 36問 | 合格ライン | 60問選択 | 全90問 |

合格に必要な36問中の20問 =56%を占める

そして合格に必要な36問に対して20問は、実に56％をも占める大きな存在である。いかに重要なポジションかが理解できよう。このジャンルは、実質的に必須問題と捉えたほうがよさそうである。

施工管理法の応用能力を問う設問は、5問全てが必須問題である。これらはこの2章の範囲で扱う内容が出題されるため、この章のウエイトがいかに大きいかが伺い知れる。

[着手すべき優先度 ★★★★★]
● 施工管理法（応用能力）について ●

　令和 3 年に行われた検定制度の方針変更により、1 次検定の中に、施工管理法（応用能力）というカテゴリの設問が 5 問置かれています。この 5 問は <u>必須問題</u> となります。
　しかも、1 級の施工管理法（応用能力）では、<u>40％獲得義務の足切り</u> が設けられました。つまり 5 問出題されたうちの、<u>少なくとも 2 問は正答</u> しないと、先へ進めません。

　1 次検定の全体で 60％以上を獲得できたとしても、この施工管理法（応用能力）で、5 問のうち 4 問以上を落としてしまうと、1 次検定そのものが不合格となってしまいます。
　この足切り制度は、かなり厳しいハードルであると認識せざるを得ません。

　さて制度が変更となって以来、この施工管理法（応用能力）は、昨年度まで 3 年間実施されました。この 3 回分の出題実績は、以下のようになります。

◆昨年度までの出題実績

	No.28 （線路施工）	No.29 （施工計画）	No.30 （工程管理）	No.31 （労働安全衛生法令）	No.32 （労働安全衛生法令）
令和 3 年	架空配線	届出書等	タクト工程表	墜落飛来落下防止	電気危険防止
令和 4 年	通信ケーブルの施工	届出書等	ガントチャート	墜落防止	酸素欠乏危険作業
令和 5 年	同軸ケーブルの施工	届出書等	山積み山崩し	移動式足場	移動式クレーン

↓

令和 6 年	?	?	?	?	?

　全体像としていえることは、設問のテーマとしては各検定期とも <u>4 つの項目に固定</u> されていることがわかります。1．線路施工、2．施工計画、3．工程管理、4．労働安全衛生法令の 4 つの柱です。この 4 本柱から、計 5 問が出題されました。
　特に <u>労働安全衛生法令</u> からは、3 年期とも 2 問が出題されています。同法令がいかに重要なポイントであるかが理解できますね。
　今年度以降は、多少のテーマの変更も可能性としてはないとは言い切れませんが、受験対策としては、この 4 本柱を中心に進めていけば、ほぼ間違いないと考えられます。

　次に、各問題の内容と難易度についてです。これら追加となった計 5 問の施工管理法（応用能力）ですが、実態としては、<u>既存の問題に沿ったイメージの内容</u> となっています。
　具体的には、令和 2 年度以前の午後の No.11 ～ 32 に配置されていた設問の中から引用される形で、若干の色付けを変えて出題されているものがほとんどです。

　この旧来の午後の No.11 ～ 32 の問題群は、ジャンル 6 で示した高優先度の 22 問に該当し、本書では第 2 章として取り扱っている範囲になります。つまり制度変更前と同様に、第 2 章に関する学習を十分に行っていれば対処できることとなります。あわてる必要はありません。

具体的なページ数で示しますと、P36 〜 P87 までの範囲が該当します。他のジャンルに先駆けて、これらを優先的に、かつ、より深く学習することを強くお勧めします。

　一例として、過去に実際に出題された設問を以下に掲示します。

◆実際の設問例

墜落による危険防止に関する記述として，次の①〜④のうち「労働安全衛生法令」上，正しいもののみを全て挙げているものはどれか。

①　深さが 1.8 m の箇所で作業を行うため，昇降するための設備を設ける。
②　踏み抜きの危険のある屋根の上では，幅が 25 cm の歩み板を設け，防網を張る。
③　移動はしごは，幅が 30 cm のものとし，すべり止め装置を取付ける。
④　折りたたみ式の脚立には，脚と水平面との角度が 80 度で，その角度を保つための金具を備えたものを使用する。

　このように、第 2 章の高優先度として取り扱う範囲の設問が出題されています。難易度を見ても、一般的な 1 級レベルの問題と大差ありません。

　ただし、作問の形式として、「4 つの文の中で、正しいものを全て挙げよ」のように、一般問題よりも一歩踏み込んだ回答法が求められるケースがあります。
　このような形式ですと、「選択肢の 1 つが判断できないが、残りの 3 つから消去法で選ぶ」といったテクニックが使えません。掲示された選択肢の全てを理解していないと、正答できないことになります。この部分は、ややハードルが高く感じられるでしょう。

　繰り返しますが、第 2 章の学習は優先的に！なおかつ、より深くです！特に「労働安全衛生法令」は要注意テーマです。

昇降設備の例

2-1 労働安全衛生法令① ［職長教育］

> **演習問題** 建設業を営む事業者が、新たに職長となった者に対して行う安全または衛生のための教育の内容に関して、「労働安全衛生法令」上、誤っているものを全て選べ。
>
> ①労働者に対する指導または監督の方法に関すること
> ②就業規則の作成に関すること
> ③異常時等における措置に関すること
> ④作業方法の決定および労働者の配置に関すること

ポイント▶ 職長とは、安全衛生に配慮した上で、建設現場に従事する作業者に直接指示を出す監督者のこと。組織によっては、班長や作業長、リーダー等、さまざまな名称で呼ばれることもあるが、法的な立ち位置と責任は同じである。

解　説

　発注者、あるいは元請会社からの指示や指導を受けながら、安全衛生に配慮した上で適切な現場マネジメントを行う立場の監督者が職長です。ここでは特に、「安全衛生に配慮」することがキーワードとなってきます。

　職長は本社や営業所での管理職とは異なります。あくまで現場に常駐して、作業者に対して直接の指揮を行う、第一線の現場監督者のことを指します。ただし法令上は、作業主任者は除かれます。

　この職長に対しては、事業者（つまり経営側）は安全と衛生のための教育を行わなければならない旨が、労働安全衛生法にて定められています。教育の具体的な内容は、以下に示す11項目になります。

・作業手順の定め方
・労働者の適正な配置の方法
・指導および教育の方法
・作業中における監督および指示の方法
・危険性または有害性等の調査の方法
・危険性または有害性等の調査の結果に基づき講ずる措置
・設備、作業等の具体的な改善の方法
・異常時における措置
・災害発生時における措置
・作業に係る設備および作業場所の保守管理の方法
・労働災害防止についての関心の保持および労働者の創意工夫を引き出す方法

　したがって選択肢の中では、就業規則の作成に関することは該当しません。②の記載が誤りとなります。

（1級電気通信工事　令和2年午後　No.30）

〔解答〕　②誤り → 対象外

演習問題 事業者が、新たに職務につくことになった職長に対して行う安全または衛生のための教育として、「労働安全衛生法令」上、誤っているものを全て選べ。

① 労働者の福利厚生に関すること
② 危険性または有害性等の調査の方法に関すること
③ 災害発生時における措置に関すること
④ 労働災害防止についての関心の保持、および労働者の創意工夫を引き出す方法に関すること

ポイント▶ 前ページに示すものと同種の設問である。他の産業と比較すると、建設現場は事故が発生した場合の被害が大きくなる性質がある。そのため安全と衛生に関しては特に留意するよう、法的にも厳しい枠組みが設けられている。

解 説

　職長教育の具体的な内容は、前ページに示したものとなります。いずれも、**現場での作業に直接的に関連するもの**ばかりです。現場との関連性が低く、本社や営業所でも対応可能な項目は、教育の対象とはなっていません。

　上記の選択肢の中で該当しない項目は、「労働者の福利厚生に関すること」になります。①が誤りです。

(1級電気通信工事　令和1年午後　No.27改)

〔解答〕　①誤り → 対象外

📖 根拠法令等

労働安全衛生法
第六章　労働者の就業に当たっての措置
(安全衛生教育)
第60条　事業者は、その事業場の業種が政令で定めるものに該当するときは、新たに職務につくこととなった職長その他の作業中の労働者を直接指導又は監督する者(作業主任者を除く。)に対し、次の事項について、厚生労働省令で定めるところにより、安全又は衛生のための教育を行なわなければならない。
　一　作業方法の決定及び労働者の配置に関すること
　二　労働者に対する指導又は監督の方法に関すること
　三　前2号に掲げるもののほか、労働災害を防止するため必要な事項で、厚生労働省令で定めるもの

労働安全衛生規則
第一編　通則
第四章　安全衛生教育
(職長等の教育)
第40条　法第60条第3号の厚生労働省令で定める事項は、次のとおりとする。
　一　法第28条の2第1項又は第57条の3第1項及び第2項の危険性又は有害性等の調査及びその結果に基づき講ずる措置に関すること
　二　異常時等における措置に関すること
　三　その他現場監督者として行うべき労働災害防止活動に関すること
2　法第60条の安全又は衛生のための教育は、次の表の上欄に掲げる事項について、同表の下欄に掲げる時間以上行わなければならないものとする。
　〔以下略：具体的な項目は数が多いため、上記本文を参照のこと〕

2-1 労働安全衛生法令② ［飛来・落下対策］

> **演習問題**　飛来・落下防止対策に関する記述として、「労働安全衛生法令」上、誤っているものを全て選べ。
>
> ①作業のため物体が落下することにより、労働者に危険を及ぼすおそれがあるため、防網の設備を設け、立入区域を設定する
>
> ②他の労働者がその上方で作業を行っているところで作業を行うときは、物体の飛来または落下による労働者の危険を防止するため、労働者に保護帽を着用させる
>
> ③作業のため物体が飛来することにより労働者に危険を及ぼすおそれがあるため、飛来防止の設備を設け労働者に保護具を使用させる
>
> ④2mの高所から物体を投下するときは、投下設備を設け、監視人を置かなければならない

ポイント▶　上階の作業で不要となった物資を下位階へ移動させる際に、これらの物資を投げ下ろす場合がある。他の作業者がこれを知らずに不用意に歩行し、接触する危険性があるため、物体の投下については高さによって制約がある。

解　説

　階層構造となっている建造物での工事は、上下作業を行うケースが多くなります。そのため、材料や工具等が落下する事故に関しては、特段に留意しなければなりません。

　<u>3m以上の高所</u>から物体を投下する場合には、適切な投下設備を設けたり、監視人を置く等の措置を講じなくてはなりません。高さが3m未満のケースでは対象外となります。④は誤り。

（1級電気通信工事　令和4年午後　No.25）

3m以上では投下設備や監視人が必要

〔解答〕　④誤り → 3m以上が該当

根拠法令等

労働安全衛生規則
第二編　安全基準
第九章　墜落、飛来崩壊等による危険の防止
第二節　飛来崩壊災害による危険の防止
（高所からの物体投下による危険の防止）
第536条　事業者は、<u>3m以上</u>の高所から物体を投下するときは、適当な投下設備を設け、監視人を置く等労働者の危険を防止するための措置を講じなければならない。
　2　労働者は、前項の規定による措置が講じられていないときは、3m以上の高所から物体を投下してはならない。

> **演習問題** 墜落、飛来または落下による危険を防止するための措置に関する記述として、「労働安全衛生法令」上、誤っているものを全て選べ。
>
> ①高さ2.5mの高所からの物体の投下であるため、投下設備の設置および監視人の配置を行わずに物体を投下する
> ②作業のため物体が飛来することにより、労働者に危険を及ぼすおそれがあるため、飛来防止の設備を設け、労働者に保護具を使用させる
> ③作業のため物体が落下することにより、労働者に危険を及ぼすおそれがあるため、要求性能墜落制止用器具を安全に取り付けるための設備を設ける
> ④高さが2mの作業床の開口部の周囲に囲いを設ける

ポイント▶ 重点的に学習すべき労働安全衛生法令の中でも、飛来・落下事故の防止対策は注目しておきたい。2次検定でも踏み込んだ設問が出題されるため、予習を兼ねて、今のうちから身に付けておくべき学習項目といえる。

解 説

　物体の**飛来**によって、作業者に危険を及ぼす懸念がある場合は、法令では次の2点が定められています。飛来防止の設備を設けることと、高さが2m以下の場所であっても、ヘルメット等の保護具を着用させる対策です。②は正しいです。

　一方で、物体の**落下**によって、作業者に危険を及ぼすおそれのある場合は、次の2点が要求されています。**防網の設備を設ける**ことと、**立入区域を設定**することです。

　要求性能墜落制止用器具は、作業者自身が墜落しないようにするための措置です。物品の落下とは関係ありません。したがって、③は誤りとなります。

（1級電気通信工事　令和3年午後　No.31改）

〔解答〕　③誤り

📘 根拠法令等

労働安全衛生規則
第二編　安全基準
第九章　墜落、飛来崩壊等による危険の防止
　第一節　墜落等による危険の防止
　（作業床の設置等）
第519条　事業者は、高さが2m以上の作業床の端、開口部等で墜落により労働者に危険を及ぼすおそれのある箇所には、囲い、手すり、覆い等を設けなければならない。
　第二節　飛来崩壊災害による危険の防止
　（物体の落下による危険の防止）
第537条　事業者は、作業のため物体が落下することにより、労働者に危険を及ぼすおそれのあるときは、防網の設備を設け、立入区域を設定する等当該危険を防止するための措置を講じなければならない。
　（物体の飛来による危険の防止）
第538条　事業者は、作業のため物体が飛来することにより労働者に危険を及ぼすおそれのあるときは、飛来防止の設備を設け、労働者に保護具を使用させる等当該危険を防止するための措置を講じなければならない。

2-1 労働安全衛生法令③ ［脚立・移動はしご］

> **演習問題**
>
> 脚立を用いた作業を行うにあたり、墜落等による危険を防止するために講ずべき措置に関する次の記述として、労働安全衛生法令上、誤っているものを全て選べ。
>
> ① 軽度の損傷があったが、著しい損傷や腐食が認められないため作業に使用した
> ② 脚と水平面との角度が80度となるのものを使用した
> ③ 折りたたみ式のものであったが、脚と水平面との角度を確実に保つための金具を備えていれば使用してもよい
> ④ 踏み面は、作業を安全に行うために必要な面積があれば、それで足りる

ポイント▶ 脚立や移動はしごは、工事だけでなく日常の軽作業においても比較的手軽に用いる機材の１つである。特別な資格を必要とせず、手軽に使えることから、基本事項を忘れがちである。改めて基準を再確認しておきたい。

解　説

　脚立に関しては、労働安全衛生規則にて基準が定められています。詳細は以下の根拠法令に示す、4つの項目を参照してください。これを満たさない脚立は、使用中に崩壊して作業者が転落する可能性があることから、作業に用いることはできません。

75度以下

脚と水平面との角度関係

　特に数字が絡むものとして、脚と水平面との角度の規程があります。これは右図のように、75度以下となるものでなければなりません。②が誤りです。

〔解答〕　②誤り→75度以下

> **📖 根拠法令等**
>
> 労働安全衛生規則
> 第二編　安全基準
> 第九章　墜落、飛来崩壊等による危険の防止
> 第一節　墜落等による危険の防止
> （脚立）
> 第528条　事業者は、脚立については、次に定めるところに適合したものでなければ使用してはならない。
> 　1　丈夫な構造とすること。
> 　2　材料は、著しい損傷、腐食等がないものとすること。
> 　3　脚と水平面との角度を75度以下とし、かつ、折りたたみ式のものにあっては、脚と水平面との角度を確実に保つための金具等を備えること。
> 　4　踏み面は、作業を安全に行なうため必要な面積を有すること。

脚立の例

演習問題 移動はしごを用いた作業を行うにあたり、墜落等による危険を防止するために講ずべき措置に関する次の記述として、労働安全衛生法令上、誤っているものを全て選べ。

①丈夫な構造のものを使用した
②軽度の損傷があったが、著しい損傷や腐食が認められないため作業に使用した
③すべり止め装置の取り付け、および転位を防止するために必要な措置を施して使用した
④幅は25cm ものを使用した

ポイント▶ 移動はしごは脚立のような自立する構造ではないため、角度に関する規定はない。むしろ4本脚で安定感のある脚立と異なり、常に不安定な要素が付きまとうため、移動はしご特有の基準について理解しておくべきである。

解　説

　丈夫な構造であるとか、損傷や腐食に関する規程は脚立と同様です。これに加えて移動はしごは、脚立と違って自立しないため、床面との滑動について留意しなければなりません。

　また、構造物等に立て掛けた際に、転位を防止するための措置も必要となります。

　さらには、はしごの幅についても基準が設けられています。あまり狭いはしごを用いてしまうと、足を踏み外す懸念が出てきます。

　そして幅が狭ければ狭いほど、立てた際の安定性は悪くなります。そこで労働安全衛生規則では、移動はしごの幅は30cm以上とする規程があります。④が誤りです。

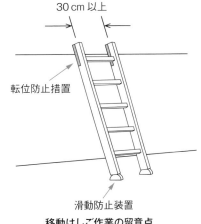

30 cm 以上

転位防止措置

滑動防止装置

移動はしご作業の留意点

〔解答〕　④誤り→30cm以上

📖 根拠法令等

労働安全衛生規則
第二編　安全基準
第九章　墜落、飛来崩壊等による危険の防止
第一節　墜落等による危険の防止
（移動はしご）
第527条　事業者は、移動はしごについては、次に定めるところに適合したものでなければ使用してはならない。
　1　丈夫な構造とすること。
　2　材料は、著しい損傷、腐食等がないものとすること。
　3　幅は、30cm以上とすること。
　4　すべり止め装置の取付けその他転位を防止するために必要な措置を講ずること。

移動はしごの滑動防止装置の例

2-1 労働安全衛生法令④ [感電事故防止]

> **演習問題**
> 架空電線の充電電路に近接する場所で、工作物の建設の作業に従事する労働者の感電防止のための措置として、「労働安全衛生法令」上、誤っているものを全て選べ。
>
> ① 当該充電電路を移設すること
> ② 感電の危険を防止するための囲いを設けること
> ③ 当該充電電路に絶縁用防護具を装着すること
> ④ 労働者に静電気帯電防止用作業靴を着用させること

ポイント▶ 工事にあたって直接的に電気を取り扱わない場合でも、高い電圧の電路が作業場所に近接しているケースがあり得る。この際に作業者が接触して、感電事故を起こすリスクがあるため、監督者としては注意が必要である。

解 説

工事を実施している場所の近傍に、強電の電路が走っている場合には感電に注意しなくてはなりません。具体的な措置としては、下記の根拠法令の4つの項目を参照してください。

静電気帯電防止用作業靴は、作業者が装置に触れる際に着用するものです。人体に帯電した静電気が装置に侵入して、半導体等の弱電部品を破壊してしまう事故を防ぐ目的で使用します。

この静電気帯電防止用作業靴では、作業者の感電防止の対策にはなりません。④は誤りです。

充電電路に被せた絶縁用防護具の例

（1級電気通信工事　令和2年午後　No.31）

〔解答〕　④誤り

> **📖 根拠法令等**
>
> 労働安全衛生規則
> 第二編　安全基準
> 第五章　電気による危険の防止
> 第四節　活線作業及び活線近接作業
> （工作物の建設等の作業を行なう場合の感電の防止）
> 第349条　事業者は、架空電線又は電気機械器具の充電電路に近接する場所で、工作物の建設、解体、点検、修理、塗装等の作業若しくはこれらに附帯する作業又はくい打機、くい抜機、移動式クレーン等を使用する作業を行なう場合において、当該作業に従事する労働者が作業中又は通行の際に、当該充電電路に身体等が接触し、又は接近することにより感電の危険が生ずるおそれのあるときは、次の各号のいずれかに該当する措置を講じなければならない。
> 1　当該充電電路を移設すること。
> 2　感電の危険を防止するための囲いを設けること。
> 3　当該充電電路に絶縁用防護具を装着すること。
> 4　前3号に該当する措置を講ずることが著しく困難なときは、監視人を置き、作業を監視させること。

演習問題 電気による危険の防止に関する記述として、「労働安全衛生法令」上、<u>正しいもの</u>を全て選べ。

①停電作業の終了後の通電にあたっては、当該作業に従事する労働者に感電の危険のないこと、および短絡接地器具を取りはずしたことを確認してから行う

②架空電線の充電電路に近接する場所で建物の修理の作業を行うにあたり、当該作業に従事する労働者が作業中に感電のおそれがあるため、作業場所に注意看板を設置して作業を行う

③分電盤の電路を開路し、その電路の点検作業を行う場合、開路した開閉器に「通電禁止」の表示をする

④電気機械器具の充電部分に設けた感電を防止するための囲いは、1年に1回その損傷の有無を点検し、異常を認めたときは、直ちに補修する

ポイント▶ 電気通信において、伝送線路で使用できる最高電圧は100Vである。しかし電源系統の接続や、工事で用いる電動工具が100Vを超えるケース等も想定しておきたい。これらの、電気による危険の防止のための対策を理解する。

解　説

作業場所が充電電路に近接している場合には、感電を防止する措置が求められます。具体的には、当該充電電路の移設、感電防止の囲いを設ける、充電電路に絶縁用防護具を装着する等です。

注意看板の設置だけでは不十分で、気付かない間に接触してしまう可能性が高まります。②は誤り。

電気機械器具の充電部分の囲いは、損傷の有無を定期的に点検しなければなりません。頻度は<u>毎月1回以上</u>と定められています。1年に1回ではありません。ただし、対地電圧が50V以下のものは対象外です。④も誤り。

(1級電気通信工事　令和3年午後　No.32)

〔解答〕　①正しい　③正しい

📘 根拠法令等

労働安全衛生規則
第二編　安全基準
第五章　電気による危険の防止
第三節　停電作業
（停電作業を行なう場合の措置）
第339条　事業者は、電路を開路して、当該電路又はその支持物の敷設、点検、修理、塗装等の電気工事の作業を行なうときは、当該電路を開路した後に、当該電路について、次に定める措置を講じなければならない。当該電路に近接する電路若しくはその支持物の敷設、点検、修理、塗装等の電気工事の作業又は当該電路に近接する工作物の建設、解体、点検、修理、塗装等の作業を行なう場合も同様とする。
1　開路に用いた開閉器に、作業中、施錠し、若しくは<u>通電禁止</u>に関する所要事項を表示し、又は監視人を置くこと。
〔以下略〕
第五節　管理
（電気機械器具の囲い等の点検等）
第353条　事業者は、第329条の囲い及び絶縁覆おおいについて、<u>毎月1回以上</u>、その損傷の有無を点検し、異常を認めたときは、直ちに補修しなければならない。

2-1 労働安全衛生法令⑤ ［足 場］

> **演習問題** 高さ2m以上の足場（一側足場およびつり足場を除く）に関する記述として、「労働安全衛生法令」上、<u>誤っているもの</u>を全て選べ。
>
> ① 床材間の隙間を2cmとする
> ② 作業床の幅を30cmとする
> ③ 床材を1つの支持物に取り付ける
> ④ 床材と建地との隙間を10cmとする

ポイント▶ 足場は、作業者の墜落や物品の落下の他、足場自体が崩落するような事故の懸念がある。そのため、事故を防止するためのルールが細かく定められている。特に数値で規定されている部分は、確実にマスターしたい。

解 説

　高さが2m以上となる場合は、高所作業にあたります。この際には、しかるべき基準に沿った作業床を設けなければなりません。この作業床には具体的な数値の決め事があり、幅については<u>40cm以上</u>とする必要があります。

　したがって、②の記述は誤りとなります。

　床材を取り付けるための支持物は、<u>2つ以上</u>でなければなりません。1つでは不安定になり、床材が崩落する原因となります。③も誤りです。

（1級電気通信工事　令和2年午後　No.28改）

作業床の幅は40cm以上

〔解 答〕　②誤り → 40cm以上　③誤り → 2つ以上の支持物

📖 根拠法令等

労働安全衛生規則
第二編　安全基準
第十章　通路、足場等　第二節　足場
（作業床）
第563条　事業者は、足場における高さ2m以上の作業場所には、次に定めるところにより、作業床を設けなければならない。
〔中略〕
　2　つり足場の場合を除き、幅、床材間の隙間及び床材と建地との隙間は、次に定めるところによること。
　イ　幅は、<u>40cm以上</u>とすること。
　ロ　床材間の隙間は、<u>3cm以下</u>とすること。
　ハ　床材と建地との隙間は、<u>12cm未満</u>とすること。
〔中略〕
　5　つり足場の場合を除き、床材は、転位し、又は脱落しないように<u>2以上の支持物</u>に取り付けること。

演習問題 高さ2m以上の足場（一側足場およびつり足場を除く）の作業床に関する記述として、「労働安全衛生法令」上、誤っているものを全て選べ。

① 床材と建地との隙間を15cmとする
② 床材間の隙間を5cmとする
③ 床材を3つの支持物に取り付ける
④ 作業床の幅を40cmとする

ポイント▶ 作業足場を構築する際の、具体的な仕様に関する設問である。作業床の高さが床面から2m以上となる場合は高所作業に該当することから、各種の数値的な制約が課される。2m未満のケースではこの限りでない。

解　説

「建地」とは、足場を組み立てる際の柱等のことを指します。この建地と床材との距離にも法令による規定があり、隙間を12cm未満としなければなりません。①は誤り。

なお、法令では「12cm未満」が要求されているため、12cm丁度ではNGとなります。

足場の床材間の隙間は、3cm以下としなければなりません。5cmでは靴の先端が挟まったり、工具や部品が落下したりする可能性が高くなります。

したがって、②も誤りです。

床材と建地との隙間は12cm未満

床材間の隙間は3cm以下

（1級電気通信工事　令和4年午後　No.26改）

〔解答〕　①誤り → 12cm未満　②誤り → 3cm以下

2-1　労働安全衛生法令⑥　[移動式足場]

演習問題　移動式足場の安全確保に関する次の記述として、「労働安全衛生法令」上、誤っているものを全て選べ。

① わく組構造部の外側空間を昇降路とする構造の移動式足場では、同一面より同時に2名以上の者が昇降しないようにする

② 凹凸が著しい場所で移動式足場を使用するときは、特に脚輪のブレーキを確実に作動させる必要がある

③ 移動式足場の上では、移動はしごや脚立を使用しない

④ 労働者を乗せた状態で移動式足場を移動させる場合は、監視者を配置する

ポイント▶　この項で取り扱う「移動式足場」は、あくまで移動式であって、建造物に沿うように構築される固定式の足場とは異なるものである。固定式と比べて安定性に欠けることから、より厳しい制約が設けられている。

解　説

通称「ローリングタワー」とも呼ばれますが、移動式足場は移動させることが可能な足場のことです。足元に脚輪が付いていて、押して移動させることができます。

移動式足場に関して、ベースとなる根拠法令は、労働安全衛生法の第28条第1項です。実際には、法令の外部に技術上の指針を定めて、この中で具体的な方策が規定される形をとっています。

近年では、階段形式のものが増えてきました。しかし、移動式足場の外部から鉛直に昇降するタイプでは、人の重さで足場自体が転倒するリスクがあります。

このため、同じ面において複数の人が同時に昇降しないように、留意しなければなりません。①は正しいです。

凹凸が著しい場所、あるいは傾斜が著しい場所において移動式足場を使用する際には、安定性の確保に留意しなければなりません。一般的には、ジャッキ等を用いて作業床の水平を保持します。

脚輪のブレーキは、移動中を除いて常に作動させておかなくてはなりません。凹凸や傾斜などの、地面の状況には左右されません。②は誤り。

移動式足場は、不安定な構造です。そのため、人を乗せた状態での移動も禁止です。監視者を配置するかどうかは関係ありません。④も誤りとなります。

（1級電気通信工事　令和3年午後　No.26改）

〔解答〕　②誤り → 作業床の水平を保持する　④誤り → 人を乗せて移動は禁止

> **演習問題** 移動式足場の作業に関する次の記述のうち、「労働安全衛生法」上、誤っているものを全て選べ。
>
> ①傾斜が著しい場所で移動式足場を使用するために、ジャッキを利用して作業床の水平を保持する
> ②作業責任者の監視の下、作業者を乗せたまま移動式足場を移動させる
> ③作業のため、手すり、中さんを取り外したときは、その必要がなくなった後は直ちに元の状態に戻す
> ④移動式足場の上で脚立を使用するために、脚立を支持物に確実に固定してから使用する

ポイント▶ 固定式足場のケースと異なり、移動式足場の場合には、これらの制約が適用される条件に高さの制限がない。つまり移動式足場の高さが2m未満の場合でも、「安全基準に関する技術上の指針」を遵守する必要がある。

解　説

移動式足場は、不安定な構造です。そのため、人を乗せた状態での移動は禁止されています。監視者の有無は関係ありません。②は誤りです。

同様に不安定という理由から、移動式足場の上で脚立や移動はしごを使用することは禁止です。確実に固定したとしても不可です。④も誤りとなります。

(1級電気通信工事　令和5年午後　No.31改)

移動式足場の例

〔解答〕　②誤り → 人を乗せて移動は禁止　④誤り → 脚立は使用禁止

📖 根拠法令等

移動式足場の安全基準に関する技術上の指針（抜粋）
　4　　　使用
　4-2　　移動
　4-2-3　移動式足場に労働者を乗せて移動してはならないこと。
　4-3　　定置
　4-3-2　脚輪のブレーキは、移動中を除き、常に作動させておくこと。ブレーキを作動させるときは、その効き具合を確認すること。
　4-3-3　おうとつ又は傾斜が著しい場所で移動式足場を使用するときは、ジャッキ等の使用により作業床の水平を保持すること。
　4-4　　荷重の積載等
　4-4-3　移動式足場の上では、移動はしご、脚立等を使用しないこと。
　4-4-4　作業又は昇降のため、手すり、中さん等を取り外したときは、その必要がなくなった後、直ちに原状にもどすこと。
　4-4-5　わく組構造部の外側空間を昇降路とする構造の移動式足場にあっては、転倒を防止するため、同一面より同時に2名以上の者が昇降しないこと。

2章

2-1 労働安全衛生法令⑦ ［届 出］

［着手すべき優先度 ★★★★★］

演習問題 工事開始前に労働基準監督署長に対して計画の届出が必要なものとして、「労働安全衛生法令」上、正しいものを全て選べ。

① 組立から解体までの期間が80日間で、高さ20m、長さ10mの架設通路を設置する場合
② 高さ30mの工作物（橋りょうを除く）の建設の仕事を開始しようとする場合
③ 組立から解体までの期間が50日間で、つり足場を設置する場合
④ 組立から解体までの期間が70日間で、高さが10mの構造の足場を設置する場合

ポイント▶ 各種の足場や架設通路を設ける場合に、所定の条件を満たすものについては、労働基準監督署長に対して機械等設置届を届け出なければならない。設置期間や、規模の条件によって届出の要否があるため、注意したい。

解 説

建築物や工作物の建設に関しては、高さ31mを超える物件が届出の対象です。31m以下の場合は不要になります。②は誤り。

一方で、足場や架設通路についての計画届出は、とても紛らわしい部分があります。下記の条件を、しっかりと整理しておきましょう。

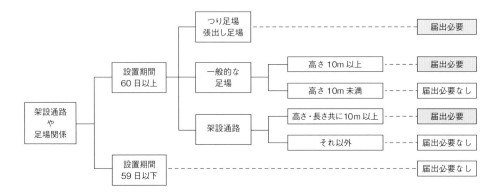

まず、架設通路や足場関係の届出は、設置する期間に着目します。59日以下であれば、一律に全てが届出の対象外です。60日以上が届出対象の候補となるので、次の要件に進みます。

設置期間が60日以上となるケースでは、つり足場と張出し足場は、条件によらず全てが届出の対象となります。次に一般的な足場であれば、高さ10m以上となるもののみが対象です。

さらに架設通路であれば、高さと長さが共に10m以上となる場合のみ対象です。これらの条件で選択肢を見てみると、③は50日間のため、非該当になります。

（1級電気通信工事 令和4年午後 No.24改）

〔解答〕 ① 正しい ④ 正しい

演習問題 工事開始前に労働基準監督署長に対して計画の届出が必要なものとして、「労働安全衛生法令」上、正しいものを全て選べ。

①高さ35mの建築物を建設する場合

②組立から解体までの期間が50日間で、高さ10m、長さ10mの架設通路を設置する場合

③組立から解体までの期間が30日間で、つり足場を設置する場合

④掘削の深さが10mとなる地山の掘削を行う場合

ポイント▶ 一定の規模の建築物や工作物の建設工事を開始する場合は、事前にその計画内容を所轄の労働基準監督署長に届け出ることが義務付けられている。どのようなケースがこれに該当するのか、監督者として把握しておきたい。

解　説

工事の着手前に、労働基準監督署長に対して計画の届出を要するものは、下記の根拠法令に示したものとなります。数が多いですが、今回の設問に登場した2例は、優先的に理解しておきましょう。

・高さ31mを超える建築物または工作物（橋梁を除く）の建設、改造、解体、破壊
・掘削の高さまたは深さが10m以上である地山の掘削

これらは工事の規模が大きいために、事故が発生した場合には、相当の被害が出ることが想定されます。そのため、事前に計画の届出が必要となっています。したがって、①と④が該当です。

（1級電気通信工事　令和1年午後　No.28改）

〔解答〕　①正しい　④正しい

📖 根拠法令等

労働安全衛生規則
第一編　通則
第九章　監督等
第90条　法第88条第3項の厚生労働省令で定める仕事は、次のとおりとする。
　1　高さ31mを超える建築物又は工作物（橋梁を除く。）の建設、改造、解体又は破壊の仕事
　2　最大支間50m以上の橋梁の建設等の仕事
　2の2　最大支間30m以上50m未満の橋梁の上部構造の建設等の仕事
　3　ずい道等の建設等の仕事
　4　掘削の高さ又は深さが10m以上である地山の掘削の作業を行う仕事
　5　圧気工法による作業を行う仕事
　5の2　建築物、工作物又は船舶に吹き付けられている石綿等の除去、封じ込め又は囲い込みの作業を行う仕事
　5の3　建築物、工作物又は船舶に張り付けられている石綿等が使用されている保温材、耐火被覆材等の除去、封じ込め又は囲い込みの作業を行う仕事
　5の4　ダイオキシン類対策特別措置法施行令別表第1第5号に掲げる廃棄物焼却炉を有する廃棄物の焼却施設に設置された廃棄物焼却炉、集じん機等の設備の解体等の仕事
　6　掘削の高さ又は深さが10m以上の土石の採取のための掘削の作業を行う仕事
　7　坑内掘りによる土石の採取のための掘削の作業を行う仕事

労働安全衛生法令⑧ ［移動式クレーン］

> **演習問題** 事業者が実施すべき安全確保に関する次の記述の ☐ に当てはまる語句の組み合わせとして、「労働安全衛生法令」上、正しいものはどれか。
>
> 「事業者は、移動式クレーンを用いて作業を行うときは、移動式クレーンの転倒等による労働者の危険を防止するため、あらかじめ、当該作業に係る場所の広さ、地形および地質の状態、運搬しようとする荷の重量、使用する移動式クレーンの種類および能力等を考慮して、次の事項を定めなければならない。
>
> 1　移動式クレーンによる作業の方法
> 2　移動式クレーンの ［(ア)］ するための方法
> 3　移動式クレーンによる作業に係る労働者の ［(イ)］」
>
> 　（ア）　　　　　　（イ）
> ① 衝撃を軽減　　　作業時間
> ② 衝撃を軽減　　　配置および指揮の系統
> ③ 転倒を防止　　　作業時間
> ④ 転倒を防止　　　配置および指揮の系統

ポイント▶ タワークレーン等の固定式と違い、移動式クレーンは迅速に移動することが可能である。そのため、短期間の需要場所にて活躍する場面が多く見られる。しかし移動できるメリットの反面、安定性の低さがリスクとなる。

解　説

　移動式クレーンは、転倒の危険性が常に隣り合わせです。例えアウトリガを正しくセットしたとしても、現地の地盤が軟弱の場合には、地面にめり込んで転倒する可能性も出てきます。

　また、クレーン作業を行う際には、事前に地上側の指揮者を1名定めます。この指揮者の合図によってクレーン作業を進めるのが基本です。

　しかし実際には作業が進むにつれて、指揮者以外の作業者が、つい身振り手振りで合図を出してしまう場面が少なくありません。こうなると、クレーンの操作者には複数の人間が合図を出しているように見え、判断を誤る原因となります。

　最悪の場合には、事故を発生させることにもなりかねません。したがって、指揮の系統は1本化するよう考慮しなければなりません。

クレーン作業の注意喚起の例

（1級電気通信工事　令和1年午後　No.29）

［解答］　④正しい

演習問題 移動式クレーンの安全確保に関する記述として、「労働安全衛生法令」上、誤っているものを全て選べ。

①移動式クレーンを用いて荷を吊り上げるときは、外れ止め装置を使用しなければならない

②移動式クレーンに係る作業を行う場合であって、ハッカーを用いて玉掛けをした荷が吊り上げられているときは、吊り上げられている荷の下に労働者を立ち入らせることができる

③移動式クレーンにその定格荷重をこえる荷重をかけて使用することはできない

④吊り上げ荷重が1t以上5t未満の移動式クレーンの運転（道路上を走行させる運転を除く）の業務については、移動式クレーンに係る特別教育を修了した者を当該業務に就かせることができる

ポイント▶ クレーンは便利な反面、危険性を常に孕んでいる。移動式に限らないが、吊り上げた荷が万が一にも落下してしまうと、大事故になる。さらに、その荷の下に人がいた場合には、取り返しのつかない人身事故に発展する。

解　説

「吊り荷の下に入るな！」これはクレーン作業においての大原則です。

0t	0.5t未満	0.5t	0.5t以上1t未満	1t	1t以上5t未満	5t	5t以上
	不要		特別教育		技能講習		免許

「ハッカー」とは、先端が爪のような形状をした吊り金具のことです。このハッカーを用いて玉掛けを行った場合は、吊り上げられている荷の下に<u>人を立ち入らせてはなりません</u>。②は誤りです。

移動式クレーンを操作するための所要資格について整理します。上の図のように、吊り上げ荷重によって要求される資格が3種類あります。

「荷重」とは、「いま何tの荷を吊っているか」ではありません。クレーンの能力として、最大何tまでの荷を吊り上げることが可能か、という意味です。

吊り上げ荷重が1t以上5t未満は、<u>技能講習</u>（小型移動式クレーン運転技能講習）の修了が必要となります。特別教育の修了のみでは操作できません。④は誤りです。

「吊り荷の下に入るな」は鉄則

（1級電気通信工事　令和3年午後　No.27）

〔解答〕　②誤り → 立入禁止　④誤り → 技能講習が必要

📖 根拠法令等

クレーン等安全規則
第二章　クレーン　第二節　使用及び就業
（立入禁止）
第29条　事業者は、クレーンに係る作業を行う場合であって、次の各号のいずれかに該当するときは、つり上げられている荷の下に労働者を立ち入らせてはならない。
1　ハッカーを用いて玉掛けをした荷がつり上げられているとき
2　つりクランプ1個を用いて玉掛けをした荷がつり上げられているとき
〔以下略〕

2-1　労働安全衛生法令⑨　[特別教育]

> **演習問題**　労働者を業務に従事させるにあたり特別教育が必要な業務として、「労働安全衛生法令」上、誤っているものを全て選べ。
>
> ①吊り上げ荷重が1tのクレーンの玉掛けの業務
>
> ②高圧の充電電路の点検の業務
>
> ③吊り上げ荷重が0.5tの移動式クレーンの運転の業務（道路上を走行させる運転を除く）
>
> ④作業床の高さが15mの高所作業車の運転の業務（道路上を走行させる運転を除く）

ポイント▶　教育は、従業員や部下に対して、人物としての成長や能力を向上させることを目的とした取り組みが一般的である。これ以外にも、法令の定めによって、状況に応じて実施しなければならない教育も存在する。

解　説

　玉掛けとはクレーン等で荷を吊り上げる際に、吊り具を取り付けたり、外したりする作業のことです。これは重量による区分があり、吊り上げ荷重1tが境となります。

　吊り上げ荷重が1t未満であれば特別教育の修了のみで構いません。しかし1t以上の場合には、上位である<u>技能講習の修了</u>が必要となります。①は誤りです。

	特別教育			技能講習
高所作業車		10m		
建設機械		3t		
フォークリフト		1t		
玉掛け		1t		

　高所作業車の操作は、作業床の高さが10mを境に資格要件が異なります。これは、「自分は何mまで上げてよいか」ではありません。作業車両の仕様として、最大まで上げたときに何mになるか、という意味です。

　最大高さが10m未満であれば、特別教育でOKです。しかし10m以上の場合には、<u>技能講習の修了</u>が求められます。したがって、④も誤りとなります。

作業床10m未満の高所作業車の例

作業床10m以上の高所作業車の例

（1級電気通信工事　令和4年午後　No.27改）

〔解答〕　①誤り → 1t未満に限る　④誤り → 10m未満に限る

演習問題 労働者を業務に従事させるにあたり特別教育が必要な業務として、「労働安全衛生法令」上、正しいものを全て選べ。

①吊り上げ荷重が0.9tの移動式クレーンの運転の業務（道路上を走行させる運転を除く）

②地下に敷設させる物を収容するためのマンホールの内部における作業に係る業務

③作業床の高さが8mの高所作業車の運転の業務（道路上を走行させる運転を除く）

④高圧の充電電路の敷設の業務

ポイント▶ しかるべき特別教育を修了していなければ、従事させてはならない業務がある。この特別教育とは特に危険性を伴う作業を実施する際に、事故を未然に防ぐ目的で必要となる、専門的な教育のことである。

解　説

　マンホール内は、酸素濃度が薄くなっている可能性があります。そのため中に入る場合は、酸素欠乏危険作業に該当し、特別教育が必要です。②は正しいです。

　高圧、あるいは特別高圧の充電電路について、敷設や点検、修理等を実施するときは、従事する作業者には特別教育が要求されます。④は正しいです。

■酸素欠乏危険場所の例

ピット内作業　　　　　　　　　　マンホール内作業

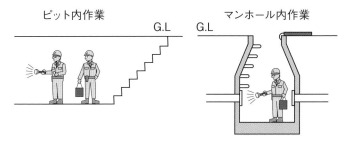

　特別教育は数が多く、49もの作業が指定されています。この中で、電気通信工事に関連するものを下記に抜粋しました。特に数字が絡むものは要注意です。

（1級電気通信工事　令和2年午後　No.29改）

〔解答〕　**全て正しい**

 根拠法令等

労働安全衛生規則
第四章　安全衛生教育

（特別教育を必要とする業務）
第36条　法第59条第3項の厚生労働省令で定める危険又は有害な業務は、次のとおりとする。
〔抜粋〕

4　高圧若しくは特別高圧の充電電路若しくは当該充電電路の支持物の敷設、点検、修理若しくは操作の業務、低圧の充電電路の敷設若しくは修理の業務又は配電盤室、変電室等区画された場所に設置する低圧の電路のうち充電部分が露出している開閉器の操作の業務

5　最大荷重1t未満のフォークリフトの運転の業務

9　機体重量が3t未満の機械で、動力を用い、かつ、不特定の場所に自走できるものの運転の業務

10の5　作業床の高さが10m未満の高所作業車の運転の業務

16　つり上げ荷重が1t未満の移動式クレーンの運転の業務

17　つり上げ荷重が5t未満のデリックの運転の業務

19　つり上げ荷重が1t未満のクレーン、移動式クレーン又はデリックの玉掛けの業務

26　酸素欠乏危険場所における作業に係る業務

39　足場の組立て、解体又は変更の作業に係る業務

2-1 労働安全衛生法令⑩ ［酸欠危険作業］

演習問題 酸素欠乏危険作業に関する記述として、「労働安全衛生法令」上、誤っているものを全て選べ。

①酸素欠乏とは、空気中の酸素濃度が、21％未満の状態である

②作業場所において、酸素欠乏のおそれがあるため、酸素欠乏のおそれがないことを確認するまでの間、その場所に特に指名した者以外の者が立ち入ることを禁止し、かつ、その旨を見やすい箇所に表示する

③地下に設置されたマンホール内での光ファイバケーブル敷設作業は、酸素欠乏危険場所における作業に該当しないため、酸素欠乏危険作業主任者の選任は不要である

④酸素欠乏危険場所における空気中の酸素濃度測定は、午前、午後の各１回測定しなければならない

ポイント▶ 電気通信に限らないが、さまざまな工事種において多くの危険作業が存在する。その中でも、酸素欠乏危険作業は注目しておくべき題材といえる。酸欠状態は目視で把握できないため、事故防止への留意は特に重要である。

解　説

　酸素欠乏とは、空気中の酸素濃度が、18％未満の状態と定義されています。21％未満ではありません。①は誤りとなります。

　マンホール内は、酸素欠乏危険場所に該当します。例題では、光ファイバケーブルの敷設作業に限定していますが、どのような作業内容でも同じです。

　したがって、この場合には作業主任者を選任して配置しなければなりません。③の記述は誤りです。

　空気中の酸素濃度測定は、その日の作業を開始する前に実施するよう定められています。午前、午後の各回ではありません。④も誤りです。

（1級電気通信工事　令和1年午後　No.32改）

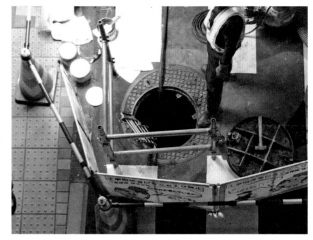

マンホール内作業の例

　〔解答〕　①誤り → 18％未満　③誤り → 該当する　④誤り → その日の作業開始前

演習問題 酸素欠乏危険作業に関する次の記述のうち、「労働安全衛生法令」上、誤っているものを全て選べ。

①酸素欠乏危険場所における空気中の酸素濃度測定は、午前、午後の各1回測定しなければならない

②作業を行うにあたり、当該現場で行う特別の教育を受けた者のうちから、酸素欠乏危険作業主任者を選任する

③地下に埋設されたケーブルを収容するマンホール内部での作業は、酸素欠乏危険作業である

④空気中の酸素の濃度が18％未満の状態は、酸素欠乏である

ポイント▶ 酸素欠乏危険作業に関して根拠となる法令は、酸素欠乏症等防止規則である。この規則は、労働安全衛生法の下位規則にあたる。労安法の別枠として設けられていることから、特殊で専門的な事案ともいえる。

解　説

　マンホールの内部に降りて行う全ての活動は、酸素欠乏危険作業に該当します。そのため携わる関係者には、事前に然るべき教育の修了が必要になります。

　まずは教育の種類ですが、特別教育と技能講習の2種類があります。この両者は専門性の深さが異なり、技能講習の方が上位になります。

　技能講習は特別教育の内容を含んでいます。

　次に、携わる関係者に要求される教育の区分として、以下のように定められています。

・作業者本人：特別教育または技能講習の修了が必要
・作業主任者：技能講習の修了が必要

　このように、酸素欠乏危険作業主任者として選任できるのは、当該の技能講習を修了した者のみです。特別教育だけでは不可となります。

　したがって、②は誤りです。

(1級電気通信工事　令和4年午後　No.32改)

〔解答〕　①誤り → その日の作業開始前　②誤り → 技能講習が必要

【重要】▶以下の項目は特に重要なため、暗記必須

酸素欠乏状態：18％未満
酸素濃度測定：作業開始前に実施
作業者本人：特別教育の修了でよい
作業主任者：技能講習の修了が必要

2-2 施工計画① ［全 般］

施工計画は、工事を安全に確実に遂行する上で欠かせない概念である。この分野も施工管理法（応用能力）に出題されるため、深掘りした学習が必要となる。避けて通れないものと考えておいたほうがよい。

> **演習問題**
> 施工計画書を作成する上での基本事項に関する記述として、<u>適当でないもの</u>を全て選べ。
>
> ① 施工計画は、仮設、工法の工事目的物を完成するために必要な一切の手段について、過去の実績や経験を生かし、実績の少ない新工法、新技術は控えて作成する
> ② 施工計画書の作成にあたっては、基本方針を十分に把握し施工性を検討することはもちろん、生産性の向上、環境保全に関しても検討を行うことが重要である
> ③ 施工計画作成にあたっては、工事の目的・内容・契約条件、現場条件、全体工法、施工方法といった基本方針を考慮するものとする
> ④ 施工計画を立てる上で、現場条件は重要な要素であるが、現地調査を行い、諸条件のチェックは、施工計画書の提出後に行うことが一般的である

ポイント▶ 施工計画にて網羅すべき情報は多岐にわたる。契約書類や共通仕様書等の書面上から拾えるもの、現場現地にて調査するもの、役所や関係する他企業等から入手する情報等である。的確な情報の把握が要求される。

解 説

施工計画は、広い視野をもった総合的なプランニング力が求められます。過去の実績や経験を生かすことはもちろんですが、実績の少ない<u>新工法や新技術にも積極的に関心をもって</u>、必要であれば採り入れていくスタンスが必要です。

したがって、①の記載は不適当となります。

現地調査を行って工事に必要な諸条件をチェックすることは、施工計画を立案する中での必須事項です。当然に、<u>施工計画書の提出前</u>に実施しておかなければなりません。④の記述は明らかに不適当です。

現場条件の把握は、施工計画の立案で重要な要素である

（1級電気通信工事　令和1年午後　No.16改）

〔解答〕　①不適当　④不適当

演習問題 施工計画立案時の事前調査に関する記述として、適当でないものを全て選べ。

①事前調査には、工事内容や契約条件を把握するための契約条件の確認と、現場の諸条件を把握するための現場条件の調査がある

②現場条件の調査は、調査項目が多いので、脱落がないようにするため特性要因図を作成しておくのがよい

③現場条件の調査の精度を高めるためには、複数の人で調査したり、調査回数を重ねる等により、個人的偶発的な要因による錯誤や調査漏れを取り除くことが必要である

④不可抗力による損害の取り扱いや工事代金の支払条件の確認は、現場条件の調査に該当する

ポイント▶ 施工計画を策定していく中で、事前調査は不可欠である。これらは主に、机上検討と現地調査とに分けられる。実際に現場に赴いて情報を収集する現地調査では、どのような視点で取り組むべきか把握しておきたい。

解説

現地に赴いて現場条件を調査するにあたっては、調査項目が多く広範囲にわたります。そのため、脱落がないようにするためには、事前に**チェックリスト等を作成**しておくのがよいです。特性要因図はここでは関係ありません。したがって、②は不適当な記述となります。

なお、特性要因図は品質管理の場面で用いる図表になります。

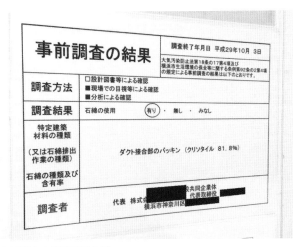

事前調査の結果掲示の例

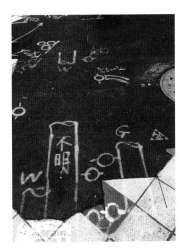

現場条件の調査は、調査項目が多く広範囲にわたる

不可抗力による損害の取り扱い、あるいは工事代金の支払条件の確認は、**契約条件の確認**に該当します。現場条件の調査ではありません。

したがって、④の記載は不適当となります。

（1級電気通信工事　令和3年午後　No.16改）

〔解答〕　②不適当 → チェックリストを作成　④不適当 → 契約条件の確認に該当

[着手すべき優先度 ★★★★★]

施工計画② [留意事項]

> **演習問題** 施工計画の作成にあたっての留意事項に関する記述として、適当でないものを全て選べ。
>
> ①施工計画の作成にあたっては、個人の考えや技術水準だけで計画せず、企業内の関係組織を活用して、全社的な技術水準で検討する
> ②発注者の要求品質の確保を意識して、品質を最優先にした施工を基本とする施工計画を作成する
> ③契約書、発注図面および工事仕様書に基づいて施工計画を作成すれば、現地調査を行わなくても現場条件や発注者の意向を十分反映できる
> ④品質、工程、原価は相互に関連するため、これらの関係を考慮しながら、最善の施工計画を立てる

ポイント▶ 施工計画は、安全、品質、工程、環境、原価の5つの視点を軸に立案する。5つ全てが高い水準となるのが理想ではあるが、実際には互いにトレードオフの関係が存在したりする。その際に何を優先とすべきかを見極める。

解 説

施工計画の立案では、担当するメンバーの経験や実績のみならず、社内のノウハウを広く吸収するとともに、新工法や新技術にも敏感になって採用を検討することも大切です。

発注者から要求された品質の確保は重要です。しかし、なるべく短い工期で、環境への影響を最小限とし、より経済的に完成できるよう、全体のバランスを考慮しながら検討することも必要といえます。

そして何より、安全を最優先に考えることが大原則です。したがって、②の記載は不適当です。

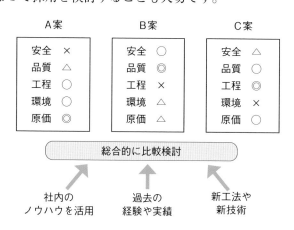

施工計画の作成にあたって、現地調査は必須です。実際に現地に赴くことなく、現場条件や発注者の意向を、高い水準で反映できるとは考えにくいです。③も誤りです。

(1級電気通信工事 令和2年午後 No.16改)

〔解答〕 ②不適当 → 安全を最優先 ③不適当 → 現地調査は必須

演習問題 施工計画の作成にあたっての留意事項に関する記述として、<u>適当でないもの</u>を全て選べ。

① 個人の考えや技術水準だけで計画せず、企業内の関係組織を活用して、全社的な技術水準で検討する

② 発注者の要求品質や施工上の安全よりも、請負者の利益を最優先にした計画を策定する

③ 施工計画は、1つの計画のみでなく、いくつかの代替案を作り比較検討のうえ最適案を採用する

④ 発注者から示された工程が最適であるため、これを前提として、経済性や安全性、品質の確保も考慮しながら検討する

ポイント▶ 着工前に作成する施工計画書の内容は、重要な意味を持つ。状況によっては、手戻り作業が困難となる場合もある。そのため、工事のベースとなる施工計画の立案では、全体を俯瞰した、総合的な計画力が求められる。

解 説

施工計画の作成にあたっては、請負者の利益を確保することも、大切な目的の1つです。しかし、そればかりを最優先にして他の要素が疎かになってしまうのは、好ましい状況ではありません。<u>安全を最優先</u>に考えつつ、品質、工程、環境、原価等の広い視野を持ちながら、計画を立案していくべきです。②は明らかに不適当です。

発注者から示された工程も、プランの1つではあります。しかし、常に最適とは限りません。発注側の担当者が電気通信の専門家である場合には、ある程度の現実的な工程案を提示される可能性は高いでしょう。

発注者が示す工程が最適とは限らない

一方で、発注者が専門家でないケースも考えられます。例えば、アパートの回線を光ファイバに更新する際を想定すると、理解しやすいでしょう。

発注者はそのアパートのオーナーさんですから、電気通信の専門家ではない可能性が高いです。こういった場合には、逆に受注者側が専門家としてのアドバイスを出していくスタンスが好ましいです。

したがって、④は不適当となります。

（1級電気通信工事 令和3年午後 No.15改）

〔解答〕 ②不適当 ④不適当

2-2 施工計画③ ［計画書］

　施工計画書は、発注者と受注者間の長年の文化によって温度感の違いがあるため、必ずしも統一的な仕様は存在しない。とはいえ、記載すべき内容には大筋の慣わしも形作られている。ここではその一般論として見ていきたい。

演習問題

　新築工事の着手に先立ち、工事の総合的な計画をまとめた施工計画書に記載するものとして、不適当なものを全て選べ。

①現場施工体制表
②総合工程表
③機器承諾図
④官公庁届出書類一覧

ポイント▶　施工計画書は着工前に、工事の総合的な道筋を俯瞰するために作成するものである。したがって、着手後に具現化する詳細な設計レベルの仕様や数値まではまだ判明していない場合があるため、同書には含めないのが一般的である。

解　説

　施工図は、施工計画書の後に作成する書類の代表格です。設計を進めていく中で具体的な仕様や諸数値が決まっていき、これらを盛り込むことで施工図が完成します。

　機器承諾図は、この施工図に含まれます。したがって順序関係から、機器承諾図は施工計画書には含まれません。

　つまり、③が不適当となります。その他の選択肢の書類は、全て施工計画書に含まれています。

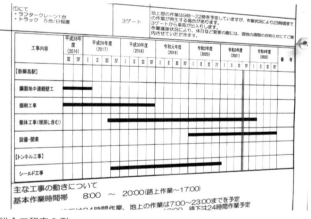

総合工程表の例

施工計画書に記載する主な事項

・一般事項（目的や概要等）	・総合工程表
・総合仮設計画	・官公庁届出書類一覧表
・機器搬入計画	・使用資材メーカー一覧表
・施工管理計画（施工方針等）	・施工図作成予定表
・現場施工体制表	・施工要領書作成予定表

〔解答〕　③不適当

演習問題 施工計画書の作成に関する記述として、<u>不適当なもの</u>を全て選べ。

①労務計画では、合理的かつ経済的に管理するために労務工程表を作成する

②安全衛生管理計画では、安全管理体制の確立のために施工体制台帳を作成する

③搬入計画書は、建築業者や関連業者と打ち合わせて、工期に支障のないように作成する

④施工要領書は、品質の維持向上を図り安全かつ経済的施工方法を考慮して作成する

ポイント▶ 施工計画書は工事を進めていく上でのベースとなる書類であるから、各種条件を網羅したものでなければならない。作成するにあたっては契約条件や設計図書を満足し、現実に施工可能で、より経済的な手段であることが望まれる。

解　説

　安全衛生管理計画にて作成する書類は、作業者名簿、安全衛生管理組織表、官公庁届出書類等が該当します。これは労働災害の防止と、労働環境の向上を目的としたものです。

　一方で**施工体制台帳**は、建設工事の適正な施工を確保するために作成するものであって、こちらは発注者を**手抜き工事から保護**することを目的としています。したがってこれら両者には関連性はなく、②が不適当です。

　なお、施工体制台帳については法的根拠があり、建設業法・第24条の七（下記参照）によって規定されています。

〔解 答〕　②不適当

根拠法令等

建設業法
第三章　建設工事の請負契約
第二節　元請負人の義務

（施工体制台帳及び施工体系図の作成等）
第24条の七　特定建設業者は、発注者から直接建設工事を請け負った場合において、当該建設工事を施工するために締結した下請契約の請負代金の額が政令で定める金額以上になるときは、建設工事の適正な施工を確保するため、国土交通省令で定めるところにより、当該建設工事について、下請負人の商号又は名称、当該下請負人に係る建設工事の内容及び工期その他の国土交通省令で定める事項を記載した施工体制台帳を作成し、工事現場ごとに備え置かなければならない。
2　前項の建設工事の下請負人は、その請け負った建設工事を他の建設業を営む者に請け負わせたときは、国土交通省令で定めるところにより、同項の特定建設業者に対して、当該他の建設業を営む者の商号又は名称、当該者の請け負った建設工事の内容及び工期その他の国土交通省令で定める事項を通知しなければならない。
3　第一項の特定建設業者は、同項の発注者から請求があったときは、同項の規定により備え置かれた施工体制台帳を、その発注者の閲覧に供しなければならない。
4　第一項の特定建設業者は、国土交通省令で定めるところにより、当該建設工事における各下請負人の施工の分担関係を表示した施工体系図を作成し、これを当該工事現場の見やすい場所に掲げなければならない。

> **演習問題**　施工体制台帳の記載上の留意事項に関する記述として、<u>適当でないもの</u>を全て選べ。
>
> ①施工体制台帳の作成にあたっては、下請負人に関する事項も必ず作成建設業者が自ら記載しなければならない
>
> ②作成建設業者の建設業の種類は、請け負った建設工事にかかる建設業の種類に関わることなく、その全てについて特定建設業の許可か一般建設業の許可かの別を明示して記載する
>
> ③「健康保険等の加入状況」は、健康保険、厚生年金保険および労災保険の加入状況についてそれぞれ記載する
>
> ④記載事項について変更があったときは、遅滞なく、当該変更があった年月日を付記して、既に記載されている事項に加えて、変更後の事項を記載しなければならない

ポイント▶　施工体制台帳とは、工事名、工事の内容、工期等の情報や、現場に入る全ての建設業者の情報が記載された台帳のこと。建設業者の情報は、元請負人は当然のこと、二次、三次以下、全ての下請負人が含まれる。

解説

施工体制台帳と施工体系図は、以下の2つのケースに該当する場合に、元請負人に作成が義務付けられています。

・公共工事で下請契約を締結した場合
・民間工事で下請契約が総額4,500万円以上となる場合

下請が階層的になっていると、元請と直接の契約がない二次下請（いわゆる孫請）より下は、元請が業者の情報を把握できません。そこで再下請負通知書を提出してもらい、<u>各社が協力して記載</u>する場合もあり得ます。元請が全情報を自ら記載するばかりではありません。①は不適当です。

下請負人となった皆様へ

この建設工事の下請負人となり、その請け負った建設工事を他の建設業を営む者に請け負わせた方は遅滞なく、■建設㈱の現場代理人まで、建設業法施行規則（昭和24年建設省令第14号）第14条の4に規定する再下請負通知書を提出してください。
一度通知した事項や書類に変更が生じた時も、変更の年月日を付記して同様の書類の提出をしてください。

■建設株式会社

再下請負通知書の提出を促す例

健康保険等の加入状況は、以下の3点の記載欄が設けられています。

・健康保険
・厚生年金保険
・雇用保険

記載義務があるのは、労災保険ではなく雇用保険です。③の記述は不適当となります。

（1級電気通信工事　令和1年午後　No.17）

〔解答〕　①不適当　③不適当

> **演習問題**　民間工事における施工体制台帳および施工体系図の作成等に関する記述として、「建設業法令」上、誤っているものを全て選べ。
>
> ①特定建設業者が発注者より直接建設工事を請け負った場合において、下請に発注しない場合であっても、施工体制台帳および施工体系図を作成しなければならない
> ②施工体制台帳は、工事現場ごとに備え置かなければならない
> ③施工体制台帳の備置きおよび施工体系図の掲示は、建設工事の目的物の引渡しをするまで行わなければならない
> ④施工体系図は、当該工事現場の見やすい場所に掲げなければならない

ポイント▶ 施工体系図とは、施工体制台帳の情報を、よりシンプルにまとめたものである。施工の分担関係を二次元的に確認でき、工事の全体像が把握できる。特に下請が階層的になっている場合には、その状況がよりわかりやすくなる。

解　説

　元請負人が施工体制台帳と施工体系図を作成しなければならないのは、下請契約を行う場合に限られます。全ての作業を自社内のみで完結する場合には、受注金額の大小によらず、作成義務はありません。

　したがって、①の記述は誤りとなります。

　施工体系図は掲示することが前提の図表ですが、ここで注意が必要です。公共工事の場合と民間発注工事とでは、その掲示方法が異なります。

施工体系図の例

・公共工事　：工事関係者が見やすい場所と、公衆が見やすい場所
・民間工事　：工事関係者が見やすい場所

　今回の設問は民間工事に限定したものですから、工事関係者だけが閲覧できれば十分です。選択肢④の記述では、工事現場の柵の内外のどちらであるか、解釈が難しいといえます。

　設問をよく読んで、公共工事なのか民間工事なのか、そして誰に見せるべき図表なのか。引っ掛け問題に騙されないようにしましょう。

（1級電気通信工事　令和2年午後　No.17）

〔解答〕　① 誤り → 作成不要

📖 根拠法令等

建設業法
第三章　建設工事の請負契約
第二節　元請負人の義務
（施工体制台帳及び施工体系図の作成等）
第24条の8　特定建設業者は、発注者から直接建設工事を請け負った場合において、当該建設工事を施工するために締結した下請契約の請負代金の額が政令で定め

る金額以上になるときは、建設工事の適正な施工を確保するため、国土交通省令で定めるところにより、当該建設工事について、下請負人の商号又は名称、当該下請負人に係る建設工事の内容及び工期その他の国土交通省令で定める事項を記載した施工体制台帳を作成し、工事現場ごとに備え置かなければならない。
〔以下略〕

2-2 施工計画⑤ [届出書等]

演習問題

建設工事における法令に基づく申請書等とその提出先に関する記述として、<u>適当でないもの</u>を全て選べ。

① つり足場を90日間設置するため、機械等設置届を所轄労働基準監督署長に届け出る

② 騒音規制法の指定地域内で、特定建設作業を伴う建設工事を施工するため、特定建設作業実施届出書を市町村長に届け出る

③ 道路において工事を行うため、道路使用許可申請書を道路管理者に提出して許可を受ける

④ 限度超過車両（特殊車両）による運搬のため、特殊車両通行許可申請書を所轄警察署長に提出して許可を受ける

ポイント▶ 屋内での電気通信関連の分野に注力していると、道路関係法令に基づく手続き等には疎遠になりがちである。そのため慣れていないと、そもそも許認可や届出の手続きが存在すること自体に気付かない懸念が出てくる。

解 説

騒音や振動を伴う建設工事は、特定建設作業に該当する場合があります。このときは、特定建設作業実施届出書を市町村長に提出します。②は適当です。

なお東京都区内の場合は、各23区長あてになります。

定番の紛らわしい設問に、道路占用許可申請と道路使用許可申請とがあります。提出先がそれぞれ道路管理者なのか、警察署長なのか、キッチリと把握しておきましょう。

道路使用許可申請書は、<u>所轄警察署長</u>になります。道路管理者ではありません。③は不適当です。

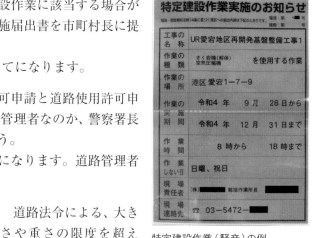

特定建設作業（騒音）の例

道路法令による、大きさや重さの限度を超える車両を運行する場合には、特殊車両通行許可申請書が必要です。これは大型の変圧器や鉄道車両等を、道路上で運搬する際によく見られる措置です。

この申請書の提出先は、<u>道路管理者</u>になります。警察署長ではありません。④も不適当です。

限度超過車両による運搬の例

（1級電気通信工事　令和3年午後　No.29改）

〔解答〕　③不適当 → 所轄警察署長　④不適当 → 道路管理者

> **演習問題** 法令に基づく申請書等の提出先に関する記述として、適当でないものを全て選べ。
>
> ① 自家用電気工作物の使用開始後に自家用電気工作物使用開始届出書を都道府県知事に提出する
> ② 国定公園の特別地域内に、木を伐採して工事用の資材置き場を確保するため、特別地域内木竹の伐採許可申請書を都道府県知事に提出する
> ③ ハロゲン化物消火設備の設置工事を行うため、工事整備対象設備等着工届出書を消防長または消防署長に届け出る
> ④ 航空障害灯の設置後に遅滞なく、航空障害灯の設置について（届出）を、地方整備局長に届け出る

ポイント▶ 電気通信に限らず、工事の実施にはさまざまな許認可や届出が必要になる。これを怠ると罰則の対象となるものもあり、実務者として注意が必要である。そして書類の種類だけでなく、提出先も合わせて把握しておこう。

解　説

　自家用電気工作物を設置して使用を開始したときは、自家用電気工作物使用開始届出書を提出します。提出先は**経済産業大臣**となります。都道府県知事ではありません。①は不適当です。

　建造物等に航空障害灯を設置したときには、その事実を**地方航空局長**に届け出なければなりません。地方整備局長ではありません。④は不適当です。

航空障害灯の例

この5種は極めて重要（暗記必須）	
・道路使用許可申請書	：所轄警察署長
・道路占用許可申請書	：道路管理者
・特定建設作業実施届出書	：市町村長
・機械等設置届	：所轄労働基準監督署長
・航空障害灯の設置届出	：地方航空局長

　数が多く覚えるのは大変ですが、特に左表の5種は優先的に学習しておきましょう。出題頻度が高いため、暗記必須です。

（1級電気通信工事　令和4年午後　No.29改）

〔解答〕　①不適当 → 経済産業大臣　④不適当 → 地方航空局長

🔍**さらに詳しく**

余裕があれば把握しておこう
・特殊車両通行許可申請書　　　　　　：道路管理者
・工事整備対象設備等着工届出書：消防長または消防署長
・自家用電気工作物使用開始届出書：経済産業大臣
・高層建築物等予定工事届　　　　　：総務大臣
・特別地域内木竹の伐採許可申請書：都道府県知事

2-3　線路施工①　［メタル系］

　ここからは線路施工に関する領域となる。前節と同様に、40％獲得義務の足切りが設けられている必須問題の、施工管理法（応用能力）にて出題される範囲である。もはや避けて通れないものとして、優先的に取組んでおきたい。

演習問題　通信用メタルケーブルの屋内配線に関する記述として、<u>適当でないもの</u>を全て選べ。

①管内配線において、通線直前に管内を清掃し、通信用メタルケーブルを破損しないように通線する

②ケーブルラック配線において、通信用メタルケーブルを垂直に敷設する場合は、特定の子桁に集約して捕縛する

③床上配線では、ワイヤープロテクタを使用して配線し、ワイヤープロテクタから通信用メタルケーブルを引出す箇所には、被覆を損傷するおそれのないように保護を行う

④ころがし配線において、既設低圧ケーブルの上に通信用メタルケーブルを直接乗せて交差させる

ポイント▶　有線電気通信で使用できる最高電圧は100Vであるから、実質的に低圧での配線工事しか発生しない。この場合でも関係法令の他、内線規程や電気設備の技術基準といった、諸々のルールに従って施工する必要がある。

解　説

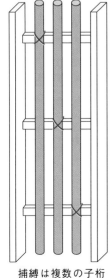

捕縛は複数の子桁に分散して行う

　通信用メタルケーブルに限りませんが、ケーブルラックの垂直部に敷設する場合は、ケーブル類をケーブルラックの子桁に捕縛します。

　この際にケーブルが複数あるときは、<u>捕縛の箇所を分散</u>して、特定の子桁に重量が集中しないように施工します。②は不適当です。

　屋内で床上配線を行う場合は、ワイヤープロテクタを使用します。これは踏まれたときにケーブルを保護し、歩行者がつまづかないようにする、両目的があります。③は適当。

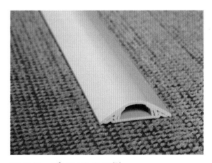

ワイヤープロテクタの例

　天井裏等でころがし配線をする場合は、低圧ケーブルと通信用ケーブルは<u>離隔</u>しなければなりません。直接乗せて交差させることは禁止です。④は不適当です。

（1級電気通信工事　令和2年午後　No.11改）

〔解答〕　②不適当 → 分散させる　④不適当 → 離隔する

> **演習問題** 低圧ケーブルの屋内配線の施工に関する記述として、<u>適当でないもの</u>を全て選べ。
>
> ①通信ケーブルと接近する箇所では、通信ケーブルから5cm離して配線した
>
> ②使用電圧が415Vで、重量物の圧力を受けるおそれがある場所であったため、防護のため長さ5mの厚鋼電線管により防護し、その配管にはD種接地工事を施した
>
> ③ピット内に余裕がなかったため、屈曲部の内側半径をケーブル仕上がり外径寸法の5倍以下の曲がりをとり、整然とケーブル配線した
>
> ④400V回路で使用する電路において、低圧ケーブルと大地間との間の絶縁抵抗値が0.2MΩ以上であることを確認した

ポイント▶ 通信回線では最高電圧100Vしか用いないが、装置の電源部分等においては、100V超の電圧を取り扱うケースも発生し得る。このため接地や絶縁抵抗等に関する問題も出題されるため、把握しておく必要がある。

解　説

　接地工事は、電圧によってA～D種の4種類に区分されます。低圧で用いるのはC種とD種ですが、これらは300Vを境に、以下のように区別します。②は不適当です。

・C種：300V超
・D種：300V以下

　ケーブルを屈曲させる際の許容曲げ半径は、構造や仕様により、あるいはメーカ推奨値等にバラツキがあります。そのような中で、電源ケーブルの場合は、<u>仕上り外径の6倍以上</u>とすることが慣例です。

　これよりも小さな半径で曲げてしまうと、内部の構造を破壊してしまい、性能が低下する懸念があります。したがって、③も不適当です。

　低圧電路の絶縁抵抗は、対地電圧もしくは線間電圧300V超の場合は、<u>0.4MΩ以上</u>が求められます（電気設備の技術基準）。電線と大地間、および電線相互間の、どちらも満たす必要があります。④も不適当です。

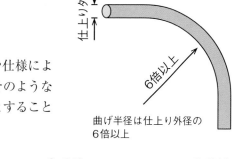

曲げ半径は仕上り外径の6倍以上

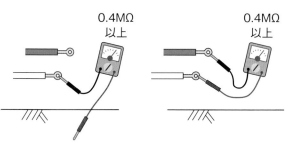

低圧電路の絶縁抵抗（※通信線路ではない）

　ここで紛らわしいのが、通信線路の場合です。通信線路の絶縁抵抗は直流100Vで測定して、1MΩ以上が要求されます（有線電気通信設備令）。電路と通信線路とでは基準が異なるので、区別しておきましょう。

（1級電気通信工事　令和1年午後　No.12改）

〔解答〕　②不適当 → C種接地工事　③不適当 → 6倍以上　④不適当 → 0.4MΩ以上

> **演習問題** UTPケーブルの施工に関する記述として、<u>適当でないもの</u>を全て選べ。
>
> ① 水平配線の配線後の許容曲げ半径は、ケーブル外径の4倍とした
> ② ケーブルに過度の外圧が加わらないように固定した
> ③ 水平配線の長さは、パッチコード等も含め150m以内とした
> ④ ケーブルの成端作業時、対の撚り戻し長は最大とした

ポイント▶ 有線LANケーブルとして用いられる最も一般的な配線材料が、UTPケーブルである。カテゴリやクラスまで分類するとさまざまな仕様が存在する。これらの配線にあたっては施工上の制約があるため、その特性をおさえておきたい。

解　説

　UTPはUnshielded Twisted Pairの頭文字をとったものです。ツイストペアという名称は、2本の芯線をツイスト状に編んだもので、撚り対線とも呼ばれます。これを4組集めて、合計8芯の構成となります。

　フロア配線盤から通信アウトレットまでの水平配線長は、パッチコードも含めて<u>最長100m</u>です。これを超えることはできません。したがって、③は不適当です。

水平配線は100m以下

　ツイストペアケーブルを成端する場合の撚り戻し長さの限度は、以下のように規定されています。撚り戻しが長過ぎると、漏話減衰量を増大させてしまうため、施工の際に<u>最小となるよう</u>に努めなくてはなりません。④も不適当です。

・Cat5e　1/2インチ＝12.7mm
・Cat6　　1/4インチ＝6.4mm

■ツイストペアケーブルのより戻し長

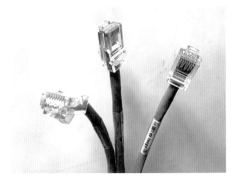

成端されたUTPケーブルの例

(1級電気通信工事　令和1年午後　No.14改)

〔解答〕　③不適当 → 100m以内　④不適当 → 最小とする

演習問題 同軸ケーブルの施工に関する記述として、適当でないものを全て選べ。

①屋内配線において、同軸ケーブルが低圧ケーブルと交差する場合は、同軸ケーブルと低圧ケーブルが接触しないように敷設する

②同軸ケーブルを曲げる場合は、被覆が傷まないように行い、その曲げ半径は使用する同軸ケーブルの許容曲げ半径より小さくする

③同軸ケーブルと機器との接続、同軸ケーブル相互の接続は、同軸ケーブルの種類に対応したコネクタを用いて行う

④新4K8K衛星放送に対応した衛星放送用受信アンテナからテレビ受像機までの給電線として使用する同軸ケーブルには3C-2Vが適している

ポイント▶ 無線機と空中線との間の接続には、主に同軸ケーブル等の金属製線路が用いられる。一口に同軸ケーブルといっても、用途や構造によっていろいろな種類が存在する。合わせて、施工上の留意点も把握しておきたい。

解 説

ケーブルを曲げる際には、曲げ半径は使用する同軸ケーブルの許容曲げ半径より**大きく**なるようにします。小さく曲げてしまうと、内部構造を破壊して損失の原因となります。②は明らかに不適当です。

同軸ケーブル用として、複数の種類のコネクタがあります。それぞれケーブルの種類や目的に応じて、適切なコネクタを選択して施工します。③は適当。

以下のように、同軸ケーブルの呼びが規定されています。衛星放送受信用のものは、先頭の項が「S」になります。④は不適当です。

同軸コネクタのいろいろ（左からSMA、M型、BNC）

■同軸ケーブルの呼び

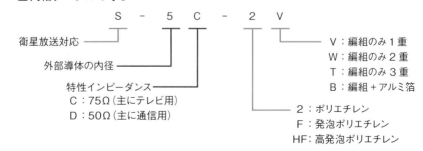

S - 5C - 2V

衛星放送対応
外部導体の内径
特性インピーダンス
　C：75Ω（主にテレビ用）
　D：50Ω（主に通信用）

V：編組のみ1重
W：編組のみ2重
T：編組のみ3重
B：編組＋アルミ箔

2：ポリエチレン
F：発泡ポリエチレン
HF：高発泡ポリエチレン

（1級電気通信工事　令和3年午後　No.11改）

〔解答〕　②不適当 → 大きくする　④不適当 → 3C-2Vは衛星放送に非対応

演習問題 光ファイバケーブルの接続に関する記述として、適当でないものを全て選べ。

① 融着接続は、誘導加熱により光ファイバを直接加熱して溶かすことで接続する方法が一般的である

② メカニカルスプライスは、光ファイバの端面と端面をV溝上や精密パイプ内等で突き合わせ、機械的に保持固定する方法である

③ コネクタ接続は、比較的頻繁に接続替えが行われる可能性のある箇所に使用される

④ 融着接続やメカニカルスプライスは永久接続であり、コネクタ接続は着脱可能な接続である

ポイント▶ メタル系の電線と違って、光ファイバは非常にデリケートな線材である。そのためわずかな接続ミスが、通信品質を大きく左右する。敷設後の手戻り作業は困難となる場合が多いため、光ファイバ特有の性質は把握しておきたい。

解　説

　光ファイバを相互に接続する方法は、永久接続とコネクタ接続があります。永久接続はいったん接続処理を行うと、文字通りその後の着脱はできません。これら永久接続は、融着接続と機械接続に区分されます。

　融着接続の加熱方式は、一般的には<u>アーク放電式</u>が用いられます。光ファイバの先端を2,000℃以上に加熱溶融して、接続を行います。誘導加熱ではありません。したがって、①の記載は不適当となります。

　機械接続は、現場にて短時間での接続作業が可能で、別名をメカニカルスプライスともいいます。接続部の光損失は、融着接続より大きくなります。

　一方のコネクタ接続は、施工後も着脱が可能です。光回線を装置に収容する場合等、接続替えの可能性があるケースでは、コネクタ方式のほうが有効です。③は適当。

メカニカルスプライス（手前）と組立治具　　　光コネクタの例（SCコネクタ）

（1級電気通信工事　令和3年午後　No.12）

〔解答〕　①不適当 → アーク放電式

> **演習問題** 光ファイバケーブルの施工に関する記述として、<u>適当でないもの</u>を全て選べ。
>
> ①一定方向への延線が困難な場合や、敷設張力が光ファイバケーブルの許容張力を超えるおそれがある場合には、敷設ルートの中間で光ファイバケーブルの8の字取りを行う
> ②光ファイバケーブルの引張り端は、テンションメンバに張力がかかるようにし、ケーブル端面から浸水しないように防水処置を施す
> ③ノンメタリック光ファイバケーブルを使用する場合は、誘導雷サージ対策として、テンションメンバを接地する
> ④光ファイバケーブルの許容曲げ半径を超えて曲げないように敷設する

ポイント▶ ケーブルは、延線施工時において損傷を受けやすい部材といえる。特に光ファイバケーブルは、より慎重な作業が要求される。曲げやねじれ、あるいは過度の引張力等によって、内部が破損してしまう場合がある。

解　説

光ファイバに限らず、ケーブル類を敷設ルートの途中で一時的に滞留させる場合には、8の字形に取ります。円形に取ってしまうと、よじれが一方的になってしまい、取り回しが困難になります。①は適当です。

光ファイバは、コードタイプとケーブルタイプに分類できます。ケーブルタイプは、丈夫な外被（シースという）に守られて、内部に繊細な心線を収容する形のものです。中心には、引張るためのテンションメンバが配置されています。

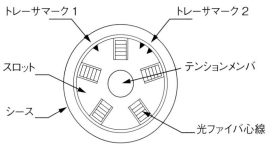

光ファイバケーブルの断面構造

ノンメタリック仕様の光ファイバは、中心のテンションメンバがFRP繊維で作られています。金属製ではないので、<u>接地する効果はありません</u>。③は不適当です。

許容曲げ半径は、延線作業中と敷設後とで以下のように数値が異なります。これより半径が小さくならないように、留意しながら施工します。④は適当。

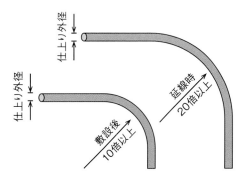

光ファイバケーブルの許容曲げ半径

（1級電気通信工事　令和4年午後　No.11）

・延線時：仕上り外径の20倍以上
・敷設後：仕上り外径の10倍以上

〔解答〕　③不適当 → 接地の必要なし

2-3 線路施工③ ［配線材］

> **演習問題**
> 屋内に設置する金属製のケーブルラックの施工に関する記述として、適当でないものを全て選べ。
>
> ① アルミ製ケーブルラックは、支持物との間に異種金属接触による腐食を起こさないように措置する
> ② 温度変化の大きな箇所に施設する直線部分の長いケーブルラックには、伸縮継手金具を使用する
> ③ 使用電圧が300V以下の低圧ケーブルの配線に使用するケーブルラックには、B種接地工事を施す必要がある
> ④ ケーブルラック本体相互は、ボルト等により機械的に接続するものとし、電気的には接続してはならない

ポイント▶ ケーブルラックは屋内だけでなく、屋外でも用いやすい便利な配線材である。電源ケーブルから通信メタルケーブル、光ファイバ、同軸、LANケーブル等、用途も限定されない。施工上の留意点もあるため、理解しておこう。

解 説

ラックの材質は、鉄製かアルミ製が一般的です。鉄製のほうが安価ですが、見た目が良いのと、錆に強い理由から、アルミ製を好む場面も多いです。

アルミ製を採用した場合に、支持物に鉄製を使用すると、異種金属の接触となってしまいます。接触面で腐食が発生する可能性があるため、両者の間に腐食防止板を挟む等の対策が求められます。①は適当。

ケーブルラックに限定した話ではありませんが、接地工事は対象となる電圧によって区分されています。A種とB種は高圧用です。③は不適当です。

低圧用はC種とD種ですが、これらは300Vを境に、以下のように区別します。

・C種：300V超
・D種：300V以下

電気的接続の例（緑色のIVケーブル）

ラック本体を相互に連結する際には、機械的に堅牢な接続を実施します。さらに両者間を等電位に保つために、**電気的な接続も施さなくてはなりません**。④も不適当です。

（1級電気通信工事　令和3年午後　No.13改）

〔解答〕　③不適当 → D種接地　④不適当 → 電気的にも接続する

> **演習問題** 屋内配線に使用する合成樹脂管の施工に関する記述として、適当でないものを全て選べ。

①CD管相互の接続は、適合するカップリングにより接続する

②太さ28mmの硬質ビニル管を曲げるときは、その内側の半径を管内径の5倍以上とする

③PF管の露出配管において管を支持する場合、サドルの支持点間の距離を2m以下とする

④コンクリートに埋込みとなる配管は、管をバインド線で鉄筋に結束し、コンクリート打設時に移動しないようにする

> **ポイント▶** 屋内配線工事を実施するにあたって、電線や通信線を収納した合成樹脂管を施設する場合の手段について問われている。各配管の種類ごとに、さまざまな制約や特性があるため、理解しておくことが求められる。

解　説

　PF（Plastic Flexible conduit）管は、可とう性のある合成樹脂管のうち、耐燃性を有するものを指します。可とう性のない直線状のものはVE（Vinyl Electric）管と呼ばれます。

　一方でCD（Combined Duct）管も、可とう性のある合成樹脂管ですが、こちらは耐燃性がありません。そのため、管をオレンジ色に着色してPF管とは区別しています。

　耐燃性がないことから、主にコンクリート埋設に用いられます。

　これら合成樹脂可とう電線管の曲げ半径の限度は、内線規程にて定められています。太さが22mmを超える場合は、曲げの内側の部分の半径が、管内径の6倍以上となるようにしなければなりません。

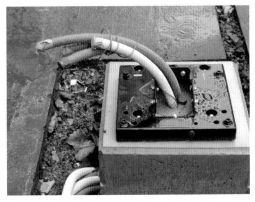

PF管（アイボリー色）とCD管（オレンジ色）の例

したがって、5倍では不可です。②は不適当となります。

　また、可とう電線管の造営材への支持点間距離については、同じく内線規程によって1m以下と定められています。2mではNGとなります。③も不適当です。

■電線管の形状と支持間隔の距離

名　称	代表的な形状	支持点間距離
可とう電線管		1m以下

（1級電気通信工事　令和4年午後　No.12改）

〔解答〕　②不適当 → 6倍以上　③不適当 → 1m以下

2-3　線路施工④　[導波管]

マイクロ波多重無線設備で使用される導波管の施工に関する記述として、適当でないものを全て選べ。

①導波管のフランジ接続は、ノックピンを使用してズレが起こらないように正確に接続し、その結合用ねじには、ステンレス製を使用する

②導波管を通信機械室に引き込むため、適合する引込口金具を使用し、室内に雨水が浸入しないように防水処置を行う

③導波管のフランジには、無線機から気密窓導波管までは気密形を使い、気密窓導波管から空中線までは非気密形を使用する

④空中線から気密窓導波管までの区間に長尺可とう導波管を使用し、直線部だけでなく曲がり部にも使用する

ポイント▶ 導波管は無線機と空中線とをつなぎ、内部に電波を通す金属製の管である。無線通信において、周波数が高くなってくると同軸ケーブルでは損失が大きくなるため、これに代わって両者間の電波の伝送を担う。

解　説

　無線機が所在する室内から空中線が設置される室外まで、給電ルートは建屋を貫通します。貫通する引込口の部分は雨水の浸入を防ぐために、適合する引込口金具を使用して確実な防水処置を施します。②は適当です。

■導波管を用いた伝送ルートの例

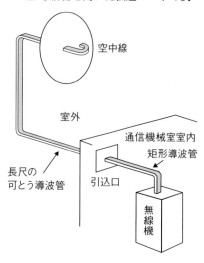

導波管は金属製の管であるため、接続にはフランジ部をねじ止めする方式がとられます。このフランジ部から雨水等が入り込まないように、室外に施設する導波管には気密形を使用します。

　気密形は接合部にOリングを用いる等の措置を施して、防水効果を高めています。逆に、室内に設けるものについては、非気密形でも特に問題はないといえます。

気密形フランジの例

　したがって、③の記載は部材の使用法が逆であり、不適当です。

（1級電気通信工事　令和1年午後　No.13改）

〔解答〕　③不適当 → 使用法が逆

演習問題　マイクロ波多重無線設備で使用される導波管の施工に関する記述として、<u>適当でないもの</u>を全て選べ。

①導波管内の防湿のため、乾燥空気充填用および気密試験用として、通信機械室内の引込口付近にテーパー導波管を使用する

②導波管のフランジ接続は、ノックピンを使用してズレが起こらないように正確に接続し、その結合用ねじにはスチール製を使用する

③空中線の振動吸収、温度膨張による収縮および角度補正のために可とう導波管やフレキシブル導波管を使用する

④導波管を通信機械室に引き込むため、適合する引込口金具を使用し、室内に雨水が浸入しないように防水処置を施す

ポイント▶　導波管は、その管内を進む電波の偏波面を考慮しなければならない。そのため同軸ケーブルと比べると、曲げや取り回しの自由度が制限される。また接続部についても、雨水等が浸入しないように対策が必要となる。

解　説

通信機械室と室外との境界部分、つまり引込口の付近には、<u>気密窓導波管</u>と呼ばれる特殊な導波管を配置する場合があります。

これは主に、導波管内の防湿のために、乾燥空気充填用、あるいは気密試験用などの役割があります。

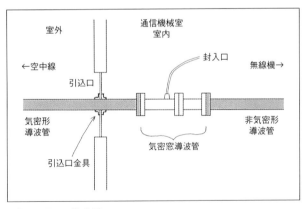

引込口周辺の構成例

テーパー導波管は、両端で寸法が異なる形状の、特殊な導波管のことです。違うサイズの導波管を接続する際の、中継部材として用いられます。防湿の機能は関係ありません。①は不適当です。

導波管の接続にあたっては、フランジ部をねじ止めする方式が一般的です。ノックピンは必須ではありませんが、接続の精度をより高めたい場合に使用されます。

導波管接続部の例（ノックピンがないタイプ）

結合するためのネジは、錆を防ぐために<u>ステンレス製を用いる</u>ケースが多いです。スチール（鋼鉄）製だと錆びてしまうおそれがあります。②も不適当となります。

（1級電気通信工事　令和4年午後　No.13改）

〔解答〕　①不適当 → 気密窓導波管　②不適当 → ステンレス製

2-3　線路施工⑤　[架空配線]

> **演習問題**　架空通信ケーブルと他の電線等との離隔距離に関する記述として、「有線電気通信法令」上、誤っているものを全て選べ。
>
> ①架空通信ケーブルと他人の架空通信ケーブルとの離隔距離を40cmとする
> ②架空通信ケーブルと他人の建造物との離隔距離を50cmとする
> ③架空通信ケーブルと使用電圧が高圧の強電流ケーブルが交差するので、その離隔距離を35cmとする
> ④架空通信ケーブルを強電流電線路の電柱に4径間連続して共架するので、当該電線路の電柱に設置されている使用電圧が高圧の強電流ケーブルとの離隔距離を25cmとする

ポイント▶　架空配線を施設する際には、交通関係の他、建造物や他の配線等といった周囲環境との離隔距離が具体的に定められている。数字が多く登場して難易度が高いが、混同することのないよう早めに理解しておきたい。

解　説

　他者が敷設した架空配線（通信系）との離隔は、法令では「30cm以下は不可」とされています。つまり30cm丁度ではNGとなります。①の記載は正しいです。

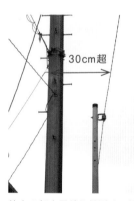
他人の架空電線と接近する例

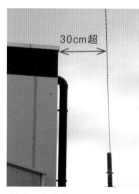
他人の建造物と近接する例

　架空配線が建造物と近接することは多々あります。その建造物が自物件でない場合は、その離隔距離は30cmを超えていなければなりません。30cm丁度は不可となります。②も正しいです。

　ここからは、ハードルが一気に高くなります。まずは、高圧の強電流ケーブルが通信線路と交差する場合です。ケーブルと絶縁電線は異なる電線ですから、注意しましょう。今回は強電流ケーブルとの交差です。

　相手方が強電流ケーブルであって、そこに流れる電流が高圧の場合は、離隔距離は**40cm以上**となります。したがって、③の記述は誤りとなります。

　詳細は、下記の根拠法令の欄をご参照ください。上述の2つの離隔距離のケースとは異な

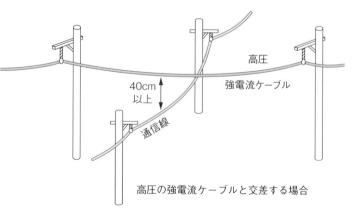
高圧の強電流ケーブルと交差する場合

り、こちらは「以上」になるので、40cm丁度はOKです。

　なお、低圧であればマイナス10cmとなります。さらに強電流絶縁電線であれば、それらの倍の数値となるので、覚えやすい項目といえます。

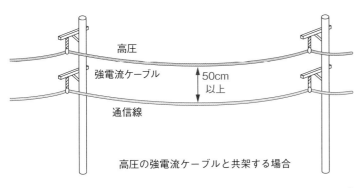

高圧の強電流ケーブルと共架する場合

　最後に、高圧の強電流ケーブルと通信線路とを共架する場合です。共架とは、2か所以上連続して同じ電柱に架設することを意味します。

　例題では4径間となっていますが、何径間でも条件は同じです。

　相手方が強電流ケーブルであって、そこに流れる電流が高圧の場合は、離隔距離は**50cm以上**となります。したがって、④も誤りです。

（1級電気通信工事　令和2年午後　No.13）

〔解答〕　③誤り → 40cm以上　④誤り → 50cm以上

根拠法令等

有線電気通信設備令
（架空電線と他人の設置した架空電線等との関係）

第9条　架空電線は、他人の設置した架空電線との離隔距離が30cm以下となるように設置してはならない。ただし、その他人の承諾を得たとき、又は設置しようとする架空電線が、その他人の設置した架空電線に係る作業に支障を及ぼさず、かつ、その他人の設置した架空電線に損傷を与えない場合として総務省令で定めるときは、この限りでない。

第10条　架空電線は、他人の建造物との離隔距離が30cm以下となるように設置してはならない。ただし、その他人の承諾を得たときは、この限りでない。

有線電気通信設備令施行規則
（架空電線と低圧又は高圧の架空強電流電線との交差又は接近）

第10条　令第11条の規定により、架空電線が低圧又は高圧の架空強電流電線と交差し、又は同条に規定する距離以内に接近する場合には、架空電線と架空強電流電線との離隔距離は、次の表の上欄に掲げる架空強電流電線の使用電圧及び種別に従い、それぞれ同表の下欄に掲げる値以上とし、かつ、架空電線は、架空強電流電線の下に設置しなければならない。

架空強電流電線の使用電圧及び種別		離隔距離
低圧	強電流ケーブル等	30cm
	強電流絶縁電線	60cm
高圧	強電流ケーブル	40cm
	強電流絶縁電線等	80cm

（架空強電流電線と同一の支持物に架設する架空電線）

第14条　令第12条の規定により、架空電線を低圧又は高圧の架空強電流電線と2以上の同一の支持物に連続して架設するときは、次の各号によらなければならない。

〔中略〕

2　架空電線と架空強電流電線との離隔距離は、次の表の上欄に掲げる架空強電流電線の使用電圧及び種別に従い、それぞれ同表の下欄に掲げる値以上とすること。

架空強電流電線の使用電圧及び種別		離隔距離
低圧	強電流ケーブル等	30cm
	強電流絶縁電線	75cm
高圧	強電流ケーブル	50cm
	その他の強電流電線	1.5m

> **演習問題**　架空配線に関する記述として、「有線電気通信法令」上、誤っているものを全て選べ。
>
> ①横断歩道橋の上に架空配線を行うにあたり、その架空配線の横断歩道橋の路面からの高さを2.5mとする
>
> ②道路の縦断方向に架空配線を行うにあたり、その架空配線の路面からの高さを4.5mとする
>
> ③鉄道を横断する架空配線を行うにあたり、その架空配線の軌条面からの高さを5.5mとする
>
> ④河川を横断する架空配線を行うにあたり、その架空配線を舟行に支障を及ぼすおそれがない高さとした

ポイント▶　架空配線を行うにあたり、周囲環境との離隔距離の設問である。鉄道や道路には建築限界という概念があり、それら交通側から見た場合の周辺インフラは、当然に建築限界の外側になければならない。

解　説

　架空配線が道路や鉄道、河川等を横断する場合には、当然ながら、その下を行き交う交通に支障を与えないように、干渉しない高さに施設しなければなりません。このうち、道路と鉄道に関しては、具体的な数値が定められています。

　横断歩道橋の上に架空配線を設ける場合には、歩道橋の路面から<u>3m以上</u>の高さにする必要があります。目安としては、大人がジャンプしても届かない程度の高さとなります。
　したがって、①は誤りです。

　同様に道路上の場合は、路面から<u>5m以上</u>の高さにしなければなりません。道路法での車両の最大高さが3.8mですから、1m強の余裕を設けてあることになります。②も誤りです。
　設問では「道路の縦断方向」とありますが、横断する場合も縦断も同じ条件となります。大

歩道橋上部の架空配線の例

道路横断架空配線の例

型車両が道路から沿道の駐車場に進入するケースを想定すれば、理解しやすいでしょう。

　次に鉄道や軌道の場合についてです。鉄道と軌道は似ているようですが、これは法令上の区分で、軌道とは具体的には路面電車のことを指します。

　いずれの場合も、これらの上空を横断するときの架空配線の高さは、軌条面（レールの上面）から<u>6m以上</u>とします。③も誤りです。

　一方の河川に関しては、具体的な数値による規定はありません。こちらは、「舟行に支障を及ぼすおそれがない高さ」とされています。④は正しいです。

鉄道横断架空配線の例

河川横断架空配線の例

　まとめると、以下のようになります。これら上部横断の高さは、しっかり覚えておきましょう。

・横断歩道橋：3m
・道路　　　：5m
・鉄道/軌道：6m
・河川　　　：舟行に支障を及ぼさない高さ

（1級電気通信工事　令和3年午後　No.28改）

〔解答〕　①誤り → 3m以上　②誤り → 5m以上　③誤り → 6m以上

 根拠法令等

有線電気通信設備令施行規則
（架空電線の高さ）
第7条　令第8条に規定する総務省令で定める架空電線の高さは、次の各号によらなければならない。
　1　架空電線が道路上にあるときは、横断歩道橋の上にあるときを除き、路面から<u>5m以上</u>であること。
　2　架空電線が横断歩道橋の上にあるときは、その路面から<u>3m以上</u>であること。
　3　架空電線が鉄道または軌道を横断するときは、軌条面から<u>6m以上</u>であること。
　4　架空電線が河川を横断するときは、舟行に支障を及ぼすおそれがない高さであること。

2-4　工程管理①　[全 般]

工程管理とは４つの管理の中で、時間を管理する活動のことである。目標となる竣工予定日に至る工期に関して、いかに無駄を排して効率よく進めていくか。施工管理技士としての腕の見せ所といえる。

演習問題　建設工事の工程管理に関する記述として、適当でないものを全て選べ。

①工程管理とは、実際に進行している工事が工程計画の通りに進行するように調整することである
②工程管理は、PDCA サイクルの手順で実施される
③工程管理、品質管理、原価管理は、お互いに関連性がないため、品質や原価を考慮せずに工程管理が行われる
④工程管理に際しては、工程の進行状況を全作業員に周知徹底させ、作業能率を高めるように努力させることが重要である

ポイント▶　工程管理は当初に立てられた計画と、実際に工事が進む中での実績とを時間を軸として比較し、これに差異があれば修正していく活動のことである。特に遅れが発生した場合の回復は、監督者としての手腕が問われる。

解 説

工程管理は一般に、PDCAサイクルを回して進めていくといわれます。PDCAとは順に、計画（Plan）→実施（Do）→検討・評価（Check）→処置・改善（Action）の頭文字をとったものです。実際の業務では、このサイクルを継続的に回してマネジメントを行っていきます。

このPDCAサイクルは、元来は品質管理を目的とした仮説・検証型のマネジメント手法でした。工程管理にも応用しやすいことから、各現場で広く用いられています。②は適当。

サイクルのそれぞれの段階に該当する具体的な項目は、下図のようになります。

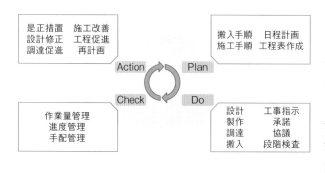

4つの管理のうち、安全管理を除いたもの。すなわち工程、品質、原価の3つの管理は、互いに密接な関連性を持っています。このうち工程管理を軸にして考えると、品質を高めようとすると工期は長くなる性質があります。一方で工期を無理に短縮しようとすると、一般的に品質は悪化する傾向があります。

また工期が長引けば、それにつられて原価も増大するのが普通です。逆に工期を短縮すると無駄が省けるために、あるところまでは原価は縮小します。しかしそれ以上に無理に短縮しようとすると、いわゆる突貫工事の形となって、原価は急激に上昇することになります。

このように品質や原価との互いの関連性を考慮して、適正なバランスをとりながら工程管理を進めていくことが大切となります。③が不適当です。 （1級電気通信工事 令和1年午後 No.20）

〔解 答〕 ③不適当 → 相互に関連性あり

演習問題 建設工事の工程管理に関する記述として、適当でないものを全て選べ。

①施工段階においても実施工程を分析・検討し、工程計画に実施工程を近づけるように施工状況を調整したり、計画を修正する等総合的管理を行う

②工程管理は、計画→実施→検討→処置の手順で行われるが、この手順において、工程計画は計画に該当し、工事の指示・承諾・協議は実施に該当する

③工程管理の目的は、工期を守るための単なる時間的管理に留まらず、労働力や機械設備、資材、施工方法等の生産手段を最も効率的に活用させることにある

④工程と原価の関係は、施工速度を上げると原価は安くなり、さらに施工速度を上げようとすると突貫工事により原価はさらに安くなる

ポイント▶ 工程管理は、単に時間を管理するだけではない。当初計画に沿った流れで施工を進めつつ、周囲の環境や現場を取り巻く状況、作業者の健康、機械設備等の生産性、材料の調達等、幅広い見地でのマネジメント力が求められる。

解 説

PDCAサイクルの各段階の項目は、前ページの解説も合わせて参照してください。例題に掲出されたもののうち、工程計画は計画（Plan）に該当し、工事の指示・承諾・協議は実施（Do）に該当します。②は適当。

工程と原価との間には密接な関係があります。施工速度を上げるとは、すなわち工期の短縮を試みることです。無理な突貫工事を強行して、はたして当初の計画よりも原価は安くなるでしょうか。

あくまで一般論ですが、工期（施工速度）と原価とは右図のような相関性が見られます。

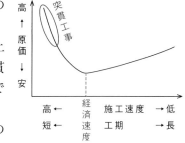

突貫工事を行ってしまうと、多くの作業者を投入したり、高性能な機材が必要になったりと、コストが増大する性質があります。また材料の調達にも無理が生じる場合があり、市場価格よりも高価で購入しなければならないケースも出てきます。こうした背景から、突貫工事をすることで原価が安くなる要素は、一般的には考えられません。なお、コストが最も低くなるときの施工速度を、「経済速度」と呼びます。④が不適当。 （1級電気通信工事 令和2年午後 No.20）

〔解 答〕 ④不適当

?! 学習のヒント
PDCAサイクルは、W・エドワーズ・デミング氏が提唱したフレームワークで、別名をデミングサイクルともいう。

[着手すべき優先度 ★★★★★]

工程管理② ［各種工程表］

演習問題 各種工程表の種類と特徴に関する記述として、適当なものを全て選べ。

①バーチャートは、横軸に部分工事をとり、縦軸に各部分工事に必要な日数をとる

②バーチャートは、図表の作成が容易であり、各部分工事の工期がわかりやすいので、総合工程表として一般的に使用される

③ガントチャートは、縦軸に出来高比率をとり、横軸に工期をとって工事全体の出来高比率の累計を曲線で表す

④ガントチャートは、工事全体の出来高比率の累計はよくわかるが、部分工事の進捗度合いはわかりにくい

ポイント▶ ひと口に工程表といっても、実にいろいろな形のものが考案されてきた。将来の予定を把握するための表なのか。逆に過去の実績を確認するためのものなのか。見るべき時間軸の長短によっても使い分けなければならない。

解　説

バーチャートは下図のように縦軸に工種、つまり部分工事をとり、横軸にはそれぞれの工種ごとに必要な日数を棒線で記入した形になります。したがって、①は不適当です。

バーチャートはさまざまな分野の工事において、工程管理の場面で最も多く使われています。総合工程表に最も適した工程表ともいえます。②は適当です。

ガントチャートは、縦軸に部分工事を置き、横軸にはその部分工事ごとの出来高比率をとるものです。③の記載は不適当です。

またガントチャートは、部分工事の進捗度合いは一目で判断できますが、工事全体の出来高比率の累計は把握できません。④も不適当です。

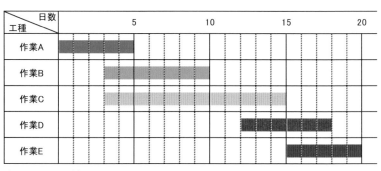

バーチャートの例

（1級電気通信工事　令和3年午後　No.17）

〔解答〕　②適当

?! 学習のヒント

上記のサンプル図は、次ページのガントチャートの図表と内容がリンクしている。それぞれの関係性を眺めてみよう。

演習
問題

工程表の種類と特徴に関する記述として、適当なものを全て選べ。

①バーチャートは、各部分工事の工期に対する影響の度合いが把握できる
②バーチャートは、縦軸に出来高比率をとり、横軸に工期をとって、工事全体の出来高比率の累計を曲線で表した図表である
③ガントチャートは、縦軸に部分工事をとり、横軸に各部分工事の出来高比率を棒線で記入した図表である
④ガントチャートは、各部分工事に必要な日数が把握できない

ポイント▶ 工程管理に用いる図表の特徴として、横軸に時間を配置するケースが多いといえる。工程管理とは、すなわち時間の管理だからである。しかし、必ずしも横軸が時間でないものもあり、引っ掛からないように注意が必要。

解 説

バーチャートの特徴は、各部分工事の開始日と終了日が明確にわかることです。逆にそれぞれの進捗率は把握できません。全体工期に対する影響の度合いもつかめません。したがって、①は不適当です。

バーチャートは縦軸に部分工事をとり、横軸にはそれらの部分工事ごとに必要な日数を棒線で記入したスタイルになります。②も不適当です。

縦軸が出来高比率で、横軸に工期をとって、工事全体の出来高比率の累計を曲線で表した図表は、工程管理曲線です。ここでは関係ありません。

ガントチャートは縦軸に工種、つまり部分工事をとり、横軸には各部分工事の出来高比率を棒線で記入した図表になります。③の記述は適当です。

なお名称の由来は、考案したヘンリー・ガント氏の名をとったものです。

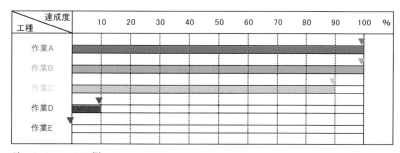

ガントチャートの例

ガントチャートは、横軸が時間ではないため、それぞれの部分工事がいつ始まり、いつ終了するかは読み取れません。よって、所要日数の算出もできません。④も適当です。

（1級電気通信工事　令和2年午後　No.19改）

〔解答〕　③適当　④適当

?! 学習のヒント

上記のサンプル図は、前ページのバーチャートの図表と内容がリンクしている。
13日目における進捗状況を表したもの。

> **演習問題**
> 下図に示すバナナカーブによる工程管理に関する次の記述の□□に当てはまる語句の組み合わせとして、適当なものはどれか。
>
> 「時間経過率に応じた当該工事の出来高比率をプロットし、その出来高比率が、上方許容限界曲線と下方許容限界曲線の (ア) にあれば良く、下方許容限界曲線の (イ) にある場合は工程の進捗が遅れており、上方許容限界曲線の (ウ) にある場合は人員や機械の配置が多過ぎる等計画に誤りがあることが考えられる。」
>
>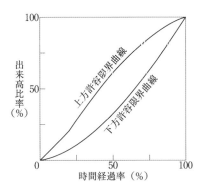
>
>

	（ア）	（イ）	（ウ）
①	上	上	上
②	上	下	下
③	間	下	上
④	間	上	下

> **ポイント▶** バナナカーブは、Sチャート等の多くの別称をもつ工程管理のための図表である。縦軸に工事全体の出来高比率をとり、横軸には工期（時間）を置いて、これら相互間の関係を表す。左下から始まり右上で終わる形となる。

解　説

計画より実績が進んでいる場合に、現実的な工程の限界を示したラインを「上方許容限界」といいます。逆に遅延した際に回復可能な限界を、「下方許容限界」と呼びます。

これら2本のS字曲線に囲まれたエリアが、適正な日程で進行している範囲となります。この範囲の形が果物のバナナに似ていることから、この名称で呼ばれています。

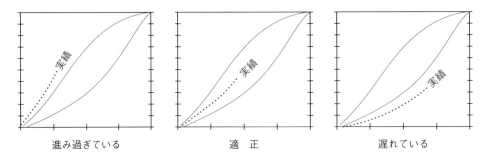

実際に着工して工事が進むとともに、「実施工程曲線」という実績値を日々記入していきます。上図の赤い点線で描いたものが実施工程曲線です。

この実績値が、下方許容限界曲線の下にある場合は工程の進捗が遅れており、上方許容限界曲線の上にある場合は計画より進み過ぎていると判断します。③の選択肢が適当です。

（1級電気通信工事　令和2年午後　No.22）

〔解答〕　③適当

演習問題 工程管理曲線の代表的なものであるバナナ曲線に関する記述として、適当でないものを全て選べ。

① バナナ曲線の上方許容限界曲線や下方許容限界曲線は、過去の工事実績データから作成される

② 予定工程曲線がバナナ曲線の許容限界範囲内に入らない場合は、一般に不合理な工程計画と考えられ、工程計画の調整を行う必要がある

③ バナナ曲線によって管理する予定工程曲線は出来高累計曲線で描かれるが、実施工程曲線は3本の直線で表現される

④ 実施工程曲線が上方許容限界曲線より上にくる場合は、工程遅延により突貫工事を必要とする場合が多く、最適手法を考えなければならない

ポイント▶ 工程管理曲線は、文字通り工程管理で用いる図表である。別名として出来高累計曲線や進捗度曲線、バナナ曲線、S字曲線、あるいはSチャート等、さまざまな名称で呼ばれる。いずれも同じ図表のことである。

解　説

　工程管理曲線の組立てでは、まず過去の工事実績等を参考にして、上方許容限界と下方許容限界を記入します。①は適当です。

　次に、「予定工程曲線」という計画値を書き込みます。これらは斜め一直線ではなく、S字形の曲線になる事例が多いです。

　そして、着工して工事の進捗とともに、予定線を実績線で塗り込んでいきます。ここで実績が計画と乖離してしまった場合には、以後の工程は計画値に近づけるように、工程の内容を随時修正していくことになります。

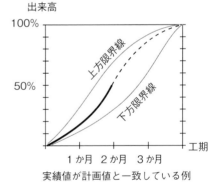

実績値が計画値と一致している例

　予定工程曲線も実施工程曲線も、ともに出来高累計の**S字曲線で描きます**。3本の直線ではありません。したがって、③の記載は不適当です。

　実施線が上方許容限界より上になった場合は、**工程が進み過ぎている**状況です。工程遅延のときは、実施線が下方許容限界より下に来ます。④も不適当です。

（1級電気通信工事　令和3年午後　No.19改）

〔解答〕　③不適当　④不適当

さらに詳しく

工程管理曲線は、以下のようなさまざまな名称でも呼ばれる。
・出来高累計曲線
・進捗度曲線
・バナナ曲線
・S字曲線
・Sチャート

> **演習問題**　工程管理で使われる工程表に関する次の記述（ア）～（ウ）の名称の組み合わせとして、<u>適当なもの</u>はどれか。
>
> （ア）縦軸に出来高比率をとり、横軸に日数をとって、工種ごとの工程を斜線やS字曲線で表した図表である
>
> （イ）縦軸に部分工事をとり、横軸に各部分工事に必要な日数を棒線で記入した図表である
>
> （ウ）縦軸に出来高比率をとり、横軸に工期をとって、工事全体の出来高比率の累計を曲線で表した図表である
>
> 　　　　（ア）　　　　　　　　（イ）　　　　　　　　（ウ）
> ①出来高累計曲線　　　バーチャート　　　　グラフ式工程表
> ②グラフ式工程表　　　出来高累計曲線　　　バーチャート
> ③グラフ式工程表　　　バーチャート　　　　出来高累計曲線
> ④バーチャート　　　　グラフ式工程表　　　出来高累計曲線

ポイント▶　各種工程表の特性や特徴を理解しよう。縦軸と横軸にそれぞれ何を配しているのか。そしてそれは何を材料として、何を把握するためのものなのか。あるいは、複数の図表を融合した形も存在することを知っておきたい。

解　説

　縦軸には進捗の出来高比率を配し、横軸に時間を置いて、作業ごとの工程を斜め方向に記入する（ア）の図表は、<u>グラフ式工程表</u>になります。

　これは、バーチャート工程表とガントチャートとを組み合わせた工程表になります。ガントチャートを反時計回りに90度回転させ、バーチャート工程表内の該当する各作業に融合させた形と捉えると、理解しやすくなるでしょう。

　この工程表のメリットは、バーチャートと同様に、各作業の開始日や終了日、所要日数がわかりやすい点で

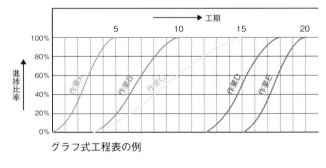

グラフ式工程表の例

す。さらに、各作業の進捗率が個別に把握できる特徴があります。

　（イ）はバーチャート、（ウ）は出来高累計曲線の説明です。したがって、③が適当になります。

（1級電気通信工事　令和4年午後　No.17改）

〔解答〕　③適当

> **?! 学習のヒント**
>
> 上記の工程表の例では、例えば13日目終了時点で以下の状況だと判断できる。
> ・作業AとBは既に完了
> ・作業Cは90％の進捗
> ・作業Dは10％の進捗
> ・作業Eは未着手
> またP82、P83の図表とも内容がリンクしている。

> **演習問題** タクト工程表に関する記述として、適当なものを全て選べ。
>
> ①縦軸にその建物の階層を取り、横軸に出来高比率を取った工程表である
> ②高層ビルの基準階等の繰り返し行われる作業の工程管理に適している
> ③全体の稼働人数の把握が容易で、工期の遅れ等による変化への対応が容易である
> ④バーチャート工程表に比べ、他の作業との関連性が理解しづらい

ポイント▶ 掲題のタクト工程表は、工程管理のための図表ではあるものの、他の工程表とは少し性質が異なる側面を持っている。比較的規模の大きな建設現場にて用いられるケースが多い。タクトとは「拍子」の意味である。

解　説

横軸には、バーチャート工程表と同様に時間（日程）を配しています。出来高比率ではありません。したがって、①の記載は不適当となります。

縦軸は作業項目ではなく、建物の階別を表していることが最大の特徴です。各作業項目よりも、各フロア間の作業の推移に着目した工程表です。

ビルの内装工事や、電気、通信、水道、ガス等の付帯工事は、各階ごとで作業内容が近似する場合が多いです。そのためフロア全体の作業項目を1つのセットとして、これらの繰り返し作業で工程管理を行う手法です。②は適当。

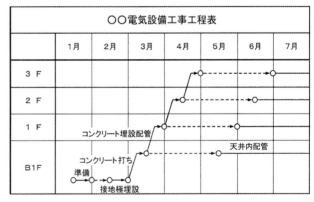

タクト工程表の例

フロアごとの作業内容が慣習的なものとなるため、単一フロア内での稼働人数は把握しやすくなります。それにより全体の稼働についても、算出は容易となります。

工程が遅延した場合でも、フロア全体を1つの単位として計算できるので、人員や機械の追加等、対処がしやすくなる特性があります。③は適当です。

特定の1つの作業と他の作業との関連性は、バーチャートと同様に詳細には把握できません。とはいえ、フロア間の関連性は明確になっているので、やや利があるといえます。④は不適当です。

（1級電気通信工事　令和3年午後　No.30）

〔解答〕　②適当　③適当

2-5 ネットワーク工程表① ［所要日数］

施工管理技術検定の全般に共通する定番問題として、ネットワーク工程表がある。これは併行作業が存在する場合に、全体工程を俯瞰するためのお馴染みのツールである。

> **演習問題** 次のネットワーク工程表のクリティカルパスにおける、<u>所要日数</u>を算出せよ。
>
>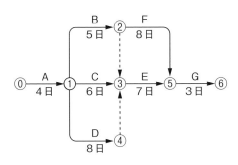

ポイント▶ 「ネットワーク工程表」、あるいは「アロー形ネットワーク工程表」、または「アロー・ダイヤグラム」等と、さまざまな名称が存在するが内容は同じである。時間と距離の関係グラフ「ダイヤグラム」とは無関係である。

解　説

　横軸は時間を表しており、左から右へ進むように描かれています。これは、ガントチャートを除く他の工程表と考え方は同じです。

　しかし縦軸も同様に時間であるため、作業項目や進捗度合等、他の要素と比較するための図表ではありません。あくまで全体工程を時間軸上でシミュレートするための工程表です。

　時間軸といえども、一般的なネットワーク工程表は、線の長さが実際の時間（日数）に比例していません。時間の長短よりも、むしろ**作業の順序関係に特化**した図表といえます。ただし例外的に、横線の長さが時間に比例する「タイムスケール方式」も一部に存在します。

　図表の見方は、実線の矢印が作業、丸数字は各作業を整理するための結合点、破線による矢印はダミー作業です。ダミー作業とは実際に作業は存在せず、前後の作業の順序関係を示すためのもので、工数0日の作業と捉えてもよいです。

　さて、ネットワーク工程表の問題は、「クリティカルパス」の算出を求められているといっても過言ではありません。クリティカルパスとは、当該の全工程内における最も時間のかかるルートのことです。設問にてクリティカルパスを求められていない場合でも、算出する習慣はつけておきましょう。

　例題では、結合点⓪から①に至る作業Aが4日間かかるため、結合点①における所要日数は4日となります。作業Aが完了してからでないとその後の作業には着手できないので、結合点②の所要日数は、作業AとBの和である9日となります。同様に結合点③と④は次ページの上図

のようになります。

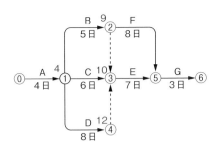

　次に、結合点②から③へ向かうダミー作業を考えます。このダミー作業は、**作業Bの完了後でないと作業Eには着手できない**ことを意味しています。

　これにより結合点②から③に降りてきた所要日数は、結合点②と同じ9日です。同様に結合点④から③に上がってきた所要日数は、下図の通り結合点④と同じ12日となります。

　ここで結合点③には3つのルートから到着した、3種の所要日数が示されています。9日と10日と12日の3種です。このうち、この結合点③にて採用すべき全体工程の所要日数は、**最も数値が大きな**12日です。なぜなら、作業B～Dの全てが完了してからでなければ、作業Eには進めないからです。

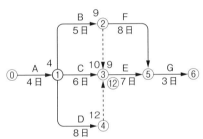

　さらに進めると、作業Eによって結合点⑤に到達したときの所要日数は、12日に7日を加えて19日となります。そして、もう1つのルートである作業Fによって到達した所要日数は、9日＋8日＝17日です（下図参照）。

　ここでも結合点⑤における全体工程の所要日数は、最も数値が大きくなる19日が採用されます。

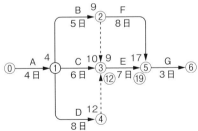

　結果、この19日に最後の作業Gの3日を足して、**合計22日**。これがクリティカルパスの所要日数となります。全体の作業工程はこれよりも短く実施することはできません。

　つまりクリティカルパスとは、時間的な余裕が全くないルートとも言い換えることができます。

（2級電気通信工事　令和1年前期 No.61）

〔解答〕　**22日**

> **演習問題** ネットワーク工程表のクリティカルパスに関する記述として、<u>適当なもの</u>はどれか。
>
> ① クリティカルパスは、開始時点から終了時点までの全ての経路のうち、最も日数の短い経路である
> ② 工程短縮の手順として、クリティカルパスに着目する
> ③ クリティカルパスは、必ず1本になる
> ④ クリティカルパス以外の作業では、フロートを使ってしまってもクリティカルパスにはならない

ポイント▶ ネットワーク工程表は、12月の2次検定に進んでからも、さらに深い形で出題される極めて重要な項目である。現時点で苦手意識がある場合には、早目に着手をして克服しておく必要がある。避けては通れない。

解 説

クリティカルパスとは、作業の開始点から終了点までの、とり得るあらゆるルートの中で、最も<u>日数がかかる経路</u>のことです。①は不適当となります。

このクリティカルパスの経路上には、日程的な余裕は1日もありません。そのため工程を短縮したい場合には、クリティカルパス上の作業内容に着目せざるを得ません。②は適当です。

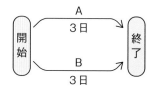

クリティカルパスは2本以上存在し得る

クリティカルパスは少なくとも1本は存在しますが、必ずしも<u>1本とは限りません</u>。極論になりますが、平行作業が可能な同一日数の2作業のみのケースでは、両方のルートがクリティカルパスになります。③は不適当です。

フロートとは日程的な「余裕」という意味で、クリティカルパス上には存在しません。ここで、余裕があったはずの経路において遅延が発生し、フロートを使い切ってしまうと、そこがクリティカルパスになってしまう場合があります。④も不適当です。

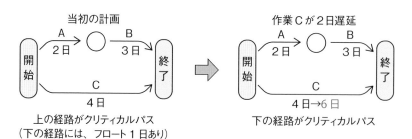

当初の計画
上の経路がクリティカルパス
（下の経路には、フロート1日あり）

作業Cが2日遅延
下の経路がクリティカルパス

（1級電気通信工事 令和1年午後 No.21）

〔解答〕 ②適当

演習問題 ネットワーク工程表に関する記述として、適当でないものはどれか。

① アクティビティは、トータルフロートが0の作業の結合点を結んだ一連の経路である
② フリーフロートは、作業を最早開始時刻で始めてから完了した後、後続作業を最早開始時刻で始めるまでの余裕日数である
③ ダミーは、実際に遂行しなければならない作業を表すものではなく、作業の相互関係を示すために使用される所要時間が0の矢線である
④ 先行作業でトータルフロートを消費すると、後続作業のトータルフロートは、その消費した日数分少なくなる

ポイント▶ ネットワーク工程表の諸定義の設問である。最早○○時刻と最遅○○時刻は、名称も意味も紛らわしいが、是非とも理解しておきたいポイントである。

解 説

トータルフロートが0となる作業の結合点を結んだルートは、**クリティカルパス**といいます。アクティビティではありません。①は不適当です。

なお、「アクティビティ」とは作業を意味します。

クリティカルパスでない経路において、ある作業を最早開始時刻に始めたとします。予定工期で完了後に、次の作業を最早開始時刻に開始します。この際に発生する余裕のことを、フリーフロートと呼びます。②は適当です。

ダミー作業は、実際に存在する作業ではなく、各作業の順序関係を明確にするためのものです。図表では、実線ではなく破線で表します。③は適当です。

先行作業にてトータルフロートを使ってしまうと、後段の作業では、その分だけトータルフロートが減ってしまいます。④は適当です。

（1級電気通信工事　令和2年午後　No.21）

〔解答〕　**①不適当**

🔍 さらに詳しく

・**最早開始時刻（Earliest Start Time）**
＝前作業の最遅完了時刻
その作業を最も早く開始できる日。【これが最も重要】

・**最遅開始時刻（Latest Start Time）**
＝その作業の最遅完了時刻－作業時間
全体工期を守る上で、その作業を開始できる最も遅い日。この日を過ぎると全体工程に遅延が発生する。

・**最早完了時刻（Earliest Finish Time）**
＝その作業の最早開始時刻＋作業時間
その作業を最も早く完了できる日。

・**最遅完了時刻（Latest Finish Time）**
＝次作業の最早開始時刻
全体工期を守る上で、その作業が遅くとも完了していなければならない日。

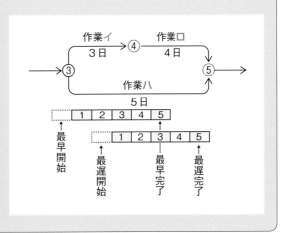

2-6 原価管理 ［管理図表］

施工管理技士の3大管理は、安全・工程・品質の3種であるが、これに加えて原価管理も大切な要素である。原価といっても損益計算書上の売上原価だけでなく、当該工事で負担する経営全体のコスト分も含めて考えてみたい。

演習問題 次に示す利益図表に関する記述として、適当なものはどれか。

①減価償却される自社所有の建設用機械のコストは、固定費であるため固定原価に該当する

②工事原価は、固定原価、変動原価、利益に区分される

③労務費は、固定費であるため固定原価に該当する

④施工出来高が増え損益分岐点を超えると利益が出なくなる

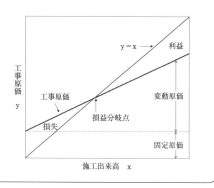

ポイント▶ 本設問は、単に利益や損失の区分だけでなく、原価を構成する要因まで掘り下げている。どういった科目が固定費となって、どれが変動費なのか。全てを把握するのは難しいが、代表的なものはおさえておきたい。

解　説

減価償却とは税法上の考え方で、やや専門的な概念になります。これは土地や建物、あるいは大型の機械等、高額な支払いがあった際に、その年度中の経費として一括して計上してはならないとするルールです。

これらの資産については法定の償却期間が定められていて、数年分に分割して各年度ごとに費用計上する形になります。これを減価償却費といい、工事案件の進捗状況には左右されないため固定費になります。①が適当です。

工事原価は、固定原価と変動原価の2種に分けられます。変動原価は、おおむね時間に比例して増えていく性質があります。また、上の図表中の「施工出来高x」は、すなわち企業としての売上を表します。売上から原価を差し引いた残りが利益です。つまり、利益は工事原価には含まれません。したがって、②は不適当です。

労務費は必ずしも固定費とは限りません。おおむね自社の従業員は固定費に近くなりますが、案件の進展具合によっては超過勤務（残業）が増加したり、派遣従業員やアルバイトを雇用したりと、変動的な要素も含んでいるのが通例といえます。③も不適当となります。

（1級電気通信工事　令和1年午後 No.22）

〔解答〕　①適当

> **演習問題** 建設工事の原価管理に関する記述として、適当でないものはどれか。
>
> ①原価管理では、合理的な施工方法に基づき見積原価を算出し、これに企業経営に必要な一般管理費を加えて、実行予算原価を編成する
> ②原価管理では、実際にかかった原価と工事施工開始に伴って積算された実行予算との差を分析・検討して適切な処置を行い、実際の原価と実行予算の管理を行う
> ③原価管理では、発注者の要求事項を無視して利益を出すのではなく、受注した金額以下でそれ以上の価値を完成させ、適正利潤を確保できるよう管理を行う
> ④原価管理では、工程管理、品質管理、労務管理、資材管理、安全管理と関連して種々の能率向上やコストダウンを図ることが重要である

ポイント▶ 原価管理は工事の目的物に直接的には関係しない。たとえ赤字であっても、発注者には迷惑をかけないからである。原価の実績値は完全な比例関係ではないものの、おおむね時間軸に沿った相関関係がみられる。

解　説

　少し専門的な話になりますが、損益計算書（PL）で原価といえば直接的な原価のみを指します。本社事務所の費用等の間接費は含みません。これらは本来は原価ではなく、一般管理費と呼ばれます。

　現実的には、これらの一般管理費も工事の売上から賄わなくてはなりません。そこで発注者に提示する見積には、直接の原価に一般管理費を加えた形で記載します。

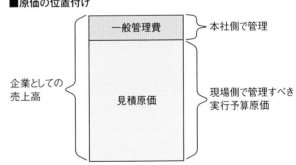

■原価の位置付け

　これらのうち、一般管理費は現場で管理すべき実行予算原価とはいえません。あくまで、本社側で管理すべきと解釈するのが自然です。

　したがって、①は不適当です。

　また原価管理は、工程管理で用いたS字曲線に似た考え方で進めることができます。横軸に時間（工期）を置き、縦軸に金額をとると理解しやすいです。

　このようにして、事前に積算した実行予算と、実際に発生した原価との差を分析・検討して適切な処置を行うことが、原価管理の主な活動内容になります。②は適当です。

（1級電気通信工事　令和5年午後 No.16）

〔解答〕　①不適当 → 一般管理費は実行予算に含まない

2-7 品質管理① ［定 義］

品質管理は、発注者の要求仕様を満足させるために品質に関する目標を定め、不適合を排除し、適合する目標を達成する活動のこと。安全管理や工程管理と並んで、施工管理技士の重大な管理項目である。

演習問題　JIS Q 9000：2015の品質マネジメントシステム－基本および用語における品質特性の定義として、適当なものはどれか。

①要求事項に関連する、対象に本来備わっている特性
②特徴付けている性質
③測定結果に影響を与え得る特性
④対象に本来備わっている特性の集まりが、要求事項を満たす程度

ポイント▶　この品質マネジメントの定義に関する項目は、難易度が高い。第2章の範囲ではあるものの、苦手とする場合は、学習の優先度を下げてもよいだろう。

解　説

ISO 9000ファミリー規格で示される4つのうち、ISO 9000（品質マネジメントシステム－基本及び用語）に関する、定義の設問です。

端的に結論だけを記載しますと、以下のようになります。

選択肢①の、**要求事項に関連する、対象に本来備わっている特性**は、「品質特性」です。これが適当です。

選択肢②の、特徴付けている性質は、「特性」です。

選択肢③の、測定結果に影響を与え得る特性は、「計量特性」です。

選択肢④の、対象に本来備わっている特性の集まりが、要求事項を満たす程度は、「品質」です。これは3.10 特性に関する用語ではなく、3.6.2 品質にて示されている定義になります。

（1級電気通信工事　令和3年午後　No.20）

〔解 答〕　①適当

 根拠法令等

JIS Q 9000：2015 (ISO 9000：2015)
品質マネジメントシステム－基本及び用語
3 用語及び定義
3.10 特性に関する用語
3.10.1 特性：特徴付けている性質
3.10.2 品質特性：要求事項に関連する、対象に本来備わっている特性
3.10.3 人的要因：考慮の対象に影響を与える、人の特性
3.10.4 力量：意図した結果を達成するために、知識及び技能を適用する能力
3.10.5 計量特性：測定結果に影響を与え得る特性
3.10.6 コンフィギュレーション：製品コンフィギュレーション情報で定義された、相互に関連する機能的及び物理的な製品又はサービスの特性
3.10.7 コンフィギュレーションベースライン：製品又はサービスのライフサイクルを通して活動の基準となるある時点においての製品又はサービスの特性を定める、承認された製品コンフィギュレーション情報

演習問題 ISO 9000ファミリー規格の品質マネジメントシステムのリーダーシップおよびコミットメントに関する記述として、適当でないものはどれか。

①組織の事業プロセスへの品質マネジメントシステム要求事項の統合を確実にする
②品質マネジメントシステムがその意図した結果を達成することを確実にする
③品質マネジメントシステムに必要な資源が利用可能であることを確実にする
④品質マネジメントシステムのリスクに説明責任を負う

ポイント▶ ISO 9000ファミリー規格とは、品質マネジメントを取り扱う国際的な枠組みである。しかしその内容は、広く深くとても複雑な概念であり、ハードルは高い。

解　説

ISO 9000ファミリー規格は、狭義には以下に示す4つを指します。

・ISO 9001（品質マネジメントシステム－要求事項）
・ISO 9000（品質マネジメントシステム－基本及び用語）
・ISO 9004（組織の持続的成功のための運営管理－品質マネジメントアプローチ）
・ISO 19011（マネジメントシステム監査のための指針）

　1つ目の、ISO 9001（要求事項）の中で、「リーダーシップ」が謳われています。この中で、「品質マネジメントシステムの有効性に説明責任を負う」が定義されています。「リスクに説明責任」ではありません。④が不適当です。 （1級電気通信工事　令和1年午後　No.23）

〔解答〕　④不適当

 根拠法令等

ISO 9001
品質マネジメントシステム－要求事項

5 リーダーシップ
5.1 リーダーシップ及びコミットメント
5.1.1 一般 トップマネジメントは、次に示す事項によって、品質マネジメントシステムに関するリーダーシップ及びコミットメントを実証しなければならない。

a) 品質マネジメントシステムの有効性に説明責任を負う
b) 品質マネジメントシステムに関する品質方針及び品質目標を確立し、それらが組織の状況及び戦略的な方向性と両立することを確実にする
c) 組織の事業プロセスへの品質マネジメントシス

テム要求事項の統合を確実にする
d) プロセスアプローチ及びリスクに基づく考え方の利用を促進する
e) 品質マネジメントシステムに必要な資源が利用可能であることを確実にする
f) 有効な品質マネジメント及び品質マネジメントシステム要求事項への適合の重要性を伝達する
g) 品質マネジメントシステムがその意図した結果を達成することを確実にする
h) 品質マネジメントシステムの有効性に寄与するよう人々を積極的に参加させ、指揮し、支援する
i) 改善を促進する
j) その他の関連する管理層がその責任の領域においてリーダーシップを実証するよう、管理層の役割を支援する

品質管理② ［QC7つ道具］

演習問題　図に示す品質管理に用いる図表の名称として、適当なものはどれか。

①パレート図
②管理図
③特性要因図
④ヒストグラム
⑤散布図

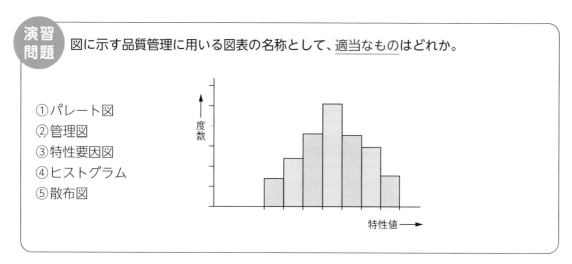

ポイント▶　品質管理を進めていく中で、数値の概念は外せない。達成すべき品質を目標数値として定め、現状との比較を行い、乖離があれば原因を調査して改善を行う。このための代表的なツールに、「QC7つ道具」がある。

解　説

　この図表は、横軸に測定すべき対象のデータ区間をとり、縦軸にはそのデータ区間ごとの出現頻度を棒グラフとして積み上げるものです。例として、学級内での各児童たちの身長の分布を考えると、イメージしやすくなります。

・130 ～ 135cm　　3人
・135 ～ 140cm　　5人
・140 ～ 145cm　　8人
　　　　⋮

　このような統計データを、二次元のグラフに落とし込んでいきます。

　中央が最も高く、中央から遠ざかるにつれて山裾がなだらかに下がっていき、左右対称の形になるのが理想的です。いわゆる正規分布（ガウス分布ともいう）に近い形です。
　しかし実際の品質管理の現場では、これら山の形が歪（いびつ）になるケースも発生します。極端に歪な形になった場合には、異常値としてアラームを上げて工程を疑い、調査を行います。

　図表の名称は、④の「ヒストグラム」です。

〔解 答〕　④適当

?! 学習のヒント

QC7つ道具の「QC」とは、Quality Controlの頭文字をとったもの。

演習問題 品質管理で使用される「ヒストグラム」に関する記述として、<u>適当なもの</u>はどれか。

① データの存在する範囲をいくつかの区間に分け、それぞれの区間に入るデータの数を度数として高さに表した図である

② 不良、クレーム、故障、事故等の問題の解決にあたり、原因別、結果別に分類し、大きい順に並べ、棒グラフと累計曲線で表した図である

③ 問題とする特性と、それに影響を及ぼしていると思われる要因との関連を整理して、魚の骨のような図に体系的にまとめたものである

④ 2つの対になったデータをグラフ用紙の上に点で表した図であり、対になったデータの関係がわかる

ポイント▶ ヒストグラムは、数値管理の中でも最も基本となる図表の1つである。測定した値の分布状況を把握するために、品質管理の場面で広く用いられている。分布の状態、つまり山の形によって判断の材料としていく。

解 説

ヒストグラムを説明したものは、①になります。ここでは品質管理ツールの定番である、ヒストグラムの特性を深掘りしておきましょう。

品質管理を進めていく中で、数値解析の結果において異常値を示す例として、下図のように山が左右に分かれてしまった場面を想定します。

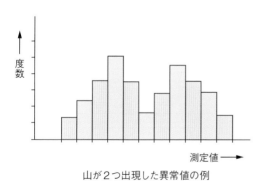

山が2つ出現した異常値の例

こういったケースでは工程の異常、または測定の手段に不具合があると疑うことができ、原因を調査します。改善の処置後に再び計測し、正規分布に近い形になれば効果ありと判断できます。

またヒストグラムの特徴として、ある瞬間の時間を止めた状態で測定しているという点があります。つまり時系列でのデータの変動を追うことには適していません。

1時間前のデータと今のデータとを比較することはできても、直近1時間の間にどのような変化が発生しているかを読み取ることはできません。

なお、選択肢②はパレート図。③は特性要因図。④は散布図の説明になります。

（1級電気通信工事 令和1年午後 No.24）

〔解 答〕 ①適当

さらに詳しく

QC7つ道具は文字通り7つある。下記を参照のこと。

・ヒストグラム ・管理図（シューハート管理図） ・パレート図 ・散布図 ・特性要因図 ・チェックシート ・層別

> **演習問題** 品質管理で使用される「パレート図」に関する記述として、<u>適当なもの</u>はどれか。
>
> ① 2つの対になったデータをグラフ用紙の上に点で表した図であり、対になったデータの関係がわかる
> ② 不適合、クレーム等を、その現象や原因別に分類してデータをとり、不適合品数や手直し件数等の多い順に並べて、その大きさを棒グラフで表し、累積曲線で結んだ図である
> ③ 問題とする特性と、それに影響を及ぼしていると思われる要因との関連を整理して、魚の骨のような図に体系的にまとめたものである
> ④ 中心線と上下2本の管理限界線が書かれたグラフの中に、統計処理したデータを点として書き入れたもので、その点が管理限界線より外に出れば、工程に異常があると判断して、原因究明や処置を行う

ポイント▶ パレート図も、品質管理や安全管理の場面でよく登場する、比較的ポピュラーな図表といえる。ヒストグラムと同様に、数値を第一義的に取り扱ったもの。どのような用途で活用すべきツールなのか、把握したい。

解　説

　パレート図の説明としては、選択肢の②が適当です。この図表は、棒グラフと折れ線グラフとを融合させた形であることが、最大の特徴です。

　まず棒グラフだけに着目してみると、事象の多い項目から順に並べられています。目盛は左の縦軸です。右図のように、例えば受けたクレームを内容ごとに細分化して、多い順に横軸に配していきます。

　次に折れ線グラフだけを観察すると、左上に凸になったグラフが確認できます。目盛は右の縦軸を読み、最大値は100％となっています。

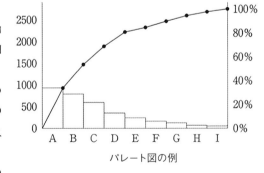

パレート図の例

　これらは、各項目がそれぞれ全体に対して占める割合を累計して積み上げたものです。左寄りの項目に件数が集中するほど曲線は凸になり、左上に突き上がった形となります。

　つまりこの折れ線グラフは、件数の多い特定の項目が、全体の中でどれだけ大きなインパクトがあるかを把握するツールといえます。改善点を見極める際に、どの項目を優先すべきかを判断するのに役立ちます。

　その他の選択肢は、いずれも他の図表を説明したものです。①は散布図。③は特性要因図。④は管理図です。

（1級電気通信工事　令和2年午後　No.24）

〔解答〕　②適当

演習問題 品質管理で使用される「特性要因図」に関する記述として、<u>適当なもの</u>はどれか。

①データの存在する範囲をいくつかの区間に分け、それぞれの区間に入るデータの数を度数として高さに表した図である

②不良、クレーム、故障、事故等の問題の解決にあたり、原因別、結果別に分類し、大きい順に並べ、棒グラフと累計曲線で表した図である

③問題とする特性と、それに影響を及ぼしていると思われる要因との関連を整理して、魚の骨のような図に体系的にまとめたものである

④2つの対になったデータをグラフ用紙の上に点で表した図であり、対になったデータの関係がわかる

ポイント▶ 特性要因図は、品質管理で活用する図表としてはお馴染みのもの。他のQC7つ道具とは異なり、数値を扱わないのが特徴である。不具合等が認められる場合に、結果から原因に遡って問題点を洗い出す手法である。

解 説

　特性要因図の説明は③です。まず時間軸として、大きな流れがあります。この点は、各種の工程表と似た性質があるといえます。工程表と異なるのは、こちらは品質を管理するための図表という点です。

　時間軸として左から右に向かっての流れがありますが、個々の原因は統計的に示されたものではありません。あくまで<u>影響関係を体系的</u>に表したものとなります。

　製品あるいは工事の目的物等において、不具合や不良品等が発生した際には、その原因を突き止めなければなりません。不具合や不良品という結果から時間を遡って、原因となり得る数々の要素を線で結んで体系的に整理していきます。

　図表全体が魚の骨に似ていることから、別名をフィッシュボーンともいいます。右が頭で、左が尻尾に相当する位置関係です。

　なお、選択肢①はヒストグラム。②はパレート図。④は散布図の説明になります。

■特性要因図の例

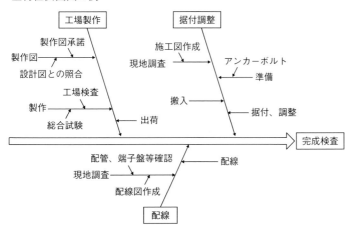

（1級電気通信工事　令和3年午後　No.21）

〔解 答〕　③適当

演習問題 品質管理で使用される「散布図」に関する記述として、適当なものはどれか。

①データの存在する範囲をいくつかの区間に分け、それぞれの区間に入るデータの数を度数として高さに表した図である

②2つの対になったデータをグラフ用紙の上に点で表した図であり、対になったデータの関係がわかる

③不適合、クレーム等を、その現象や原因別に分類してデータをとり、不適合品数や手直し件数等の多い順に並べて、その大きさを棒グラフで表し、累積曲線で結んだ図である

④問題とする特性と、それに影響を及ぼしていると思われる要因との関連を整理して、魚の骨のような図に体系的にまとめたものである

ポイント▶ 散布図は、縦軸と横軸の双方に測定の対象となる特性値の軸を設ける。そして測定した値をフィールドに多数打点することで、事象を表現していく。これら点のバラツキ状況から、両者の相関性を推定する図表である。

解　説

　散布図は、②の説明が該当します。一例として、子供たちの年齢と身長はほぼ比例関係にあります。これらをプロットすれば、下の左図のように、おおむね直線に近い分布になることが想定できます。これは、両軸に高い相関性があるケースです。

　一方で、学年の中で学力テストを行ったとします。横軸を身長の分布とし、縦軸が学力テストの得点です。この場合に、身長の高低によって学力テストの得点が左右されるとは考えにくいです。

　つまり、両軸に相関性が見られないと推定できます。このようなケースでは、測定値の点はフィールド全体に広がったように打点されます。

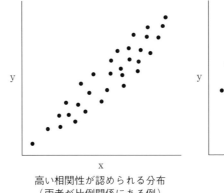

高い相関性が認められる分布
（両者が比例関係にある例）

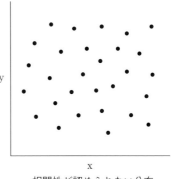

相関性が認められない分布

　以上のように、対象となる2つの特性値が互いにどのような相関関係があるのか、あるいはないのか。これらを視覚的に判断するためのグラフです。

　その他の選択肢は、①はヒストグラム。③はパレート図。④は特性要因図です。

（1級電気通信工事　令和4年午後　No.21）

〔解答〕　②適当

演習問題 下図の管理図が示す工程の状態に関する記述として、適当なものはどれか。

①全ての点が上下2本の管理限界線の内にあるが、点が次第に上昇する傾向にあるため、工程に異常がある

②全ての点が上下2本の管理限界線の内にあるが、点が次第に下降する傾向にあるため、工程に異常がある

③全ての点が上下2本の管理限界線の内にあるが、中心線より上の側に点が9個連続して並んでいるため、工程に異常がある

④全ての点が上下2本の管理限界線の内にあるが、隣り合う点が周期的に上下しているため、工程に異常がある

ポイント▶ 折れ線グラフで表すこの管理図は横軸は時間で、縦軸が計測値。一定の時間間隔ごとに計測値をプロットし、これら点の位置や動きによって良否の判断を行う。考案者の名に由来して、別名を「シューハート管理図」ともいう。

解　説

中心線はCL（Center Line）ともいい、設定された目標値のことです。この中心線を挟んで、上下のバラツキ具合を観察するときに、この図表が役に立ちます。

上方管理限界は標準偏差σ（シグマ）の3倍の位置とされ、UCL（Upper Control Limit）とも呼ばれます。同様に下には、下方管理限界LCL（Lower Control Limit）が置かれます。

統計論的には、この3σの外に出てしまう確率は、約0.3％とされています。

これらのプロットされた各点の状況から、工程の良否を判断できます。異常判定ルールは、JIS Z 9021「シューハート管理図」で、8項目が定められています。

１．点が管理限界線の外にある
２．連続する9点が中心線に対して同じ側にある
３．6点以上連続して上昇、または下降している
４．連続する14点が交互に増減している
〔項目5〜8は、ここでは省略〕

このうち5〜8は、標準偏差を判定根拠に加えたもので、やや複雑な定義になります。検定の対策としては、1〜4をマスターしておきましょう。

選択肢のうち、異常判定ルールに抵触するものは、「**連続する9点以上が中心線に対して同じ側にある**」が該当します。したがって、③が適当となります。

（1級電気通信工事　令和5年午後 No.21）

〔解答〕　③**適当**

2-7　品質管理③　[検査]

演習問題　工場立会検査に関する記述として、適当でないものはどれか。

① 発注者が、設計図書で要求される機器の品質・性能を満足していることを確認するために行う

② 検査対象機器および検査方法については、検査要領書にて発注者の承認を得る

③ 工場立会検査の結果、設計図書で要求される品質・性能を満たさない場合は、受注者に手直しをさせる

④ 工場立会検査の結果、手直しが必要となった場合、その手直しについては、工事全体工程を考慮しなくてもよい

ポイント▶　品質管理の中でも、検査は重要な活動の1つである。検査は、実施する目的によって大きく2つに分けられ、1つは材料等を受け入れる際に行うもの。もう1つは、進めている当該工事の出来形の確認として実施するものである

解　説

　工場での立会検査は、製造工場に関係者が出向いて実施する検査のことです。材料等の受け入れ時に行う検査と同じポジションに位置付けられます。工場立会検査は当該の工事案件において、特に重要となる機器や装置に対して実施するものです。カタログ品等の汎用的な材料については、通常は実施しません。

　搬入時ではなく、工場出荷前に検査を実施することにも大きな意味があります。これは検査の結果、手直し等が発生した場合に工場で行ったほうが効率がよいか、あるいは実質的に工場でなければ対処できないようなケースがあるためです。

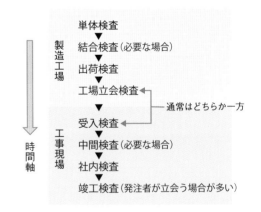

■検査の流れの例

製造工場
- 単体検査
- ▼
- 結合検査（必要な場合）
- ▼
- 出荷検査
- ▼
- 工場立会検査 ◀── 通常はどちらか一方
- ▼

工事現場
- 受入検査 ◀──
- ▼
- 中間検査（必要な場合）
- ▼
- 社内検査
- ▼
- 竣工検査（発注者が立会う場合が多い）

時間軸

　検査を実施した結果、不合格となった場合には、製造者に対して手直しを要求します。これが軽微な修正作業で済む場合には問題ありませんが、状況によっては数日間に及ぶケースもあります。こうなると現場への納入が大幅に遅延し、配線作業等の下流工程に影響を与えることになります。

　結果として工事全体工期も遅延してしまう要因になることから、可能な限りの遅延回復に努めるとともに、発注者側と協議を行って工程の見直しを行う必要も出てきます。工事全体工程は、当然に考慮すべき項目です。④が不適当です。

（1級電気通信工事　令和1年午後　No.25）

〔解答〕　④不適当 → 考慮すべき

> **演習問題**
> 製品の全数を検査し良品と不良品に分け、良品だけを合格とする方法である全数検査が有効な場合として、適当なものはどれか。
>
> ①製品の破壊検査が必要な場合
> ②製品の数量が非常に多い場合
> ③わずかな不良品の混入も許されない場合
> ④製品が連続体の場合

ポイント▶ 検査の方法としては2種類に分類でき、全数検査と抜取検査がこれらに該当する。全数検査とは文字通り、製品の全てを対象に検査を行うもの。一方の抜取検査は、製造された全製品の中から一部のみを取り出して検査するもの。

解 説

　破壊検査は製品を破壊して、内部の状態や破壊後の状況等を確認する検査方法です。そのため検査対象となって破壊された個体は、製品として出荷することができません。したがって、全数の検査は実施できません。①は不適当です。

　製品の数量が多い場合、例えばネジを1万本も出荷するケースがこれに該当します。このときネジの1本1本全てについて、長さや重さ、ピッチ、表面処理等を入念にチェックすることは、およそ現実的ではありません。各ロットの中から一部のサンプルを抽出して、抜取検査をするのが一般的です。②も不適当です。

■全数検査が望まれるケース
- ・わずかな不良品の混入も許されない場合
- ・検査そのものを実施しやすい場合
- ・検査費用と比べて、製品が特に高価な場合

■抜取検査が望まれるケース
- ・破壊検査が必要な場合
- ・ある程度の不良品の混入が許される場合
- ・数量が非常に多い場合
- ・製品が連続体の場合
- ・製品の価格と比べて、検査費用が高額な場合
- ・検査時間や検査費用を低減したい場合

　なお、抜取検査を実施した場合には、検査の対象とならなかった製品が不良品である懸念が残ります。このように、不合格とすべきロットを合格としてしまう可能性を、「消費者危険」と呼びます。逆に、合格とすべきロットを不合格にしてしまう可能性のことを、「生産者危険」といいます。

（1級電気通信工事　令和2年午後　No.26）

〔解答〕　③適当

> **演習問題**　無線機のスプリアス発射の強度の測定に使用する測定器として、<u>適当なもの</u>はどれか。
>
> ①周波数カウンタ
> ②クランプメータ
> ③電力量計
> ④スペクトラムアナライザ

ポイント▶　スプリアス発射や帯域外発射は、必要周波数帯を外れた周波数領域での不要な電波発射のこと。これらは確実に減衰させなければならない、重要な概念である。無線通信の品質を確保する上で、特に留意しておきたい。

解　説

　免許で指定された必要周波数帯の外側を帯域外領域と呼び、さらにその外側がスプリアス領域です。これらの領域で発射される電波を不要発射といい、空中線から輻射される前段で減衰させなくてはなりません。

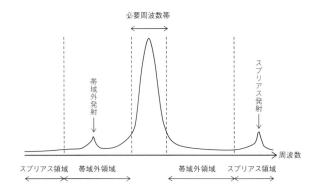

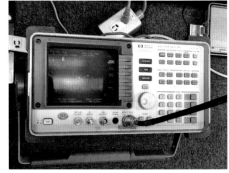

スペクトラムアナライザの例

　このように必要周波数帯の周辺にてどのように電波のスペクトルが分布しているかを把握することは、送信者、あるいは免許人として非常に重要です。

　電波のスペクトル分布を俯瞰するためには、周波数方向に広い画角を持つ測定器が必要になりますが、これは<u>スペクトラムアナライザ</u>が該当します。④が適当です。

　なお、スプリアス発射や帯域外発射といった不要発射を低減する手段としては、出力ルートにフィルタを挟むことが一般的です。

（1級電気通信工事　令和2年午後　No.23）

〔解答〕　④適当

演習問題 150MHz帯4値FSK変調方式の移動無線設備工事の品質管理に関する記述として、適当なものはどれか。

① BER測定器により送信周波数を測定し、規格値を満足していることを確認した
②クランプメータにより受信感度を測定し、規格値を満足していることを確認した
③SWR計により反射電力を測定し、規格値を満足していることを確認した
④電力量計により送信出力を測定し、規格値を満足していることを確認した

ポイント▶ 無線の品質を見るポイントは、用いる周波数帯や、送信方と受信方の別、あるいはアナログ方式とデジタル方式とでさまざま存在する。法令上で特に重要なものは、送信周波数の精度、最大電力、高調波の強度の3つである。

解　説

　題意に「4値FSK」とあり、デジタル無線通信であることがわかります。BERは符号誤り率といい、デジタル通信において受信した信号ビットが、どれだけ正常かを判断する指標になります。その際に用いるBER測定器では、周波数を測ることはできません。周波数を測るための測定器は、<u>周波数カウンタ</u>です。①は不適当。

　クランプメータは、電流値を測るための測定器です。受信感度は測れません。受信電波の電流値を測定しても、そこには多くのノイズも載っているため、感度の良否を判断する材料にはなりません。②も不適当。

　SWRは定在波比のことで、これは進行電力に対する反射電力の度合いを表すものです。給電線と空中線とでインピーダンスが異なる場合に、両者の接続点で進行波の一部が反射して送信機に戻ってしまいます。SWRは数値が低いほど良好で、一般に発注者が仕様として定めるケースが多いです。③が適当です。

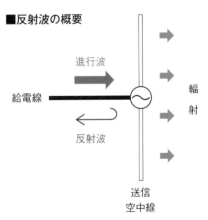

■反射波の概要

　送信出力を測るための測定器は「<u>電力計</u>」です。これは電力の瞬時値を計測するための計器となります。選択肢にある「電力量計」は、ある程度の期間の累計値を測るための計器です。紛らわしいですが、きちんと区別しておきましょう。④は不適当です。

（1級電気通信工事　令和1年午後　No.26）

〔解答〕　③適当

?! 学習のヒント

FSK（Frequency Shift Keying）：周波数偏移変調
BER（Bit Error Rate）：符号誤り率
SWR（Standing Wave Ratio）：電力定在波比
※電圧の定在波比の場合は、区別してVSWRと呼ばれる

2-7　品質管理⑤　[LAN品質]

> **演習問題**　ツイストペアケーブルの測定試験項目であるワイヤマップの試験に関する記述として、適当なものはどれか。
>
> ①信号が一端から他端へ伝搬するために要する時間を測定するものである
> ②ツイストペアケーブルの各心線について、正しい対組み合わせ、対反転や対交差等、ケーブル両端の接続状態を確認するものである
> ③任意の2対において1対を送信回線として、残りの1対を受信回線とし受信回線に漏れてくる近端側の受信レベルを測定するものである
> ④送信端に信号を入力し、受信端で信号の減衰量を測定するものである

ポイント▶　有線LANに用いられるUTP等のツイストペアケーブルは、コネクタに対して、単純に端から順に結線すればよいものではない。ストレートとクロスの違いもあり、品質管理において正しい結線を判別する手段が必要となる。

解　説

　ワイヤマップ試験は、ツイストペアケーブルに対する両端の接続状態を確認するための測定試験です。断線や短絡、対反転、対交差、対分割についてのテストを行うことができます。

　例として以下に、正しい対組み合わせの場合（左上）と、結線不良になっている5つのケースを示します。

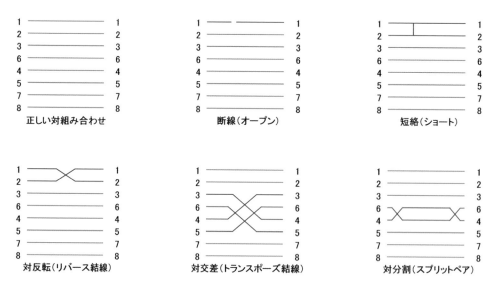

このように、外部からは視認できない結線のエラーを判別する手段が、ワイヤマップ試験です。各選択肢の中では、②の記載が適当となります。　　　（1級電気通信工事　令和3年午後　No.22）

[解答]　②適当

演習問題 LAN工事の施工品質の確認に関する記述として、<u>適当なもの</u>はどれか。

①LAN用光ファイバケーブル敷設後に高周波電力計により光損失を測定する
②UTPケーブル敷設後に絶縁抵抗計により挿入損失を測定する
③無線LANアクセスポイント設置後にOTDRにより電界強度を測定する
④IP系ネットワーク機器設置後にpingコマンドにより端末機器間の疎通確認を行う

ポイント▶ 電気通信における品質は、諸法令や業界規格等の満足と、発注者による独自の仕様への満足とがある。また有線と無線とでは、着目ポイントが異なる。品質を確認する際の測定手法も、合わせて理解しておきたい。

解 説

　高周波電力計は、マイクロ波等の電波の電力を測るための測定器です。光ファイバケーブルの損失は測定できません。したがって、①は不適当です。
　光損失の測定は、OTDR等を用いて行います。

　絶縁抵抗計は、電線間や電線と大地間の絶縁抵抗を測るための測定器です。UTPケーブルの挿入損失は測定できません。②も不適当です。
　UTPケーブルの挿入損失は、LANケーブルテスタ等で測定します。

　OTDRは、光ファイバケーブルの損失を測るための測定器です。電界強度は測定できません。したがって、③も不適当となります。
　無線LANアクセスポイントに限りませんが、電界強度の測定には、電界強度計を使います。

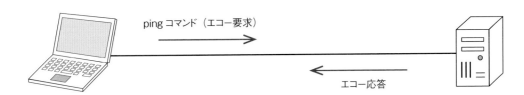

　pingコマンドは、ICMPというプロトコルを用いて、IPネットワークの正常性を確認するための機能です。指定した相手先にエコー要求を送り、その応答の戻り状況によって疎通を確認します。
　また、応答までにかかる時間も表示されるため、ネットワークの速度を把握することもできます。④の記述が適当です。

（1級電気通信工事　令和2年午後　No.25）

〔解答〕　④適当

?! 学習のヒント

OTDR（Optical Time Domain Reflectometer）
ICMP（Internet Control Message Protocol）

2-8 アンカー工事 ［施工特質］

アンカーは造営物に機器や耐震補強部材等を取り付けるにあたり、それに先立ってコンクリート躯体に埋め込む、固定用の金属部材のことである。特に大きな荷重がかかる箇所では、より正確なアンカー工事が要求される。

演習問題 あと施工アンカーの施工に関する記述として、適当でないものはどれか。

①締付け方式の金属拡張アンカーは、アンカーのサイズに適合した重さの専用ハンマーと専用打込み棒を用いて拡張部を拡張する

②打込み方式の金属拡張アンカーは、施工終了後に目視または打音でアンカーが固着されていることを確認する

③カプセル方式の接着系アンカーの打込み型は、カプセルを孔内に挿入し、その上からアンカー筋をハンマー等で打ち込んで埋め込む

④カプセル方式の接着系アンカーは、アンカー筋の埋め込み後は、接着剤が硬化するまで、アンカー筋が動かないように養生する

ポイント▶ アンカー工事と一口に言っても、目的や用途によってその種類は多い。電気通信工事にて主に用いられるものは、あと施工アンカー工法のうちの、金属系アンカーであろう。施工が比較的容易という点で重宝されている。

解 説

一般的に、アンカーは以下のように分類できます。特に現場で取り扱いやすい「あと施工アンカー」の態様は、把握しておきましょう。

■アンカーの分類

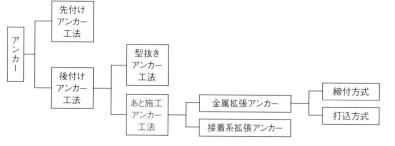

接着系アンカーの例

金属拡張アンカーは締付け方式と、打込み方式の2種類に区分でき、それぞれに雄ネジ形と雌ネジ形とが存在します。どのタイプを用いるかは、現場の状況や用途によって選択します。

ハンマーと打込み棒を用いて拡張部を広げるのは、打込み方式です。これに対して締付け方式は、ボルトやナットを締め込むことで、拡張部を引っ張り上げて固着させるものです。①は不適当です。

（1級電気通信工事 令和3年午後 No.14）

〔解答〕 ①不適当

> **演習問題** あと施工アンカーの施工に関する記述として、適当でないものはどれか。
>
> ① 墨出しは、施工図に基づき、鉄筋等の干渉物がないことを確認したうえで、母材に穿孔を満足する厚みがあることを確認したのちに行う
> ② 母材の穿孔は、墨出し位置に施工面に対し垂直方向に、仕様に合った適正なドリルで穴あけを行う
> ③ 金属拡張アンカーと母材との固着は、打込み方式の場合は専用打ち込み棒を用いて拡張部を拡張し、締付け方式の場合は適切な締付け工具で拡張部を拡張する
> ④ 芯棒打込み式金属拡張アンカーの施工終了後、ダイヤル型トルクレンチによりトルク値を確認する

ポイント▶ 多くの仕様が存在する中で、目的や用途によってアンカーを選別する。例えばサーバ室に装置を施設する場合には、平常時はアンカーに荷重はかからない。しかし地震時には、引っ張りとせん断の荷重を考慮する等である。

解　説

「墨出し」とは、あまり聞き慣れない読者も多いでしょう。これはアンカーの施工に先立って、コンクリートの表面に孔開け位置を表示する工程のことです。

外からは視認できませんが、コンクリート構造物には鉄筋が編まれています。ドリルで孔を開ける際には、この鉄筋に干渉しないように考慮する必要があります。

そのため図面を精査して、表面から鉄筋までの距離（筋かぶりという）と、鉄筋が配されている位置を確認しなければなりません。①は適当です。

金属拡張アンカーは、打込み方式と締付け方式の2種類に区分できます。打込み方式は、写真の左のタイプになります。

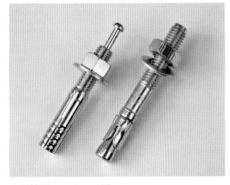

金属拡張アンカーの例
（左が打込み方式、右が締付け方式）

先端の細い箇所をハンマーで叩くと、左下の部分が拡張してコンクリートに固着します。

一方の締付け方式は、写真の右のタイプです。ナットを回転させることで内側の軸が引っ張り上げられ、外側の拡張部分が徐々に開いていく方式です。したがって、③の説明は適当です。

打込み方式は、あくまでハンマーで叩いて固着させるものです。ナットは装置の架台等を固定するためのもので、アンカーの固着には関係ありません。

トルク値の管理が必要となるのは、締付け方式の場合です。④の記述は不適当となります。

（1級電気通信工事　令和1年午後　No.15）

〔解答〕　④不適当

●COLUMN●

品質マネジメントシステム－基本及び用語

JIS Q 9000:2015 (ISO 9000:2015)
品質マネジメントシステム－基本及び用語
3 用語及び定義
3.6 要求事項に関する用語

3.6.1 対象（object）、実体（entity）、項目（item）：認識できるもの又は考えられるもの全て。

3.6.2 品質（quality）：対象に本来備わっている特性の集まりが、要求事項を満たす程度。

3.6.3 等級（grade）：同一の用途をもつ対象の、異なる要求事項に対して与えられる区分又はランク。

3.6.4 要求事項（requirement）：明示されている、通常暗黙のうちに了解されている又は義務として要求されている、ニーズ又は期待。

3.6.5 品質要求事項（quality requirement）：品質に関する要求事項。

3.6.6 法令要求事項（statutory requirement）：立法機関によって規定された、必須の要求事項。

3.6.7 規制要求事項（regulatory requirement）：立法機関から委任された当局によって規定された、必須の要求事項。

3.6.8 製品コンフィギュレーション情報（product configuration information）：製品の設計、実現、検証、運用及びサポートに関する要求事項又はその他の情報。

3.6.9 不適合（nonconformity）：要求事項を満たしていないこと。

3.6.10 欠陥（defect）：意図された用途又は規定された用途に関する不適合。

3.6.11 適合（conformity）：要求事項を満たしていること。

3.6.12 実現能力（capability）：要求事項を満たすアウトプットを実現する、対象の能力。

3.6.13 トレーサビリティ（traceability）：対象の履歴、適用又は所在を追跡できること。

3.6.14 ディペンダビリティ（dependability）：求められたとおりに、かつ、求められたときに、機能する能力。

3.6.15 革新（innovation）：価値を実現する又は再配分する、新しい又は変更された対象。

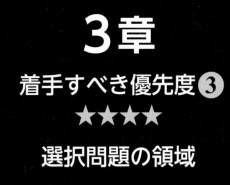

3章
着手すべき優先度❸
★★★★
選択問題の領域

　3章以降は選択問題の領域である。この章で扱う分野は、16問が出題されて11問に解答しなければならない。逃げてよい問題は、たったの5問である。

　解答すべき全60問のうち、この11問は18％を占めている。

解答すべき60問中の11問 =18%を占める

| 11問選択 | 16問出題 | 36問 | 合格ライン | 60問選択 | 全90問 |

合格に必要な36問中の11問 =31%を占める

　合格に必要な36問に対して11問は、31％を占めるため大きな存在である。選択問題の中でも比較的重要なポジションといえる。

　技術的なジャンルの中でも、基礎的な設問が多いのが特徴である。むしろこれらの問題が解けないようでは、応用的な領域に入ってから苦労することになる。2章の問題と同じく、早い段階で苦手意識を克服しておきたい。

3-1 論理回路 ［論理式］

論理回路はデジタル演算を扱う上で、基本となる考え方である。これは得意・不得意が
ハッキリ分かれる分野であり、苦手としている人は優先して克服したい。

演習問題

下図に示す論理回路において、出力Fの論理式として、<u>適当なもの</u>はどれか。ただし、
論理変数A、Bに対して、A＋Bは論理和を表し、A・Bは論理積を表す。

①A
②$\overline{A}\cdot B + A\cdot\overline{B}$
③A・B
④$A\cdot B + \overline{A}\cdot\overline{B}$

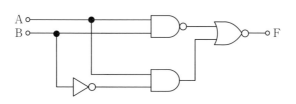

ポイント▶ 出題形式は論理回路が示されて、そこから論理式を導き出す流れとなる。回路
の中に登場する各記号の意味は、しっかり把握しておきたい。

解　説

論理回路の記号は、既に2級で学習済の範囲です。おさらいですが、まずは基本形です。

論理積（AND）

A	B	X
0	0	0
0	1	0
1	0	0
1	1	1

論理式　X＝A・B

論理和（OR）

A	B	X
0	0	0
0	1	1
1	0	1
1	1	1

論理式　X＝A＋B

論理否定（NOT）

A	X
0	1
1	0

論理式　X＝$\overline{A}$

「AND」は入力の全てが真の場合のみ結果が真で、論理式は積の形です。「OR」は入力に1つでも真があれば結果は真となり、論理式は和となります。

「NOT」は否定で、入力を裏返す機能です。否定の論理式は、上部にバーを付けて表現します。

次に派生形です。「NAND」はANDの否定であり、同様に「NOR」はORの否定です。つまりNANDは、ANDの出口方にNOTを接続した形と同義です。

否定の場合は、記号の右に○が付加されているのが特徴です。論理式は、NOTのときと同様に結果にバーを付けて表現します。

では、実際の設問に入ります。入力のAとBの変数を

否定論理積（NAND）

A	B	X
0	0	1
0	1	1
1	0	1
1	1	0

論理式　X＝$\overline{A\cdot B}$

否定論理和（NOR）

A	B	X
0	0	1
0	1	0
1	0	0
1	1	0

論理式　X＝$\overline{A+B}$

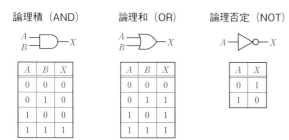

進めていきます。

出力Fとして、$\overline{\overline{A\cdot B} + A\cdot\overline{B}}$ が表れました。これを論理式の計算手法を用いて整理します。ここで、次のド・モルガンの法則は<u>暗記必須</u>です。

・$\overline{A+B} = \overline{A} \cdot \overline{B}$

・$\overline{A \cdot B} = \overline{A} + \overline{B}$

この設問では、2つの法則をともに使います。

$$\overline{\overline{A \cdot B} + A \cdot \overline{B}} = \overline{\overline{A \cdot B}} \cdot \overline{A \cdot \overline{B}}$$
$$= \overline{A+B} \, (A+1) = \overline{\overline{A+B}} = \overline{\overline{A}} \cdot \overline{\overline{B}} = A \cdot B$$

したがって、③が適当です。

（1級電気通信工事　令和3年午前　No.13）

〔解 答〕　③適当

演習問題 下図に示す論理回路において、出力Fの論理式として、適当なものはどれか。

①A
②$\overline{A} \cdot B + A \cdot \overline{B}$
③B
④$A \cdot B + \overline{A} \cdot \overline{B}$

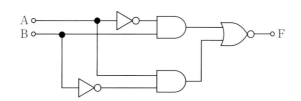

ポイント▶ 前ページの例題に似ているが、本問にはNANDが見当たらない。どのような論理回路が出題されても確実に解けるよう、練習を積んでおこう。

解 説

前問と同様に、AとBの変数を進めます。

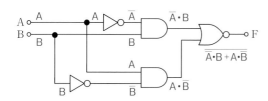

出力Fとして、$\overline{\overline{A} \cdot B + A \cdot \overline{B}}$ が表れました。これを整理します。

$$\overline{\overline{A} \cdot B + A \cdot \overline{B}} = \overline{\overline{A} \cdot B} \cdot \overline{A \cdot \overline{B}}$$
$$= (\overline{\overline{A}} + \overline{B}) \cdot (\overline{A} + \overline{\overline{B}}) = (A + \overline{B}) \cdot (\overline{A} + B)$$
$$= A \cdot \overline{A} + A \cdot B + \overline{A} \cdot \overline{B} + B \cdot \overline{B} = A \cdot B + \overline{A} \cdot \overline{B} \qquad したがって、④が適当となります。$$

（1級電気通信工事　令和2年午前　No.13）

〔解 答〕　④適当

3-2 携帯電話システム ［LTE］

携帯電話システムは1990年代以降、目覚ましい進化を遂げてきた。デジタル化の最初のグループである第2世代（2G）は既に姿を消し、現状では第3世代（3G）〜第5世代（5G）の混在状態で運用されている。

演習問題 第4世代移動通信システムと呼ばれるLTEに関する記述として、適当でないものはどれか。

①データの変調において、FSKを採用している
②複数のアンテナにより送受信を行うMIMO伝送技術を採用している
③無線アクセス方式において、上りリンクと下りリンクで異なった方式を採用している
④パケット交換でサービスすることを前提としている

ポイント▶ LTEは、営業上は第4世代（4G）と称してもよいことになっている。しかし技術面では4Gには到達しておらず、第3世代の延長上に留まる。あくまで3Gの延命という位置付けであり、正確には3.9Gと定義されている。

解　説

LTE携帯電話システムでは、データの変調は**PSKとQAM**とで行われています。これらは1つのシンボルで、16値や64値といった多くの信号を載せることが可能です。

FSKもデジタル変調方式の1つではありますが、あまり多くの信号を載せることができません。そのため、現行の携帯電話システムでは採用されていません。①は不適当です。

MIMOは送信（Input）アンテナが複数、受信（Output）アンテナも複数となっている無線伝送のスタイルで、通称「マイモ」と呼ばれます。アンテナを複数設けることで伝送路を増やして、空間上での多重化を実現する方式です。

1本の状態がSingleであり、複数の状態はMultipleです。最もオーソドックスな形は送受信ともアンテナが1本の状態で、これをSISO（サイソ）と呼びます。この組み合わせで、理論上は右表の4つのパターンが存在することになります。これらは携帯電話システムに限らず、今日のデジタル無線では一般的な仕組みといえます。②は適当です。

（1級電気通信工事　令和1年午前　No.6）

■変調方式のいろいろ（一例）

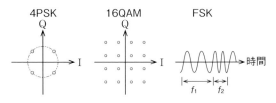

■空間多重化の考え方

送信	受信	送信	受信
SISO		MISO	
SIMO		MIMO	

〔解答〕　①不適当 → PSKとQAM

演習問題 携帯電話システムであるLTEに関する記述として、適当でないものはどれか。

① 複数の送受信アンテナにより、異なる信号のセットを同一時間に同一周波数帯を用いて送受信することで、伝送容量の増大や伝送品質の向上を図るMIMOが採用されている

② 上りリンクの無線アクセス方式にはSC-FDMAを採用し、下りリンクの無線アクセス方式にはCDMAを採用している

③ 音声サービスを実現するため、IPパケットにより音声データをリアルタイムに伝送するVoiceover LTEを採用している

④ フェージング等の無線環境に合わせて、データの変調方式を柔軟に切り替える適応変調を採用している

ポイント▶ 携帯電話システムに限らず、一般ユーザ向けの通信システムでは、運ばれるデータ量は上下回線で一致しない。下り回線のデータ量のほうが圧倒的に大きく、実際にはこれに対応した形で設計がなされている。

解　説

　LTE携帯電話システムの無線アクセス方式は、基地局から移動端末へ向かう下り回線ではOFDMAが採用されています。これは大きなデータ量の伝送に対応するためです。逆に上り回線ではSC-FDMAを用いています。ここでの「SC」とは、シングル・キャリアという意味です。②は不適当。

■LTEの無線アクセス方式

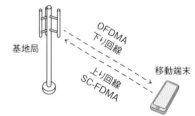

　基地局と移動端末との距離関係によって、受信できる電界強度の強さは大きく異なります。特に遠距離になればなるほど電波は微弱なものとなり、また反射やフェージング等の影響で、信号が劣化する可能性も高くなります。

■適応変調の考え方（一例）

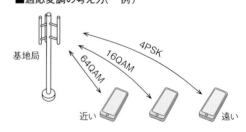

　受信した際に信号を判別できる限界を超えてしまうと、異なる信号であると判断してしまうおそれがあります。これを符号誤り（ビット誤り）といいます。この符号誤りを防ぐために、受信電界強度が低くなるにつれて、信号を載せる濃度を下げていく適応変調が採用されています。

　具体的には、近距離では64QAM等で運用していますが、少し離れると16QAMへ変更、遠方では4PSK（QPSKともいう）に変更といった具合に、変調方式をリアルタイムで変更しています。④は適当です。

（1級電気通信工事　令和2年午前　No.6）

〔解答〕　②不適当 → 下りはOFDMA

3-3　電気の基礎①　［電磁気学］

電気通信は、音声や情報を離れた場所に送り届ける技術である。そして、それらの送り手のベースとなっているのが電気であり、電気の理論をなしにして電気通信は語れない。電気の基礎は是非ともおさえておきたい。

演習問題　次の図に示す磁性体の磁束密度B〔T〕と磁界の強さH〔A/m〕の曲線に関する記述として、適当なものはどれか。

① この曲線は、無負荷飽和曲線と呼ばれる
② 電磁石の鉄心の材料としては、残留磁気と保磁力が大きい強磁性体が適している
③ この曲線を一回りするときに消費される電気エネルギーは、この曲線内の面積に反比例する
④ この曲線のaは残留磁気を表し、bは保磁力を表す

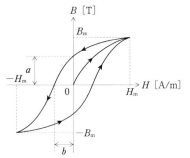

ポイント▶　電磁気学のお馴染みの設問である。数字を伴うものではないが、何を変化させた場合のどういった現象を観察したグラフなのか。さらには、それぞれの記号や位置が何を意味するのか、ここは理解しておきたい。

解　説

「無負荷飽和曲線」とは、同期発電機の特性を示す曲線のことです。ここでは関係ありません。掲出のグラフは、「ヒステリシス曲線」または「磁化曲線」と呼ばれます。①は不適当。

ヒステリシス曲線は、人間側が手を加えるのは左右のH方向の磁界の強さです。その結果、現象として現れるのが上下のB方向の磁束密度となります。まずこの関係をおさえます。

電磁石は鉄心にコイルを巻きつけたものですが、コイルに流す電流を増減させることで電磁石の強さを決めます。ここで残留磁気と保磁力が大きな材料を用いてしまうと、電流を増減させても、なかなか電磁石が希望の強さに至らないことになります。これは電磁石の性能としては好ましくない性質といえます。②も不適当です。

曲線を一周する折に、電気エネルギーが消費され熱として放出されます。これを磁心損失（コアロス）と呼びますが、この損失はヒステリシス曲線の**面積に比例**します。③も不適当。

グラフ中のaの位置は、磁束密度を飽和させた後に、外部磁場を取り除いても磁性体に残ったままの磁束密度を表しています。これを**残留磁気**、または残留磁束密度といいます。

一方でbの位置は、いったん磁化した磁性体の磁束密度を0〔T〕にするために必要な、外部磁場の大きさのことで、**保磁力**と呼ばれます。④が適当。

（1級電気通信工事　令和2年午前　No.2）

〔解 答〕　④適当

演習問題

次の図に示す平均磁路長$L = 50$〔cm〕、断面積$S = 10$〔cm^2〕、比透磁率$\mu_r = 500$の環状鉄心に巻数$N_1 = 500$、$N_2 = 200$のコイルがあるとき、両コイルの相互インダクタンスM〔mH〕の値として、適当なものはどれか。

ただし、真空の透磁率$\mu_0 = 1.2 \times 10^{-6}$〔H/m〕とし、磁束の漏れはないものとする。

① 3.0×10^{-3}〔mH〕
② 2.4×10^{-1}〔mH〕
③ 1.2×10^{2}〔mH〕
④ 1.2×10^{4}〔mH〕

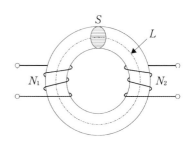

ポイント▶ この設問に限らず計算を伴う場合には、条件として提示されている数字は、変えて出題されると考えたほうがよい。つまり公式を把握した上で、自らの手計算で数字を算出できなければならない。電卓は持込み不可である。

解 説

1つの環状鉄心に2つのコイルを巻いて、片方のコイルに流れる電流の大きさを変化させると、両方のコイルに起電力が発生します。これを相互誘導といいます。

ここで片方のコイルに流れる電流が、Δt秒間にΔI〔A〕だけ変化したとき、もう一方のコイルに発生する起電力eは以下のように表せます。

$$e = -M \times \frac{\Delta I}{\Delta t} \text{〔V〕}$$

このときのMが相互インダクタンスで、相互誘導の大きさの程度を表します。相互インダクタンスMは、以下の式をとることが知られています。

$$M = \frac{\mu_0 \times \mu_r \times S \times N_1 \times N_2}{L} \text{〔H〕}$$

これに各数値を代入して、

$$M = \frac{1.2 \times 10^{-6} \times 500 \times 0.1 \times 0.01 \times 500 \times 200}{0.5}$$
$$= 1.2 \times 10^{2} \text{〔mH〕}$$

問題文中に長さが〔cm〕で、断面積も〔cm^2〕で示されています。これらをメートル単位に換算して進めることが必要です。選択肢も〔H〕ではなく、〔mH〕となっている点に注意。

また公式の中に、断面積と長さが登場します。これらの関係は断面積が分子、長さが分母ですが、苦手な人は逆に捉えてしまうケースが多いようです。

$$\frac{\text{断面積}}{\text{長さ}}$$

これを意識して覚えるようにしましょう。

（1級電気通信工事　令和1年午前　No.2）

〔解答〕　③適当

演習問題 下図に示すように、真空中においてA点に$Q_A = +64$〔μC〕の点電荷をおいたとき、A点から2m離れたB点における電界の強さ〔V/m〕として、適当なものはどれか。

ただし、真空中の誘電率をε_0〔F/m〕としたときの比例定数$k = \dfrac{1}{4\pi\varepsilon_0}$ は9.0×10^9〔N·m^2/C^2〕とする。

① 7.2×10^4〔V/m〕
② 1.4×10^5〔V/m〕
③ 2.9×10^5〔V/m〕
④ 5.8×10^5〔V/m〕

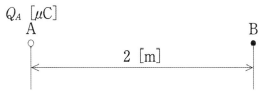

ポイント▶ 点電荷にまつわる設問は、電気や電気通信関連の資格検定では、お馴染みの存在といえよう。点電荷が1つの場合に作る電界の強さや、点電荷2つの間に働く静電力等がある。本例題はそのうちの前者である。

解 説

点電荷Q〔C〕からr〔m〕離れた位置において、この点電荷が作る電界強度E〔V/m〕は、次式で表せます。

$$E = k \times \frac{Q}{r^2} = \frac{1}{4\pi\varepsilon_0} \times \frac{Q}{r^2} \text{〔V/m〕}$$

これに諸数値を代入して、

$$E = 9.0\times10^9 \times \frac{64\times10^{-6}}{2^2}$$
$$= 9.0\times10^9 \times 16 \times 10^{-6}$$
$$= 144\times10^3$$
$$= 1.44\times10^5 \text{〔V/m〕}$$

したがって、最も近い②が適当です。

電磁気学に慣れていない人がよく勘違いしがちな点として、分母のr^2の箇所が挙げられます。1乗なのか2乗なのか混同しますが、問題本文に掲示されている「比例定数k」がヒントになります。

単位の分子部分にm^2がありますから、距離の2乗に反比例することが、ここから推定できます。

(1級電気通信工事 令和2年午前 No.1)

〔解 答〕 ②適当

演習問題 右図に示すように、真空中にr＝0.1〔m〕の間隔で平行に置いた無限に長い2本の直線導体に、同じ向きに$I_1 = I_2 = 2$〔A〕の電流が流れているとき、導体1mあたりに働く力F〔N/m〕として、適当なものはどれか。

ただし、真空中の透磁率$\mu_0 = 4\pi \times 10^{-7}$〔H/m〕とする。

① 4×10^{-6}〔N/m〕
② 8×10^{-6}〔N/m〕
③ 16×10^{-6}〔N/m〕
④ 25×10^{-6}〔N/m〕

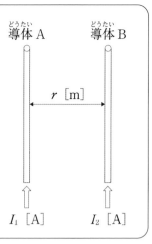

ポイント▶ このような導線に関する設問も、よく見かけるものである。電流が流れる1本の導線によって作られる磁界の強さや、平行する2本の導線の間に働く力等が定番である。この例題はその後者のほうに該当する。

解説

平行な2本の導線に電流を流すと、片方の電流が作る磁場によって、もう一方の電流が力を受けます。これにより、導線が反発し合ったり引き合ったりします。

このとき、導線1mあたりに働く力F〔N/m〕は、

$$F = \mu_0 \times \frac{I_1 I_2}{2\pi r} \text{〔N/m〕}$$

と表せます。

ここに諸数値を代入して、

$$F = 4\pi \times 10^{-7} \times \frac{2 \times 2}{2\pi \times 0.1}$$
$$= 4 \times 10^{-7} \times 2 \times 10$$
$$= 8.0 \times 10^{-6} \text{〔N/m〕}$$

したがって、②が適当となります。

本設問にはありませんが、電流の向きも重要です。電流の向きが同じときは、2本の導線は引き合います。逆に、反対向きに流れている場合には、導線は反発し合います。

これは、右ねじの法則とフレミング左手の法則で理解できます。

■フレミングの法則

（1級電気通信工事　令和3年午前　No.1）

〔解答〕　②適当

3-3　電気の基礎②　［コンデンサ］

> **演習問題** 下図に示す回路において、$C_1 = 2 \,[\mu F]$、$C_2 = 4 \,[\mu F]$、$V = 12 \,[V]$ のとき、2つのコンデンサに蓄えられるエネルギー $W \,[J]$ を算出せよ。

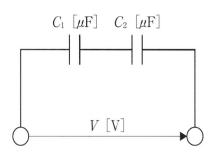

$$C_1 \,[\mu F] \quad C_2 \,[\mu F]$$

$$V \,[V]$$

ポイント▶ 電気回路において登場する三兄弟が、抵抗、コンデンサ、コイルである。このうちコンデンサは電荷を蓄えるものであるが、つなぎ方によって静電容量は異なってくる。コンデンサにはどういった性質があるのか理解したい。

解　説

　まずは回路中にコンデンサが複数あるので、合成の静電容量を求めます。基本的な事項になりますが、並列につながれている場合は、単純な足し算です。

　直列のつなぎでは少し複雑で、逆数の和の逆数になります。ただし2個直列の場合のみ、「和分の積」で簡単に算出することができます。

$$C = \frac{C_1 \times C_2}{C_1 + C_2} = \frac{2 \times 10^{-6} \times 4 \times 10^{-6}}{2 \times 10^{-6} + 4 \times 10^{-6}}$$

$$= \frac{4}{3} \,[\mu F]$$

　次に、コンデンサに蓄えられるエネルギー $W \,[J]$ です。以下の公式は覚えておきましょう。

$$W = \frac{1}{2} CV^2 \,[J]$$

　これに諸数値を代入すると、

$$W = \frac{1}{2} \times \frac{4}{3} \times 10^{-6} \times 12^2$$

$$= 96 \times 10^{-6}$$

$$= 9.6 \times 10^{-5} \,[J]$$

コンデンサの例

（1級電気通信工事　令和3年午前　No.2改）

と算出できます。

〔解答〕 $9.6 \times 10^{-5} \,[J]$

演習問題

下図に示す電極間の距離$d_0 = 0.02$〔mm〕、電極の面積$S = 100$〔cm²〕の平行板空気コンデンサにおいて、電極間に厚さ$d_1 = 0.01$〔mm〕、比誘電率$\varepsilon_r = 10$の誘電体を挿入し、電極間に充電電圧$V = 24$〔V〕を与えたときの、このコンデンサが蓄える電気量Q〔μC〕の値として、<u>適当なもの</u>はどれか。

ただし、コンデンサの初期電荷は0とし、端効果は無視できるものとする。

また、真空の誘電率$\varepsilon_0 = 8.85 \times 10^{-12}$〔F/m〕、空気の比誘電率は1とする。

① 0.01〔μC〕
② 0.19〔μC〕
③ 0.30〔μC〕
④ 2.3〔μC〕

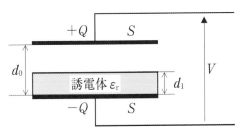

ポイント▶ コンデンサが電荷を蓄えることのできる能力を表す静電容量は、向かい合う電極板の面積に比例し、両電極板間の距離に反比例する。さらに、両電極板間に介在する物質（真空の場合もあり）の誘電率にも影響を受ける。

解　説

真空の誘電率をε_0としたとき、比誘電率とは電極板間に収まる誘電体が、真空の場合の何倍になるかを表す値です。

次に、電極板間の誘電率をεとすると、静電容量C〔F〕は、

$$C = \varepsilon \times \frac{S}{d} \text{〔F〕}$$

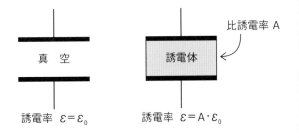

例題では、比誘電率$\varepsilon_r = 10$の誘電体を、電極間の距離の半分のみ挿入しています。つまり、真空部分と誘電体部分とで作られる2つのコンデンサが、直列につながっているとして計算します。

$$C_0 = \varepsilon_0 \times \frac{0.01}{0.00002 - 0.00001} = 8.85 \times 10^{-9} \text{〔F〕}$$

$$Cr = 10 \times \varepsilon_0 \times \frac{0.01}{0.00001} = 8.85 \times 10^{-8} \text{〔F〕}$$

これらの合成の静電容量は、和分の積で、

$$C = 8.045 \times 10^{-9} \text{〔F〕}$$

コンデンサが蓄える電気量Q〔C〕は、

$$Q = C \cdot V \text{〔C〕}$$
$$= 8.045 \times 10^{-9} \times 24$$
$$= 0.193 \times 10^{-6} \text{〔C〕}$$

（1級電気通信工事　令和1年午前　No.1）

〔解答〕　②適当

3-4 直流回路① ［電流の動き］

電気通信工学においても、電気工学においても、直流回路は確実にマスターしておかなければならない、基礎的な学習ジャンルといえる。回路の中を電流がどのように進行しているのかという視点は、常に持っておきたい。

演習問題

下図に示す最大目盛$I_a = 50$〔mA〕、内部抵抗$r = 5.6$〔Ω〕の電流計に分流器を接続して、測定範囲を$I = 0.4$〔A〕まで拡大したときの分流器の倍率mと、分流器の抵抗R_S〔Ω〕の値の組み合わせとして、<u>適当なもの</u>はどれか。

	（分流器の倍率m）	（分流器の抵抗RS）
①	7	0.9〔Ω〕
②	7	0.8〔Ω〕
③	8	0.9〔Ω〕
④	8	0.8〔Ω〕

電流計 でんりゅうけい
r
分流器 ぶんりゅうき
R_S

ポイント▶ 電流とは何か。電流と電圧とを混同しているケースさえ見受けられる。これらをキッチリと理解していないと、解けない例題である。こういった回路の設問を苦手としている場合は、階段を一歩上がることが必要である。

解　説

まず、電流計に流せる最大の電流は、0.05〔A〕です。したがって、残りの0.35〔A〕を分流器のルートに迂回させればよいことがわかります。

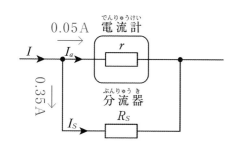

そのときに、電流計の両端にかかる最高電圧は、

$$E = I \cdot R = 0.05 \times 5.6 = 0.28 〔V〕$$

この電圧は、分流器R_Sにも同じように印加されます。ここでオームの法則により、抵抗値が算出できます。

$$R_S = \frac{E}{I_S} = \frac{0.28}{0.35} = 0.8 〔Ω〕$$

さて、分流器の倍率とは、「分流器がない場合と比較して、全体として何倍まで電流を流せるか」を指します。<u>抵抗値の比ではありません</u>。
すなわち、

倍率 $m = \dfrac{0.4}{0.05} = 8$

となります。④が適当です。

（1級電気通信工事　令和3年午前　No.3）

〔解答〕　④適当

演習問題 下図に示す回路において、内部抵抗r＝10〔Ω〕、起電力E＝8〔V〕の電源を抵抗R〔Ω〕の素子に接続したとき、素子に供給される電力〔W〕の最大値を算出せよ。

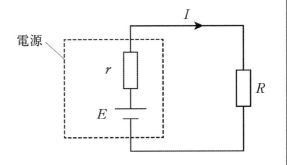

ポイント▶ 直流回路の中を流れる電流の動きを捉える上で、オームの法則は基本中の基本である。特に電圧とは何か、これを中途半端な形で理解したままの人は意外にも多い。今回の検定の学習を機に、しっかり克服しておこう。

解 説

まず、抵抗素子Rに供給される電力P_R〔W〕は、

$$P_R = \frac{E_R^{\,2}}{R} \; 〔W〕$$

次に、素子Rにかかる電圧E_R〔V〕は、抵抗の大きさに比例するので、

$$E_R = \frac{R}{r+R} \times E \; 〔V〕$$

これを上式に代入して、

$$P_R = \left(\frac{R}{r+R} \times E \right)^2 \times \frac{1}{R}$$

提示されている諸数値を代入して、整理すると、

$$P_R = \frac{64\,R}{(10+R)^2}$$

となり、これは抵抗素子R〔Ω〕が内部抵抗r〔Ω〕と同じ値をとるときに最大値をとります。つまり$R=10$のときが、P_Rの最大値となります。

$$\therefore P_{RMAX} = \frac{64 \times 10}{(10+10)^2} = 1.6 \; 〔W〕$$

と算出できます。

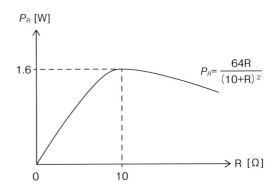

（1級電気通信工事　令和2年午前　No.3改）

〔解答〕　1.6〔W〕

3-4　直流回路②　［キルヒホッフの法則］

> **演習問題**
> 下図に示す回路において、抵抗R_2を流れる電流I_2〔A〕の値として、下線付きで適当なものはどれか。ただし、抵抗$R_1 = 4$〔Ω〕、$R_2 = 2$〔Ω〕、$R_3 = 2$〔Ω〕とする。
>
> ① 0.2〔A〕
> ② 0.7〔A〕
> ③ 1.9〔A〕
> ④ 2.3〔A〕

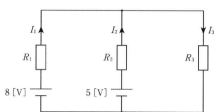

ポイント▶ キルヒホッフの法則は、得意とする人と苦手とする人とがハッキリと別れる分野である。現時点で苦手意識がある人は、優先的に着手をして、早目に克服しておきたい。コツさえ掴めれば、必ず解けるようになる問題である。

解　説

　直流回路の問題は、とにかく電流に着目するという点を意識してください。回路を一周する中で電圧は変動しますが、電流値は常に一定です。回路を一周するにあたって、**電流は途中で増えたり減ったりはしません**。ここは最初におさえておきましょう。

　さて起電力のある箇所を起点として、一周できる回路を捉えていきます。掲出の例題の中で起電力のある箇所は、直流電源の2か所になります。どのように捉えても構いませんが、以下のような2つのルートが考えやすいと思います。

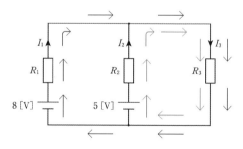

　矢印は電流が進む向きです。基本的には、電源のプラスから矢印が出ていく向きに描きますが、マイナスとして処理することもできるので、逆向きでも計算は可能です。

　ここで外周を時計回りに一周する電流を赤ルートとしますと、この大きさがI_1〔A〕ということになります。電流値I_1〔A〕は、回路を一周する間に増減はしません。同様に右の半分を時計回りに一周する電流を青ルートとすれば、この大きさはI_2〔A〕になります。

　ここで、抵抗R_3を通過する右端の通路の電流値はI_3となっていますが、これはI_1とI_2の合算値であることがわかります。つまり、

　$I_3 = I_1 + I_2$　　……⑦

次に、それぞれの電流ルートを単独で見ていきましょう。まずは赤ルートです。

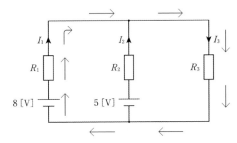

この赤ルートが一周するにあたっての、<u>電圧の増減</u>を考えていきます。起電力となる直流電源だけがプラス、抵抗等の電圧降下をもたらすデバイスはマイナスとして処理します。本来であれば、銅線等も若干の抵抗値を持っていますが、ここでは極めて微弱なものとして、無視して構いません。

電流の向きと電源の向きが一致しているので、起電力の8〔V〕はプラスになります。

$$8 - I_1 \times R_1 - I_3 \times R_3 = 0 \ 〔V〕 \qquad \cdots\cdots ㋐$$

このように表現できます。電圧は、<u>回路を一周して戻ってきたときには、0〔V〕</u>となっている点にも注意してください。$I_1 \times R_1$の部分は、電流I_1が抵抗R_1を通過した際に落とされる、電圧降下の大きさです。単純なオームの法則です。

同様に、青ルートも単独で処理します。

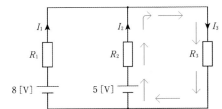

こちらも同じように、電流の向きと電源の向きが一致しているので、起電力の5〔V〕はプラスになります。

$$5 - I_2 \times R_2 - I_3 \times R_3 = 0 \ 〔V〕 \qquad \cdots\cdots ㋒$$

これで未知数が3つに対して、式が3つ用意できました。各抵抗値を代入して、3つの連立方程式を解けば、全ての電流値が算出できます。

まず㋐の式を変形すると、

$$I_1 = I_3 - I_2 \qquad \cdots\cdots ㋐'$$

これを㋑に代入。

$$8 - (I_3 - I_2) \times 4 - I_3 \times 2 = 0 \ 〔V〕$$

整理して、

$$8 + 4I_2 - 6I_3 = 0 \qquad \cdots\cdots ㋑'$$

㋒を3倍して、

$$15 - 6I_2 - 6I_3 = 0 \qquad \cdots\cdots ㋒'$$

㋑'から㋒'を引き算すると、I_2だけが残ります。

$$-7 + 10I_2 = 0$$

$$\therefore I_2 = 0.7 〔A〕$$

したがって、②が適当となります。

（1級電気通信工事　令和1年午前　No.4）

〔解答〕　②適当

3-5 交流回路① ［直列つなぎ］

同じ電気回路であっても、直流と交流とではまるで性質が異なる。直流回路ではオームの法則を中心にして解き進めていけるが、交流回路ではインピーダンスやリアクタンス等を考慮しなければならない。

> **演習問題**
>
> 下図に示すRLC直列回路において、$R = 40$〔Ω〕、$X_L = 20$〔Ω〕、$X_C = 60$〔Ω〕のとき、インピーダンスの大きさZ〔Ω〕と回路の性質の組み合わせとして、<u>適当なもの</u>はどれか。
>
> | （Z） | （回路の性質） |
> |---|---|
> | ① $40\sqrt{2}$　〔Ω〕 | 容量性 |
> | ② $40\sqrt{2}$　〔Ω〕 | 誘導性 |
> | ③ $40\sqrt{5}$　〔Ω〕 | 容量性 |
> | ④ $40\sqrt{5}$　〔Ω〕 | 誘導性 |
>
>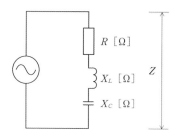

ポイント▶ インピーダンスとは、交流回路において電流を妨げる要素のこと。交流回路では抵抗の他、コイルとコンデンサの合成によって回路に作用する。

解　説

　合成インピーダンスは、抵抗、コイル、コンデンサの三兄弟で計算します。1つのデバイスが欠けていても、そこは0〔Ω〕として処理します。

　つなぎ方が直列と並列とで、公式が異なります。まずは掲題の直列のケースです。直列接続の場合、合成インピーダンスの大きさZを求める公式は、

$$Z = \sqrt{R^2 + (X_L - X_C)^2} \ 〔Ω〕$$

これはとても重要な公式なので、<u>暗記必須</u>です。諸数値を代入して、

$$Z = \sqrt{40^2 + (20 - 60)^2}$$
$$= \sqrt{40^2 \times 2} = 40\sqrt{2} \ 〔Ω〕$$

　次に、これらの個別のリアクタンスをベクトルで見た場合を考えます。右図のように抵抗は実数で表しますが、コイルとコンデンサは虚数で処理します。

　このとき、ベクトルがX_L（コイル）に寄っていれば、回路の性質は誘導性です。逆にX_C（コンデンサ）に寄っていれば、容量性になります。

　本例題では<u>X_C寄り</u>なので、<u>容量性</u>の回路です。したがって、①が適当です。

（1級電気通信工事　令和3年午前　No.4）

〔解　答〕　①適当

演習問題

下図に示すRLC直列共振回路において、共振時におけるコイルLにかかる電圧 V_L〔V〕の値を算出せよ。

　ただし、抵抗 $R=4$〔Ω〕、インダクタンス $L=120$〔mH〕、コンデンサ $C=0.75$〔μF〕とする。また、放電や短絡等は発生しないものとする。

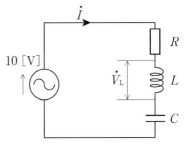

ポイント▶ 直流と違って、交流回路では共振という概念がある。共振する条件は、回路中にあるコイルのリアクタンス X_L と、コンデンサのリアクタンス X_C とが等しくなる場合である。ここから電源の周波数やかかる電圧を算出する。

解　説

　回路が共振する状況では虚数部は0ですから、合成インピーダンス Z は抵抗分の4〔Ω〕のみです。したがって、回路を一周する電流の大きさは、単純にオームの法則で、

$$I = \frac{E}{Z} = \frac{10}{4} = 2.5 \text{〔A〕}$$

次に、2つのリアクタンスはそれぞれ、

$$X_L = 2\pi fL \text{〔Ω〕} \qquad X_C = \frac{1}{2\pi fC} \text{〔Ω〕}$$

で表されます。基礎知識として覚えておきましょう。

$$X_L = 2\pi fL = 2\pi f \times 120 \times 10^{-3} = 24\pi f \times 10^{-2} \text{〔Ω〕}$$

$$X_C = \frac{1}{2\pi fC} = \frac{1}{2\pi f \times 0.75 \times 10^{-6}} = \frac{1}{1.5\pi f \times 10^{-6}} = \frac{10^6}{1.5\pi f} \text{〔Ω〕}$$

となります。ここで、この両者が等しいわけですから、

$$24\pi f \times 10^{-2} = \frac{10^6}{1.5\pi f}$$

$$f^2 = \frac{10^8}{36\pi^2}$$

$$\therefore \text{周波数 } f = \frac{10^4}{6\pi} \text{〔Hz〕}$$

これを上記の X_L に代入すると、

$$X_L = 24\pi \times \frac{10^4}{6\pi} \times 10^{-2}$$
$$= 4 \times 10^2 \text{〔Ω〕}$$

これにより、このコイルの両端にかかる電圧は、オームの法則により、

$$V_L = I \cdot X_L = 2.5 \times 4 \times 10^2 = 1000 \text{〔V〕}$$

と算出できます。

（1級電気通信工事　令和1年午前　No.3改）

〔解答〕 **1000〔V〕**

3-5 交流回路② [並列つなぎ]

演習問題

下図に示すRLC並列回路において、回路のインピーダンスZ〔Ω〕として、<u>適当なものはどれか。</u>

ただし、ωは電源の角周波数〔rad/s〕である。

① $Z = \dfrac{1}{R+j\left(\omega L - \dfrac{1}{\omega C}\right)}$ 〔Ω〕

② $Z = \dfrac{1}{R+j\left(\omega C - \dfrac{1}{\omega L}\right)}$ 〔Ω〕

③ $Z = \dfrac{R}{1+jR\left(\omega C - \dfrac{1}{\omega L}\right)}$ 〔Ω〕

④ $Z = \dfrac{R}{1+jR\left(\omega L - \dfrac{1}{\omega C}\right)}$ 〔Ω〕

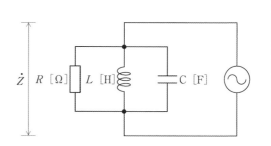

ポイント▶ 交流回路において、抵抗やコイル、コンデンサが並列に接続されている場合は、合成インピーダンスの計算はかなり複雑となる。2級では2素子の問題が中心であったが、1級では3素子を扱うため、難易度が高い。

解　説

　抵抗とコイル、コンデンサの3素子が並列につながる回路の、合成インピーダンスZ〔Ω〕を考えます。進めやすいように、それぞれのアドミタンスを足します。

　アドミタンスとは、インピーダンスの逆数のことです。単位は〔S〕で、「ジーメンス」と読みます。

$$\frac{1}{Z} = \frac{1}{R} + \frac{1}{j\omega L} + j\omega C \;\text{〔S〕}$$

　この式を整理して逆数をとれば、インピーダンスZが算出できます。しかし、これは難解な計算を伴います。

$$\frac{1}{Z} = \frac{1}{R} + \frac{1}{j\omega L} + j\omega C = \frac{j\omega L + R + j\omega C \cdot j\omega RL}{j\omega RL} = \frac{1+jR\left(\omega C - \dfrac{1}{\omega L}\right)}{R}\;\text{〔S〕}$$

　簡潔に結論だけを記述しましたが、実際に手計算で進めてみることを推奨します。そして、これの逆数をとれば完成です。

$$Z = \frac{R}{1+jR\left(\omega C - \dfrac{1}{\omega L}\right)}\;\text{〔Ω〕}$$

　したがって、③が適当となります。

（1級電気通信工事　令和2年午前　No.4）

〔解答〕　③適当

【重要】▶虚数は2乗すると、−1になる。

$j^2 = -1$
さらにヒント。
$$\frac{1}{j} = \frac{1}{j} \times \frac{j}{j} = \frac{j}{-1} = -j$$

演習問題 下図に示すRLC並列回路において、交流電源電圧 $E = 160$〔V〕、抵抗 $R = 20$〔Ω〕、誘導性リアクタンス $X_L = 40$〔Ω〕、容量性リアクタンス $X_C = 16$〔Ω〕のとき、回路に流れる電流 I〔A〕の値を算出せよ。

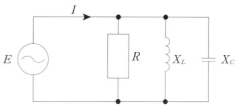

ポイント▶ 交流回路の中にRLCが並列に接続された状態において、電流を算出する設問である。ややハードルの高い分野であるから、是非挑戦しておきたい。

解 説

抵抗、コイル、コンデンサが並列につながった状態の、RLC並列回路の合成インピーダンスの大きさZは、次のように逆数の形で整理されます。

$$\frac{1}{Z} = \sqrt{\left(\frac{1}{R}\right)^2 + \left(\frac{1}{X_L} - \frac{1}{X_C}\right)^2} \ \text{〔S〕}$$

直列接続の場合と比較すると、やや複雑な形です。ここに諸数値を代入して、

$$\frac{1}{Z} = \sqrt{\left(\frac{1}{20}\right)^2 + \left(\frac{1}{40} - \frac{1}{16}\right)^2} = \frac{1}{16} \ \text{〔S〕}$$

よって、インピーダンスの大きさZは、
$Z = 16$〔Ω〕

このインピーダンスZに対して、160〔V〕の電圧がかかっています。オームの法則より、回路中を流れる電流 I は、

$$I = \frac{E}{Z} = \frac{160}{16} = 10 \ \text{〔A〕}$$

と算出できます。

コイルの例

（1級電気通信工事 令和4年午前 No.4改）

〔解答〕 **10〔A〕**

3-6 情報源符号化 ［PCM方式］

人間の音声等、アナログ信号をデジタル回線にて伝送する場合には、まずアナログ信号をデジタル信号へ変換する手段が必要となる。この代表格がPCM方式であるが、各手順にてどのような処理を行っているかを理解する。

演習問題 パルス符号変調（PCM）に関する記述として、<u>適当でないもの</u>はどれか。

① 標本化は、連続したアナログ信号の振幅を一定の時間間隔で区切り、断続的な信号にすることであり、この時間間隔は標本化定理により決められる
② パルス符号変調は、標本化、量子化、符号化の3段階の手順で行われる
③ 符号化は、量子化された信号の振幅値を2進符号に置き換えることである
④ 量子化によって生じる量子化前の信号の振幅値と量子化後の信号の振幅値の差を、折り返し雑音という

ポイント▶ PCMはPulse Code Modulationの頭文字をとったものであり、日本語訳はパルス符号変調。連続したアナログの生データを、0と1のバイナリ形式によって表現される、不連続な2値符号に変換する手段である。

解　説

　PCM方式の送信方での基本的な手順として、標本化→量子化→符号化の順で処理を行います。これにより、入力されたアナログ信号がデジタル信号に変換されます。②の記述は適当です。

　一方の受信方では、符号化されているデジタルデータを、人間が扱える形に戻すプロセスが必要となります。この作業は「復号」と呼ばれます。

　まず第1段階の、標本化についてです。デジタルデータは連続的には扱えないため、処理をすべきタイミングを一定の時間間隔で区切る必要があります。

　その上で、それぞれの時間ごとにそのときの振幅の値を読んでいきます。このデータはパルス長（つまり棒の長さ）で表現することができますが、このようなデータ形式をPAMともいいます。

　さて、標本化を行う際の時間間隔は、どのように決めればよいのでしょうか。これには、標本化定理という考え方があります。

　取り扱うアナログ信号の最高周波数を把握し、<u>これの2倍以上の周波数でサンプリング</u>を行います。このときの周波数を、標本化

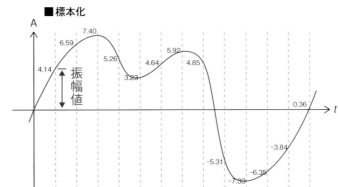

■標本化

周波数といいます。これの逆数が、標本化周期です。

　この標本化周期による時間間隔で、振幅値を読み取っていくことになります。①も適当です。

　次に、第2段階の量子化に関してです。これは時間ごとに読み取って標本化された各データを、コンパクトにしていく手順となります。

　標本化されたデータは、アナログ信号の瞬間値を見ているだけです。そのため、小数点以下の多くの桁を含んだままです。桁が長いために、データとしては非常に大きなものになっています。

　例にした左ページの図では、最初の処理時間の箇所では、「4.14」という大雑把な数値を記載しています。しかし、これは実際には「4.14258456951…」という桁の深いデータかもしれません。

　このような巨大なデータをデジタル回路で扱おうとすると、極めて大きな処理能力が必要となります。通信インフラで伝送を行うにしても、膨大なデータ量です。

　そこで、データの精度にはあまり影響を与えそうにない、低い桁の数値を簡略化する手法が用いられます。これを量子化と呼んでいます。

　一例として、「小数点第2位で四捨五入」という簡略化のプロセスを実施すれば、当該のデータは「4.1」という小さな文字列で表現できます。いうなれば、代表値で近似している形です。

　さて、量子化を行った際に抹消されてしまった差分データは、二度と復元することはできません。

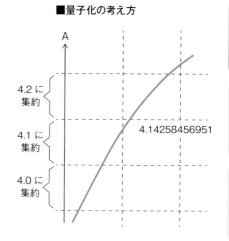

■量子化の考え方

```
    4.14258456951・・・    アナログ信号の元値
  − 4.1                 量子化後のデータ
  ─────────────
    0.04258456951・・・    差分
```

アナログ信号の元値と、量子化された後のデータとの差分を、「**量子化雑音**」、または「**量子化誤差**」といいます。折り返し雑音ではありません。したがって、④の記述が不適当となります。

　最後の第3段階が、符号化です。上記にて量子化された「4.1」という10進数のデータを、コンピュータや通信機器が扱えるバイナリ形式に変換する手順です。

　バイナリ形式とは、0と1のみで表現する2進数のことです。ここではじめて、デジタルデータとしての地位を得たことになります。③は適当です。

（1級電気通信工事　令和3年午前　No.5）

〔解答〕　④**不適当**

[着手すべき優先度 ★★★★]

3-7 変調方式① ［QAM］

無線通信において、搬送波に信号を載せる作業を変調という。アナログ変調の場合は
AMとFMが主流であった。デジタル変調では、ビット列を搬送波に載せるに際して特
徴的な形が見られ、これは多値化を追求する仕組みでもある。

演習問題 デジタル変調のQAM方式に関する記述として、<u>適当でないもの</u>はどれか。

①16QAMは、受信信号レベルが安定であれば16PSKに比べBER特性が良好となる
②64QAMは、16QAMよりも1シンボルで多くの情報を伝送できる
③QAM方式は、搬送波の位相と周波数の両方を変化させる変調方式である
④QAM方式は、我が国の地上デジタルテレビ放送のOFDM信号を構成するサブキャリ
アの変調に利用されている

ポイント▶ 有線にしても無線にしても、伝送を行うための媒体は有限である。この限りあ
る伝送資源を用いて、より多くの情報を送るために、さまざまな工夫が模索さ
れてきた。この1つの完成形が、本例題のQAM変調方式である。

解　説

　BER（ビット・エラー・レシオ）とは、符号誤り率。つまり送受信にあたって、エラーがどれだ
け含まれていたかの成績です。数値が低いほど良好です。

　デジタル通信において、最小の伝送単位を「シンボル」といいます。1つのシンボルに多くの情
報を詰め込めば、効率は高くなり、伝送速度は向上します。しかし、送受信中にエラーを起こし
たときのデータの被害も、それに比例して大きくなってしまいます。

　16QAMも16PSKも、ともに1回の変調で16値を詰め込めます。16値とは、4ビット分のデー
タです。しかしこの両者は、エラーへの耐性が同じではありません。

　PSK変調方式は、円周上に信号点を等間隔に配置する方式です。最大電力（円の半径）を仮に
1とすれば、円周長は2πです。つまり16PSKであれば、$2\pi/16 ≒ 0.39$が隣の信号との間隔に
なります。

■多値化と符号誤り率の関係

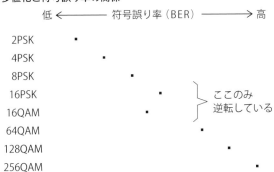

　一方でQAM変調方式は、原点を中
心にして格子状に信号点を配置してい
ます。最大電力を同様に1とした場合、
16QAMの隣の信号との間隔は、$\sqrt{2}/3$
$≒ 0.47$となります。

　このように、両者には構造的な違
いがあります。実際の無線通信では
フェージング等の影響によって、信号
の表現能力が劣化し、平面的に見ると
ズレた状態で到着します。

デジタル変調では、隣の信号との間隔が重要な要素になってきます。この際に、限界値を超えてズレてしまうと、隣の位置の信号と区別ができなくなってしまいます。

つまり、信号点間距離が0.39しかない16PSKよりも、0.47もある16QAMのほうが、**エラーに強い**と判断できます。①は適当です。

PSKもQAMも、先頭の数値は、1シンボルに詰め込める値の数を表しています。値の数とビット数との関係は、下表のようになります。2の指数で考えると、理解しやすくなります。

収容できるビット数	1	2	3	4	5	6	7	8
取り得る値	2	4	8	16	32	64	128	256

つまり64QAMは、1シンボルあたりにバイナリデータ6ビット分の情報を載せていて、これを表現するために64値を必要としています。

同様に16QAMは、4ビット分のデータを載せていて、16値を使って表現しています。②の記述も適当となります。

QAM変調は、**複数の振幅を持つ2つの正弦波**（sinカーブ）を、互いに軸を$\pi/2$ラジアン変化させて、掛け算する方式となります。

例えば16QAMであれば、右のイメージ図のようにI軸方向に4通りの振幅、Q軸方向にも4通りの振幅を持たせます。これで$4 \times 4 = 16$値のポジションを取ることができるため、1シンボルで16値が伝送可能となります。

したがって、搬送波の位相と周波数を変化させる方式ではありません。③は不適当です。

PSK方式では16値を取る16PSKが、実用面での限界でした。QAM方式は、PSK方式よりもさらに多値化を進めるために開発された方式です。

QAM方式では16値〜512値と、より大規模な多値化を実現できています。

実際に用いられている場面としては、第3.9世代以降の携帯電話システムや、地上デジタルテレビ放送等が代表例です。④は適当です。

（1級電気通信工事　令和4年午前　No.5）

■16QAMの概念図

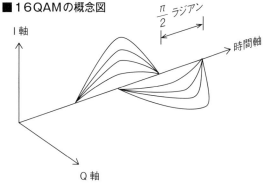

QAM変調方式を活用する、第3.9世代（3.9G）携帯電話

〔解答〕 ③不適当

?! 学習のヒント

QAM：Quadrature Amplitude Modulation
PSK：Phase Shift Keying
BER：Bit Error Rate

> 演習問題 デジタル変調のQAM方式に関する記述として、適当でないものはどれか。
>
> ①16 QAM は、直交している2つの4値のASK変調信号を合成して得ることができる
> ②16 QAM は、受信信号レベルが安定であれば16 PSK に比べBER 特性が良好となる
> ③64 QAM の信号点間距離は、QPSK（4PSK）の1/7となる
> ④64 QAM は、16 QAM に比べ同程度の占有周波数帯幅で2倍の情報量を伝送できる

ポイント▶ デジタル変調の性質として、表現する値と伝送する情報量の関係がある。これを混同してはならない。1回の伝送単位で何ビット分の情報を送りたいのか、そのためには、どれだけの表現能力が必要となるのか理解したい。

解　説

　ASKとは、振幅偏移変調のことです。搬送波の振幅の大小によって、信号の内容を区別する方式です。数あるデジタル変調の中でも、比較的シンプルな方式といえます。

　QAM方式は、ASK変調された正弦波を2本用意します。これらを互いに$\pi/2$ラジアンの角度を持たせ、合成して表現するものです。16QAMは4値ASKを掛け合わせているので、4×4＝16値をとります。①は適当です。

■4値ASK変調の概要

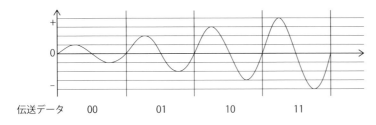

伝送データ　　00　　　　01　　　　10　　　　11

　等しい値を持つ場合は、BER特性はPSKよりQAMのほうが優れています。これは、後述の信号点間距離の概念で説明できます。②の記載も適当です。

　信号点間距離とは、平面的なグレイ符号で見た場合の、隣の信号との最短距離のことをいいます。最大電力が等しい場合で比較すると、信号点間距離の概略は以下のようになります。ここでは、最大電力を仮に1としています。

　　・2PSK　　：2
　　・4PSK　　：$\sqrt{2}\fallingdotseq1.4$
　　・8PSK　　：$2\pi/8\fallingdotseq0.79$
　　・16PSK　：$2\pi/16\fallingdotseq0.39$
　　・16QAM：$\sqrt{2}/3\fallingdotseq0.47$
　　・64QAM：$\sqrt{2}/7\fallingdotseq0.20$

　このように、64QAMの信号点間距離は約0.2で、4PSKは約1.4になります。両者間には7倍もの開きがあります。③も適当です。

　実際のグレイ符号は、次ページの図になります。視覚的に見たほうが理解しやすいでしょう。

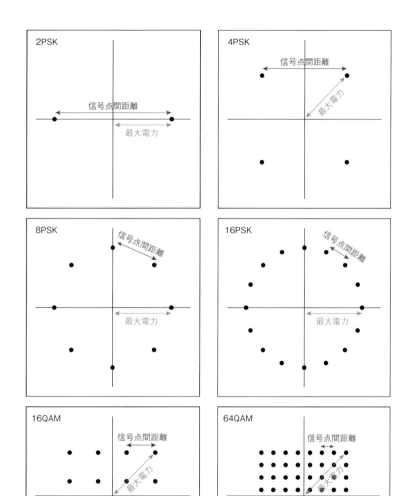

　搬送電力や占有周波数帯幅等の、他の条件が同じ場合での比較です。64 QAMは16 QAM
よりも、1.5倍の情報量を伝送することが可能です。

　単純に「64/16＝4だから、2^2なので2倍だ！」ではありません。それぞれが、何ビットの情
報を格納しているかを見抜く必要があります。

　64値は2^6ですから、6ビット分の情報を内包することができます。一方の16値は2^4なので、
4ビット分です。このように考えていきます。

　ここで6ビット/4ビット＝<u>1.5倍</u>となります。したがって、④は不適当です。

（1級電気通信工事　令和1年午前　No.5）

〔解 答〕　④不適当 → 1.5倍

ASK：Amplitude Shift Keying

3-7 変調方式② ［シフト・キーイング］

> **演習問題**
> デジタル無線の変調方式に関する記述として、適当でないものはどれか。

> ①ASK は、伝送信号の振幅の違いに情報を載せる方式であり、振幅性雑音や受信信号のレベル変化によってBER が悪化しやすい
> ②QPSK は、4つの位相点を用いて情報を伝送する方式であり、1シンボルで4ビットの情報を送ることができる
> ③64QAM は、直交する2つの8値のASK 変調信号を合成する方式であり、1シンボルで6ビットの情報を送ることができる
> ④FSK は、情報を搬送波の周波数の違いに置き換えて伝送する方式であり、振幅性雑音に強い

> **ポイント▶**
> デジタル変調方式において、末尾に「SK」と付くものはShift Keyingの意である。これは搬送波の状態を、何らかの形で変化（シフト）させるものである。

解 説

　まずASKですが、AはAmplitudeで「振幅」を表します。振幅の高さ、つまり電圧をいくつかの段階に区分して、これらに信号をあてはめます。したがって、搬送波の振幅方向の安定感を損ねると、送受信エラーとなる可能性が高まります。①は適当です。

　次にPSKです。PはPhaseで「位相」を意味します。位相とは、波の時間方向の位置関係のことです。下図のように、搬送波の位相をずらすことで、各信号を割り当てます。

　一例として、位相を90度（$\pi/2$ラジアン）ずらす方式を考えます。円の一周は360度なので、90度で割ると計4つのポジションを取ることができます。これが4PSK（QPSK）変調です。

　4PSKは、1シンボルに2ビット分の情報を格納し、これの表現に4値を必要とします。4ビットではありません。②は不適当です。

■基準となる正弦波(sin)の例

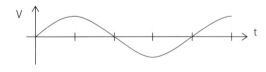

■位相を90度ずらした状態(cos)

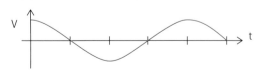

　64QAMは縦軸8通り、横軸8通りの振幅を持ちます。$8 \times 8 = 64$個の位置を取ることができ、1シンボルで64値を伝送可能です。64値は6ビット分の情報です。③は適当です。

　FSKのFはFrequencyで、「周波数」の意です。周波数を高低に区別することで、これらに信号をあてはめます。信号は振幅方向には影響を受けないため、振幅性雑音があってもあまり劣化しません。④は適当です。

（1級電気通信工事　令和2年午前　No.25）

〔解 答〕　②不適当 → 2ビット

演習問題 デジタル変調であるPSKに関する記述として、適当でないものはどれか。

① 搬送波電力対雑音電力比（C/N）が同じ場合、BPSKと8PSKの誤り率を比較するとBPSKのほうが誤り率が小さい
② QPSKの変調信号は、搬送波発振回路から出力される搬送波とその搬送波の位相を90度ずらした搬送波にそれぞれBPSK変調を行った後、この2つの信号を合成することで得られる
③ PSKは、ベースバンド信号の0と1に応じて、搬送波の振幅を変化させる変調方式である
④ QPSKは1シンボルで2ビットの情報を伝送でき、8PSKは1シンボルで3ビットの情報を伝送できる

ポイント▶ デジタル信号は、本来はバイナリ形式であるから、0か1の、2つのポジションが取れれば事足りる。これを2値形式という。一方で1回の送信単位で複数の情報を載せる試みを多値化といい、高速化の原動力となった。

解　説

PSKは搬送波を時間方向にずらして、信号を表現する変調方式です。この際に、ずらす量（位相角）を細かくするほど、より多くのデータを格納できます。

2PSKと8PSKを比べると、2PSKが格納できる情報量は1/3です。つまり、送受信エラーが起きた場合の被害も、1/3で済みます。したがって、①は適当です。

4PSK方式において、位相を変化させる手順を追ってみます。

■PSK変調方式の仕様一覧

名称	別名	値	位相角	deg	情報量
2PSK	BPSK	2	π	180°	1ビット
4PSK	QPSK	4	$\pi/2$	90°	2ビット
8PSK	-	8	$\pi/4$	45°	3ビット
16PSK	-	16	$\pi/8$	22.5°	4ビット

元となる搬送波（左図の例ではcos）と、これを90度ずらした搬送波（-sin）を用意します。

これらにそれぞれ信号をぶつけますが、このときは0か1の2値をとる形なので、BPSK変調になります。最後に両波を合成して、4PSK搬送波を出力します。②は適当です。

各PSK方式は、上表のように1〜4ビットの情報を格納し、それぞれ2〜16値をとります。1回の変調で、4PSKは2ビット、8PSKは3ビットの情報を収容できます。④も適当です

■4PSK変調回路の概要

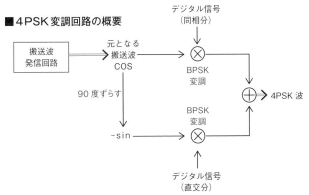

搬送波の振幅を変化させる変調方式は**ASK**です。PSKではありません。③の記載が不適当となります。

（1級電気通信工事　令和3年午前　No.24）

〔解答〕　③不適当 → 位相を変化させる

3-8 多元接続 ［各種方式］

1本の物理回線に複数のチャネルを束ねて収容する考え方を、多重化と呼ぶ。さらに、これらのチャネルに対して不特定多数のユーザが自在にアクセスする形に対応する方式を、多元接続という。これは有線も無線も同様である。

演習問題 CDMA（符号分割多元接続）に関する記述として、適当なものはどれか。

①個々のユーザに使用チャネルとして直交周波数関係にある複数のキャリアを個別に割り当てる方式である

②個々のユーザに使用チャネルとして個別に信号のスペクトルを拡散する拡散符号を割り当てる方式である

③個々のユーザに使用チャネルとして1つの搬送波のタイムスロットを個別に割り当てる方式である

④個々のユーザに対して個別に使用する周波数を割り当てる方式である

ポイント▶ 周波数方向にマスを切っていくFDMA方式と、時間方向にマスを切るTDMA方式を経験し、次なる方式はこの両者を踏襲しない斬新なCDMA方式である。21世紀初頭に一世を風靡したCDMA方式とは、どういった通信方式なのか。

解説

直交周波数の関係にある複数のキャリアを使用チャネルとして、個々のユーザに個別に割り当てる方式は、**OFDMA**です。①は不適当です。

1本の搬送波のタイムスロットを使用チャネルとして、ユーザに個別に割り当てる方式は、**TDMA**です。頭のTは時間（Time）の意です。③は不適当です。

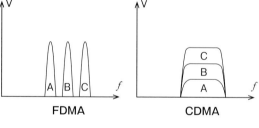

CDMA方式が用いられている、第3世代（3G）携帯電話

個別に使用する周波数を、個々のユーザに対して割り当てる方式は、**FDMA**です。Fとは、周波数（Frequency）を意味しています。④も不適当です。

信号の**スペクトルを拡散する符号**を使用チャネルとして、個々のユーザに割り当てる方式が、CDMAです。Cは符号（Code）です。②が適当です。

（1級電気通信工事　令和3年午前　No.7）

〔解答〕　②適当

> **演習問題** 移動体通信で用いられる無線アクセス方式の特徴に関する記述として、<u>適当でないもの</u>はどれか。
>
> ①無線資源を周波数で分割するFDMA方式は、デジタル変調だけでなくアナログ変調にも用いることができる
>
> ②送信信号にユーザ固有の符号を乗算してスペクトルを拡散するCDMA方式は、隣接する基地局間では異なる周波数を使用する必要がある
>
> ③無線資源を時間で分割するTDMA方式は、各ユーザはフレームごとに間欠的に情報を送信するため、音声データ等を圧縮して送信する必要があることから、デジタル変調で用いられる
>
> ④直交関係にある複数のキャリアを個々のユーザの使用チャネルに割り当てるOFDMAは、移動通信のマルチパス環境下でも高品質な信号伝送が可能である

ポイント▶ 多元接続にはさまざまな方式が存在し、アナログ変調の時代から進化を続けてきた。移動通信（携帯電話）や衛星通信で、特にお馴染みである。

解説

各選択肢に含まれる「DMA」とは、Division Multiple Accessの略で、分割多元接続といいます。1本の物理回線を論理的に分割して複数のチャネルを設け、多くのユーザを収容します。

頭のアルファベットは分割の方式を表していて、時代とともに以下のように進化をしてきました。

・FDMA → TDMA → CDMA → OFDMA

FDMAは、アナログの時代から存在する古い方式です。次の世代のTDMAから、本格的にデジタル時代に入りました。①は適当です。

■TDMA方式の概念図

A	B	C	A	B	C	A	B	C	⋯

→ 時間

CDMA方式は、ユーザに固有の符号を付与してスペクトル拡散を行っています。これにより、他のユーザと同じ周波数を用いても区別が可能です。

これは基地局に対しても同様のことがいえます。むしろ<u>同一の周波数を使う</u>ことで、瞬断なく基地局間を移動できる、ソフトハンドオーバが実現しました。したがって、②は不適当です。

デジタル時代になると、データの圧縮が可能となりました。これにより、TDMA方式が運用できるようになります。③は適当です。

TDMA方式は、1本のキャリアを時間軸方向に細かく分割し、各ユーザに持ち時間を配分する方式です。分割されたフレームを、タイムスロットと呼びます。

TDMA方式が用いられていた、第2世代（2G）携帯電話

マルチパスとは、反射等によって、電波が複数のルートを経由する現象のことです。OFDMA方式はガードインターバルという時間的な余裕を設けて、遅れて到着する電波を待つ仕組みがあります。このことから、マルチパスに強い変調方式といえます。④は適当です。

（1級電気通信工事　令和3年午前　No.23）

〔解答〕　②不適当 → 同一周波数を使える

3章 ［着手すべき優先度 ★★★★］

3-9 電波伝播 ［各周波数帯］

電波がどのように進行するか、つまり伝播の態様は、その周波数の高低によって性質が大きく異なる。低い周波数帯では非常に遠方まで伝播するが、逆に高い周波数帯では障害物で簡単に遮られてしまう等の特性が見られる。

演習問題 中波帯の電波の伝わり方に関する記述として、適当なものはどれか。

①直接波による伝搬が主体であるが、電波の伝搬路中に降雨域があると降水粒子による散乱やエネルギーの吸収による電波の減衰が発生し、周波数が高くなるほどその減衰が大きくなる

②昼間は主に地表波により伝搬し、夜間は電離層のE層で反射して遠くまで伝搬する

③大地と電離層のD層の間を反射しながら伝搬するので、導波管の中を伝わる電波と同じような電磁界の模様が生じ、減衰が少なく非常に遠くまで伝搬する

④スポラディックE層の発生により、電波が反射され、見通し距離を超えて非常に遠くまで伝搬することがある

ポイント▶ 中波帯は、電波法による周波数帯の区分は、300kHz～3000kHzと定義される。別称はMFで、これはMedium Frequencyの略である。古くから、中波ラジオ放送に用いられてきた周波数帯としてお馴染みである。

解　説

■電離層反射のいろいろ

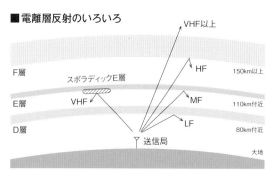

大気中の水分は電波の進行を妨げるため、減衰が発生します。しかし、この減衰は全ての周波数帯に対して一様ではありません。

降雨による減衰を多く受けるのは、10GHz以上の高い周波数帯です。このあたりはセンチメートル波と呼ばれ、略称はSHF帯です。①は不適当です。

電離層のうちE層にて反射を起こすのは、中波です。E層は上図のように地表から110km付近に存在する電離層です。②が適当。

電離層のD層で反射をするのは、周波数の低い長波です。長波は300kHz以下の周波数の電波で、略称はLFとなります。③は不適当です。

スポラディックE層は電離層の1つで、通常は存在していません。地表から100km付近のE層とほぼ同じ高さに、夏場の日中に突発的に発生することがあります。

電子密度の高いこのスポラディックE層で反射するのは、超短波（VHF）帯です。したがって、④も不適当です。

（1級電気通信工事　令和4年午前　No.8）

〔解答〕　②適当

演習問題　VHF帯の電波の見通し外伝搬に関する記述として、適当でないものはどれか。

①電波の伝搬路上に山岳があるとき、山岳の尾根の厚みが波長に比べて薄く、完全導体とみなせるような場合には、山頂が二次放射源となった電波の受信電界強度が、山岳のない場合の球面大地回折波より著しく強くなる場合がある

②大地と電離層のD層の間を反射しながら伝搬するので、導波管の中を伝わる電波と同じような電磁界の模様が生じ、減衰が少なく非常に遠くまで伝搬する

③送信点および受信点から見通せる地上から数km上空の空間に電波を放射すると、送受信アンテナのビームが交差する部分のうち、受信アンテナのビーム角に含まれる方向に散乱された電波が受信される

④地上約100kmの所に突然電子密度の濃い層のスポラディックE層が現われると、電波が密度の濃い層で反射され、地上に戻ってくるため非常に遠くまで伝搬する

ポイント▶　VHFはVery High Frequencyの略であり、日本語訳では超短波という。電波法による周波数帯の区分は、30MHz〜300MHzと定義される。比較的使いやすい周波数帯であり、身近な場所にも採用例が多い。

解　説

　VHF帯の電波は、直接波による見通し伝播が原則です。しかし、ナイフエッジと呼ばれる尖った山岳の尾根で、回析現象を起こす場合も少なくありません。

　これによって見通しの利かない山の裏側でも、強い電波を受信できるケースがあります。①は適当です。

　電離層に対しては、VHF帯は通常はD〜Fの全ての層を突き抜けてしまい、宇宙へと進みます。D層での反射は起こしません。したがって、②が不適当です。

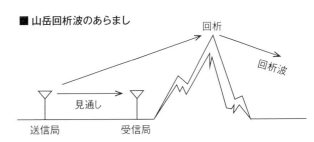
■ 山岳回折波のあらまし

　選択肢の③は難解な記述がされていますが、これは対流圏散乱を意味しています。主にVHF帯やUHF帯で見られる現象です。③は適当です。

　大気中の空気の温度や湿度、密度等は場所によってバラツキがあります。地上から約15km以下の対流圏では、これらの影響で伝搬路の誘電率が不均一となり、極端な屈折を起こすことがあります。これが散乱の原因です。

　電離層には普段は存在しませんが、突発的にスポラディックE層が発生することがあります。VHF帯はこの層で反射を起こし、想定外の遠方まで電波が届く場合があります。④も適当です。

（1級電気通信工事　令和2年午前　No.26）

〔解答〕　②不適当 → D層は突き抜ける

3-10 マイクロ波通信 ［中継方式］

SHF帯等マイクロ波を用いる無線通信では、送受信両局の空中線が互いに見える「見通し」内での伝播設計が基本である。そのため障害物の存在や、伝播能力を超えた遠距離の場合等は、中継局を置いて対処する。

> **演習問題** マイクロ波通信の中継方式の１つである無給電中継方式に関する記述として、適当なものはどれか。
>
> ①受信したマイクロ波からベースバンド信号を復調し、波形整形や同期調整を行った後、再び変調して送信する方式である
> ②受信したマイクロ波をそのまま増幅して送信するか、または受信したマイクロ波を目的の周波数に変換した後に増幅して送信する方式である
> ③受信したマイクロ波帯の信号を中間周波数に変換して増幅した後、再びマイクロ波帯に変換して送信する方式である
> ④電波を反射板等で反射させて、電波の伝搬方向を変えて中継する方式である

ポイント▶ マイクロ波による通信回線の経路上に、山岳等の障害物がある場合には、それを迂回する形で中継局を設ける。その際に中継局による損失が許容できるほどの短距離であれば、中継局にて増幅を行わないケースもある。

解　説

受信波をベースバンド信号まで復調して、波形を整形し、同期の調整を行った後に、再び変調して送信する方式は、<u>再生中継</u>です。①は不適当です。

マイクロ波の周波数のまま増幅するか、あるいは受信波を目的の周波数に変換した後に増幅して再送信する方式は、<u>直接中継</u>です。②も不適当です。

受信波を中間周波数に変換して増幅した後、再びマイクロ波帯に変換して送信する方式は、<u>ヘテロダイン中継</u>です。③も不適当となります。

中継局は、必ずしも搬送波の増幅を行うとは限り

反射板を用いた無給電中継局の例

ません。中継局を設けることによる損失があっても、なお受信局にて十分な信号強度が確保できる場合には、増幅を行わずに伝播角度だけを変更する中継方式も存在します。

このように電気的な中継装置を持たない形式を、無給電中継方式と呼びます。反射板を鏡のように配置する形や、2つの空中線を給電線で背中合わせに接続する形等があります。④が適当です。

（1級電気通信工事　令和2年午前　No.7）

〔解答〕　④適当

演習問題 マイクロ波通信の中継方式に関する記述として、適当でないものはどれか。

① 受信したマイクロ波帯の信号を中間周波数に変換して増幅した後、再びマイクロ波帯に変換して送信する方式をヘテロダイン中継方式という

② 電波を反射板等で反射させて電波の伝搬方向を変えて中継する方式を、無給電中継方式という

③ 受信した信号を目的の周波数に変換した後、または直接増幅して送信する方式を直接中継方式といい、衛星回線の中継で用いられる

④ 受信波よりベースバンド信号を復調し、波形整形や同期調整を行った後、再び変調して送信する方式を再生中継方式といい、アナログ回線の中継に用いられる

ポイント▶ 一般的に無線通信は、中継局を介することで損失が増加する。この結果、送受信局間で必要とするS/N比を確保できない場合は、中継局にて増幅処理を行う。増幅の方式にもいくつかの仕様があるため、理解しておきたい。

解 説

高い周波数のまま安定的な増幅を行うことが困難な場合、受信波を中間周波数に落として増幅する手法があります。これをヘテロダイン方式といいます。①は適当です。

増幅を必要としない中継局で、電波を反射板等で反射させて伝搬方向を変えて中継する方式があります。これは、無給電中継方式と呼びます。②も適当です。

直接中継は、中継局に到着した受信波をそのまま増幅する方式です。受信した信号パルスは、波形が歪む等劣化していることが多く、これらの崩れた波形をそのまま増幅します。

また受信波に含まれる雑音も、一緒に増幅してしまう欠点があります。これらが許容できるようなケースでの送受信に向いています。③は適当です。

再生中継は、中継局に到着した受信波を、いったん復調して信号レベルまで戻します。そのため波形に歪み等があっても、これらが一掃されて、完全な形のパルスを生成し直すことができます。

つまりデジタル信号のための方式であって、アナログ回線には適用できません。④は不適当です。

■ 直接中継方式と再生中継方式の違い

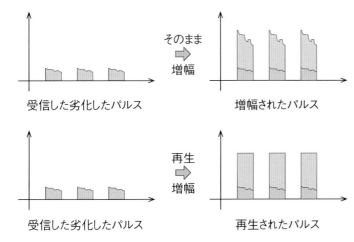

受信した劣化したパルス　→ そのまま増幅 → 増幅されたパルス

受信した劣化したパルス　→ 再生増幅 → 再生されたパルス

（1級電気通信工事　令和1年午前　No.7）

〔解答〕　④不適当 → デジタル専用

3-11 コンピュータ ［処理形態］

現代では、通信とコンピュータは切っても切れない間柄になってきている。特にプロトコルを介して行われる通信手順はその制御をコンピュータに依存しているため、もはやコンピュータありきの通信システムといっても過言ではない。

演習問題 コンピュータの中央処理装置に関する記述として、<u>適当でないもの</u>はどれか。

①制御装置は、主記憶装置に記憶されているプログラムの命令を取り出して解読し、制御信号を各装置に送り制御する

②中央処理装置は、制御装置、演算装置、主記憶装置および補助記憶装置で構成される

③演算装置は、制御装置からの制御信号により算術・論理・比較・シフト等の演算を行う

④中央処理装置の性能を表す指標であるMIPSは、1秒間に実行できる命令の数を10^6で除した値である

ポイント▶ コンピュータは、さまざまな装置の集合体で機能している。その中でも中軸となる5大装置として、制御、演算、記憶、入力、出力の各装置がある。

解　説

コンピュータを構成する5大装置を見たときに、中央処理装置は、制御装置と演算装置を包括した概念として定義されます。

一般論的には、記憶装置は中央処理装置には含まない場合が多いです。一部の大型コンピュータ等で例外もありますが、少なくとも<u>補助記憶装置を含むことはありません</u>。

したがって、②は不適当です。

■ コンピュータの基本構成

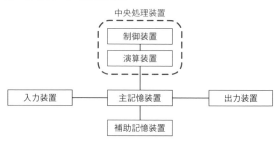

中央処理装置の中の1つ制御装置は、主記憶装置内のプログラムの命令を読み出し、各装置に制御信号を送る役割があります。①は適当です。

一方の演算装置は、制御装置から発せられる制御信号によって、算術・論理・比較・シフト等

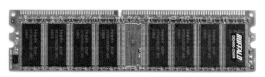

主記憶装置（メインメモリ）の例

の各種演算を行います。③も適当です。

MIPSは、コンピュータの処理能力を示します。1秒間に実行できる百万単位の命令数なので、分母を百万で割った値と同意になります。④も適当。

（1級電気通信工事　令和3年午前　No.11）

〔解答〕　②不適当

?! 学習のヒント

MIPS：Million Instructions Per Second

演習問題 コンピュータシステムの利用形態に関する記述として、適当なものはどれか。

①コンピュータに入力するデータ等を、一定量または一定期間蓄えておき、それをひと
まとめにして処理する方式をリアルタイム制御処理という

②人とコンピュータが、ディスプレイ等を通じて、やり取りをしながら処理を進める方
式を対話型処理という

③センサにより機器の状態や外部の状況を常に監視し、状態や環境の変化に応じて機器
の制御を行う方式をバッチ処理という

④オンラインで接続された端末からの要求に基づいて、関連する複数の処理を1つの処
理単位として即座に実行し結果を返す方式を、パイプライン処理という

ポイント▶ コンピュータは、入力された要求に対してとるべき処理を実行し、そこから得
られた結果を返すのが基本動作である。ここで、処理の形態にはいくつかの方
式が存在し、目的によって使い分けていくことになる。

解 説

リアルタイム処理は、コンピュータに入力されたデータ等の処理要求を、即座に実行して結
果を返す方式です。蓄積してから処理に移行する方式ではありません。したがって、①の記載
は不適当です。

■ リアルタイム処理の例

■ バッチ処理の例

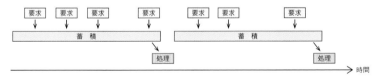

人間が扱う言語と、コン
ピュータが扱う言語は異な
ります。処理を進める上で、
人間の側がコンピュータの
言語を使用するのは、非常
に難解です。

そのため近年のOSでは、
コンピュータの側が人間の
言語で入出力できるように

構築されています。これによって、人間が日常生活に近い形で、コンピュータを扱えるように
なりました。この方式を、対話型処理と呼びます。②が適当です。

バッチ処理は、コンピュータに入力されたデータ等の処理要求を、即座には実行しません。
一定量、あるいは一定期間の蓄積を行い、しかるべき時期が到来したときに一括処理を行う方
式です。③は不適当です。

関連する複数の事項を1つの処理単位として実行する方式は、トランザクション処理といい
ます。パイプライン処理ではありません。④も不適当です。 （1級電気通信工事 令和2年午前 No.10）

〔解 答〕 ②適当

3-12　データベース［機能・構造］

　データベースは、広義には書籍や書類、あるいは写真等も含めた、それを必要とする人にとっての「価値ある情報」の集合である。ただしここでは、狭義のデータベースとして、いわゆるデジタルデータに特化した集合に着目したい。

演習問題　データベース管理システム（DBMS）の機能に関する記述として、<u>適当でないもの</u>はどれか。

①データベース定義機能とは、データベースの構造やデータの格納形式を内部スキーマ、概念スキーマおよび外部スキーマとして定義する機能をいう

②障害回復機能とは、バックアップファイルやログファイルを事前に採取し、データベースの運用中に発生した障害から回復させるための機能をいう

③排他制御機能とは、データベースの利用者ごとに利用できるデータを制限することにより、不正なアクセスからデータを守る機能をいう

④データベース操作機能とは、データベースへの操作（登録、読出し、更新、削除）をデータベース言語を用いて行う機能をいう

ポイント▶　データベース管理システム（DBMS）は、データベースの効率的な運用に欠かせないミドルウェアである。情報の漏洩対策として高いセキュリティ能力が要求されるとともに、保守や運用管理には柔軟な操作性が必要である。

解　説

　DBMSが内包する諸機能のうち、まずデータベース定義機能は、データベースのスキーマを定義する機能です。スキーマとは、データベースの構造を表す概念になります。

　このスキーマは専用の言語を用いて、データを格納するための形式を定義していきます。①は適当です。

　次に障害回復機能は、データベースの運用中に障害等が発生した場合に、これを回復させる機能です。事前に採取しておいたバックアップファイルや、ログファイルを用いて回復させることになります。②も適当です。

　排他制御機能は、複数のユーザによって共有されているデータに対して、<u>データの整合性を保つ</u>ための仕組みです。最初の1ユーザのみにアクセス権を与えて、その他のユーザには更新を禁止する手法になります。

　<u>不正なアクセスからデータを守る</u>機能ではありません。したがって、③の記載が不適当となります。

　最後のデータベース操作機能は、通常業務の中でデータベースに対する情報検索や、データの更新等、さまざまな操作を実施するための機能です。

　ユーザは専用の操作言語を用いて、データの検索や更新を実行します。④も適当です。

（1級電気通信工事　令和2年午前　No.9）

〔解答〕　③不適当 → 整合性を保つ機能

> **演習問題** データベースのデータモデルの１つであるリレーショナルモデルに関する記述として、適当なものはどれか。
>
> ① データを２次元の表形式で表し、複数の表を関連付けてデータ構造を表現するデータモデルである
> ② データを階層型の木構造で表現し、データ間を網の目状につないでおり、親が複数の子を持つことができるだけでなく、子も複数の親を持つことができる
> ③ データを階層型の木構造で表現し、データ間は親子関係になっており、親は複数の子を持つことができるが、子は１つの親しか持つことができない
> ④ 文字や数値等のデータだけでなく、データとデータに対する操作を含めてオブジェクトとして扱うデータモデルである

ポイント▶ データベースの形式は、目的に応じていくつかの種類がある。特に、格納されている情報の検索手法によって、それぞれの形に進化してきた。格納の構造は、必ずしも二次元的な形ばかりとは限らないのが特徴。

解　説

　階層型の木構造（ツリー状）で展開されるデータベースのうち、子が複数の親を持つことができる形は、ネットワーク型データベースです。②は不適当です。

　階層型の木構造で展開されるデータベースのうち、子が１つの親しか持つことができない形式は、階層型データベースになります。③も不適当です。

　互いに関連するデータ群と、それらデータに対する操作をまとめて、オブジェクトとして扱うデータモデルがあります。これは、オブジェクト指向データベースと呼ばれています。④も不適当です。

　リレーショナル型データベースとは、テーブルの概念を用いて、データを表形式で整理する方式のデータベースです。複数の表（テーブル）から、取り出したい形の新規テーブルを作成することが可能です。

　したがって、①が適当です。

　右の例では、２つの表から「会員番号」をキーとして、「名前」と「配色」だけの表を抽出しています。

■ リレーショナルモデルの例

・テーブルA

会員番号	名前	出身地
0001	西川	和歌山
0002	中島	福岡
0003	近藤	千葉
0004	中田	広島
0005	大谷	岩手
0006	杉谷	東京

・テーブルB

会員番号	配色	金額
0001	桃色	314
0002	青色	243
0003	黄色	265
0004	茶色	250
0005	水色	322
0006	橙色	240

・取り出したテーブル

名前	配色
西川	桃色
中島	青色
近藤	黄色
中田	茶色
大谷	水色
杉谷	橙色

（1級電気通信工事　令和3年午前　No.9）

〔解答〕　①適当

3-13 半導体① ［原理］

電流を通す物質が導体で、通さない物質が絶縁体。この中間的存在が半導体である。半導体は条件によって電流を通したり、通さなかったりとその性質を変化させる。この作用によって整流や増幅、スイッチング等を実現している。

> **演習問題** 半導体に関する記述として、<u>適当でないもの</u>はどれか。
>
> ① シリコンの真性半導体にヒ素等のドナーを混入したN形半導体では、自由電子の数が正孔の数より多くなる
> ② 半導体の電気伝導度は、真性半導体に添加されるドナーやアクセプタとなる不純物の濃度に依存する
> ③ 逆方向電圧を加えたPN接合ダイオードでは、空乏層の領域で正孔と自由電子が結合しにくい状態になり、空乏層が狭くなる
> ④ ガリウムヒ素を用いた化合物半導体では、半導体材料中を移動する電子の速度がシリコン半導体より速くなり、電子回路の高速動作が可能になる

ポイント▶ 半導体素子はシンプルな構造から複雑なものまで、さまざまなものが存在する。しかしこれらのベースとなる考え方は、半導体内部における「電子の移動」である。電子がどのように移動したがるかを理解すると、半導体が見えてくる。

解　説

　各種の半導体素子の原料となる、中性たる位置づけの物質が「真性半導体」です。これには4価のシリコン(Si：日本語名はケイ素)等が用いられます。

　4価の真性半導体をベースとして、隣に位置する3価や5価の物質をごく微量だけ混ぜることによって、P形半導体やN形半導体を生成します。

シリコン + ガリウム 等	シリコン	シリコン + ヒ素 等
P形半導体	真性半導体	N形半導体

　次ページ上の図は元素周期表のうち、2価～6価の部分の抜粋です。ここでいう「価」とは、最も外側を周回する電子の数を表しています。

　電子の「席」は本来は8か所で、8個全て埋まった状態が最も安定しています。次に安定した状態が半分の4個で、このときに電気的にはプラスにもマイナスにも傾いていない、中立した状態といえます。

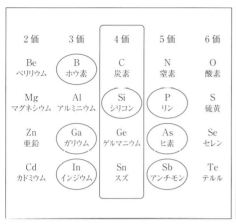

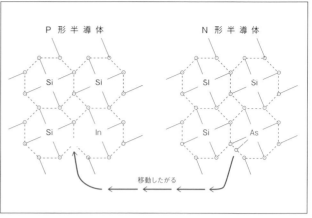

　左隣のガリウム(Ga)やインジウム(In)等の3価の物質は、外側の電子が3個しかありません。この3価の物質を、ごく微量だけ真性半導体に混ぜたものが、P形半導体です。

　これは電子の配置バランスが悪いため、チャンスがあれば電子を欲しがろうとします。多数キャリアは正孔で、混ぜる物質をアクセプタといいます。

　一方、右のヒ素(As)等の5価は外側の電子が5個もあり、こちらもバランスが悪いです。この物質をごく微量だけ混ぜたものが、N形半導体です。

　多数キャリアは電子(自由電子)で、混ぜる物質をドナーといいます。こちらは逆に、機会を伺って電子を押し出そうと企んでいます。①は適当です。

　ドナーやアクセプタ等の添加される不純物の濃度によって、半導体の電気伝導度は変化します。したがって、②も適当です。

　さて、P形とN形それぞれの半導体を密着させると、内部では電子を欲しがるP陣営と、電子を出したがるN陣営とが睨み合う状態となります。

　これが電子を移動させる潜在力です。ここに外部から電圧という刺激を与えると、はじめて電子の移動が起こります。電子は、押し出そうとするN形から欲しがるP形へと流れるため、電流の流れは逆向きのP→Nとなります

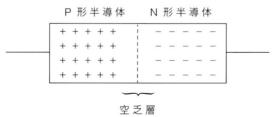

　両半導体の接合面の付近には、電気的にどちらにも傾いていない「空乏層」が現れます。これは接合面に近い位置にいたN形半導体の自由電子が、P形半導体の正孔に入り込むことによって起こります。

　ここに逆方向の電圧を印加すると、電子と正孔の双方が電源方に引っ張られるため、<u>空乏層の間隔は広くなります</u>。つまり、③は不適当です。

（1級電気通信工事　令和1年午前　No.14）

〔解答〕　③不適当 → 広くなる

3-13 半導体② ［トランジスタ］

> **演習問題**
> トランジスタ増幅回路の接地方式に関する記述として、<u>適当でないもの</u>はどれか。
>
> ①エミッタ接地回路の入力信号と出力信号は、同位相である
> ②ベース接地回路の入力信号と出力信号は、同位相である
> ③コレクタ接地回路の入力信号と出力信号は、同位相である
> ④コレクタ接地回路は、エミッタホロワとも呼ばれている

ポイント▶ 3素子の半導体であるトランジスタは、増幅回路の定番デバイスとしてお馴染みである。3本の足のどこを接地するかによって、回路の性質が異なる。

解　説

　トランジスタの3素子には、それぞれエミッタ（E）、コレクタ（C）、ベース（B）の名称が付けられています。増幅回路を組成するにあたって、3つの素子のいずれかを接地することになります。

　代表例として、以下にエミッタ接地の場合と、コレクタ接地を示します。いずれの回路も、ベースからエミッタに向かうベース電流が、コレクタからの電流を引っ張って増幅する流れとなります。

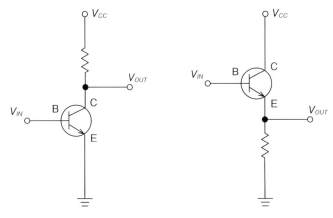

エミッタ接地回路　　　　　コレクタ接地回路

　右のコレクタ接地回路では、出力となるV_{OUT}がトランジスタの下流方にあります。このつなぎであれば、ベースからの電流とコレクタからの電流とが相似の形になることが、容易に理解できます。

　一方で左のエミッタ接地回路は、出力V_{OUT}がトランジスタの上流方に位置し、さらに上流方に抵抗が配置されています。この形の場合、抵抗にて電圧降下を起こした差分がV_{OUT}に出力されることになります。

　つまり、ベース電流が大きくなるほど、それに比例して電圧降下も大きくなってしまいます。その結果、出力V_{OUT}には、入力V_{IN}とは裏返しの模様の波形が現れます。

　これは波形の正負が反転した状態ですから、位相で見ると180度ずれた<u>逆位相</u>になります。①が不適当です。

（1級電気通信工事　令和3年午前　No.14）

〔解答〕　①不適当 → 逆位相になる

演習問題

下図に示すトランジスタ回路において、トランジスタのV_{CE}〔V〕の値を算出せよ。ただし、$V_{BE} = 0.7$〔V〕、直流電流増幅率＝200とする。

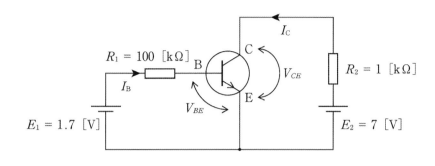

ポイント▶ トランジスタは数ある半導体の中でも、特に増幅機能の代名詞として市民権を得ている。増幅回路の基本となる電流の動きは、確実に理解しておきたい。

解　説

トランジスタ増幅回路の定番ともいえる、基本的な形をしています。電源から一周するルートが2つありますが、まずは、左下のルートに着目します。

トランジスタのB－E間の電圧V_{BE}は、設問の条件より0.7〔V〕です。電源電圧E_1が1.7〔V〕ですから、抵抗R_1にかかる電圧は、差引き1〔V〕です。

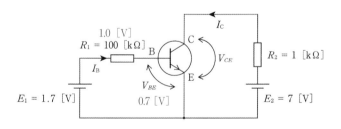

ここで、100〔kΩ〕の抵抗R_1に1〔V〕の電圧がかかっているので、R_1の中を流れる電流は、オームの法則から0.01〔mA〕と算出できます。

この0.01〔mA〕は、左下のルートを一周する電流です。当然にトランジスタのB－E間も通過します（I_{BE}）。

直流電流増幅率は、C－E間を通過する電流が、B－E間の電流の何倍になるかの倍率です。I_{CE}はI_{BE}の200倍なので、2〔mA〕となります。

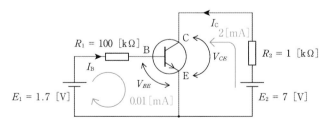

この2〔mA〕は右のルートを一周するので、抵抗R_2も通過します。したがって、R_2にかかる電圧は、オームの法則により2〔V〕です。

結論として、右ルートの電源電圧7〔V〕から差引いて、トランジスタのC－E間にかかる電圧V_{CE}は、<u>5〔V〕</u>となります。

（1級電気通信工事　令和2年午前　No.14）

〔解答〕　**5〔V〕**

3-14　各種回路①　［波形整形回路］

波形整形回路はダイオード等の半導体を用いることによって、入力されたパルス信号波形を整えたり、加工したりするための手段のこと。目的の違いによってクリッパ、リミッタ、スライサ等の種類がある。

演習問題　次の図に示す波形整形回路に正弦波を入力した場合の出力波形として、<u>適当なもの</u>はどれか。

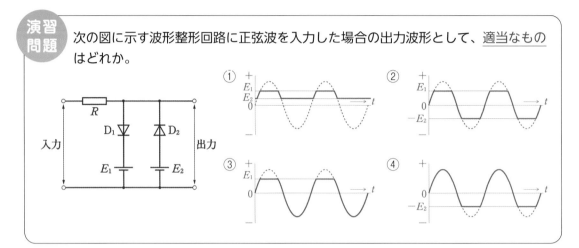

ポイント▶　ダイオードと直流電源とを組み合わせた回路によって、入力波形の頂上をカットしたり、ベース部を底上げする機能を持たせることができる。さらには、これらの回路を融合させることで、より複雑な波形の出力も可能となる。

解　説

まずは基礎の復習です。上ルートと下ルートとの間に短絡通路を設けて、ダイオード1個を配した回路を考えます。ダイオードは上向きとしましょう。前提条件として、出力端に接続された測定器よりも、ダイオードのほうが抵抗値は格段に低いとします。

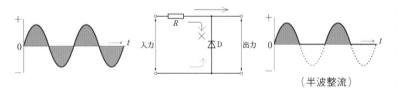

（半波整流）

ダイオードに逆らう向きには電流は流れません。したがって、上ルートの電流（赤）は、そのまま出力端へ向かいます。一方で、下ルートの電流（青）にはダイオードを通過する選択肢があります。

電流は抵抗値のより低い通路に流れますから、下ルートの電流はダイオードのほうに向かいます。その結果、出力端に波形は出現しません。このときの出力波形は、プラスだけが見える<u>半波整流</u>の形になります。

さて、応用的な内容に入っていきます。短絡通路に設けたダイオードに加えて、電池等の直流電源を挟みます。直流ですから、向きは重要です。まずは下がプラスになる配置を考えます。つまり、直流電源に対してダイオードが逆方向となっているつなぎです。

ダイオードと直流電源との位置関係は、問いません。大切なのはあくまで向きです。ここで

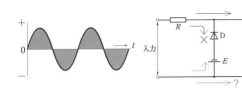 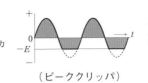

（ピーククリッパ）

上ルートの電流は、半波整流の場合と同様に、ダイオードで遮断されるため全てが出力端へ向かいます。

特殊な動きをするのは下ルートのほうです。こちらは電流がダイオード順方向となる短絡通路へ向かおうとしますが、逆向きに配置された直流電源が、この流れを妨げる働きをします。下ルートの電圧が直流電源 E〔V〕よりも低いときは、押し返されて短絡通路を進むことができません。結果として、右方の出力端に進むしかありません。

下ルートの電圧が E〔V〕を超えると、超えた分だけが短絡通路を突破できます。そのため、出力端には E〔V〕を超えた電圧分の波形は現れません。したがって回路の出力は、下ルートの波形の頂上（ピーク）だけがカットされた形となり、これを**ピーククリッパ**と呼びます。

このデバイスの組み合わせが、掲出の例題の左の短絡通路（D_1-E_1）と同じ条件となります（ただし、上下の向きは逆になっています）。

次に、直流電源の向きを逆にしたケースを考えます。上がプラスです。直流電源に対してダイオードが順方向となっているつなぎになります。

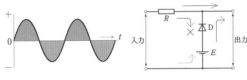 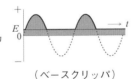

（ベースクリッパ）

まず下ルートの電流は、全てがダイオードの短絡通路へ向かいます。このとき直流電源の向きは同じですから、流れを妨げる要素は存在しません。これにより、出力端には波形は現れません。

しかし、上ルートは少々複雑です。半波整流の場合と同様に、全ての電流が出力端へ向かいます。さらに直流電源が上を向いているため、上ルートの出力端には、常に E〔V〕の分だけ電圧がかかっていることになります。

結果、この回路の出力は、上ルートの波形のベース部分が底上げされたもので、これを**ベースクリッパ**と呼びます。この組み合わせが、例題の右の短絡通路（D_2-E_2）の形です。

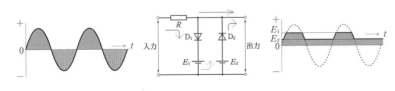

いよいよ本題です。例題の回路は、上記で説明したピーククリッパと、ベースクリッパとが、互いに相反する形で配置されているものとなります。

ピーククリッパは上下が逆に描かれていますから、波形を上下反転させて考えます。結論としては、ベースクリッパの波形から、ピーク部をカットした形が、全体的な出力波形となります。選択肢では、①が適当です。

（1級電気通信工事　令和1年午前　No.15）

〔解答〕　①**適当**

3-14　各種回路②　[発振回路]

> **演習問題**　下図のハートレー発振回路の原理図において、発振周波数 f が 100〔Hz〕の場合、コンデンサ C の静電容量の値を 36〔%〕減少させたときの発振周波数〔Hz〕の値を求めよ。
>
> 　ただし、発振周波数 f は次式で与えるものとし、コイル L_1 と L_2 および、その相互インダクタンス M の値は変化しないものとする。
>
> $$f = \frac{1}{2\pi\sqrt{(L_1 + L_2 + 2M)C}} \quad 〔Hz〕$$
>
>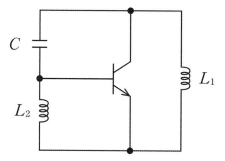

ポイント▶　ハートレー発振回路の、発振周波数に関する設問である。本問のような回路図を伴う計算問題に、アレルギー反応を示す受験者も少なくない。しかし条件をよく読むと、実はハードルの低い設問である。諦めることなかれ。

解　説

　まずは与式を眺めると、設問の条件から、分母のカッコの内側は変化しません。ここは計算に影響しない箇所になります。

　つまり、単純に静電容量 C の大きさのみによって、周波数 f が変化することがわかります。回路の図も、ほとんど気にする必要はありません。

　さて、コンデンサ C の静電容量が 36〔%〕減少とあります。したがって、元の静電容量と比較して、$0.64C$ に変化したものとして、与式に代入すればよいだけです。
　変化後の周波数を f' とすると、

$$f' = \frac{1}{2\pi\sqrt{(L_1 + L_2 + 2M)\,0.64\,C}} = \frac{1}{2\pi\sqrt{(L_1 + L_2 + 2M)\,\frac{64}{100}C}}$$

$$= \frac{10}{8 \times 2\pi\sqrt{(L_1 + L_2 + 2M)C}} = \frac{10}{8} \times f$$

$$= 1.25 \times 100 = 125 〔Hz〕$$

（1級電気通信工事　令和1年午前　No.16）

〔解答〕　**125〔Hz〕**

演習問題 下図に示す発振回路のブロック図に関する記述として、適当でないものはどれか。

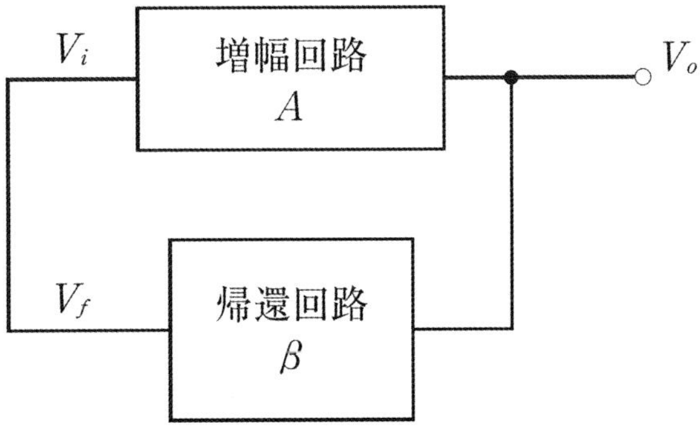

① 特定の周波数を発振させるには、帰還回路に周波数選択回路を入れて、単一周波数だけを帰還するようにする

② 増幅度 A の増幅回路と帰還率 β の帰還回路で構成された発振回路を発振させるための利得条件は、$A \cdot \beta \geq 1$ にする必要がある

③ 帰還回路をコイルLとコンデンサCで作る発振回路には、ハートレー発振回路がある

④ 増幅回路と帰還回路で構成された発振回路を発振させるための、帰還回路の出力 V_f と増幅回路の入力 V_i の位相条件は、逆位相にする必要がある

（図：V_i → 増幅回路 A → V_o、帰還回路 β → V_f）

ポイント▶ 発振回路を構築する際の、お馴染みの形である。回路に電圧をかけたときに生じるノイズ等を起源として、これを増幅し、必要とする周波数だけを抽出していく手順になる。ここでは特に、帰還回路の役割に注目したい。

解　説

増幅器は広い範囲のさまざまな周波数を増幅しますので、出力は広帯域の信号を含んでいます。そこで帰還回路にBPFの機能を持たせれば、希望する周波数のみを絞り取ることができます。

周波数選択回路は、BPFの役目を果たします。したがって、①は適当です。

発振の信号の源は電圧印加時のノイズ等なので、これらはすぐに減衰してしまいます。この微弱な信号が回路を循環しながら継続するためには、総合利得が1以上でなければなりません。

回路が2つ存在するので、総合利得は真数で見た場合の、両者の積になります。②も適当です。

発振回路は、コイルとコンデンサを用いたLC回路で作れることが知られています。特に有名なのが、ハートレー発振回路です。③も適当です。

名称は、発明者のラルフ・ハートレー氏の名前からとったものです。

増幅回路が吐き出した広帯域の信号の中から、希望の周波数だけを帰還回路で絞り込みます。これを増幅回路に戻して循環させて発振する仕組みです。

したがって、位相は当然に同位相でなければなりません。④は不適当です。

（1級電気通信工事　令和2年午前　No.16）

〔解答〕　④不適当 → 同位相とする

●COLUMN●

半導体のいろいろ

■ツェナーダイオードの例

■バラクタダイオードの例

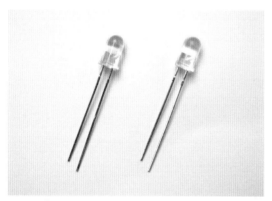

■発光ダイオードの例

■ホトダイオードの例

■トランジスタの例

■サイリスタの例

4章
着手すべき優先度❹
★★★
選択問題の領域

　引き続き4章も選択問題の領域である。選択制であるから苦手な設問は後回しとし、得意な問題から優先して取り組むとよいだろう。28問が出題されて、14問に解答。ジャンルの半分は逃げてよい問題と考えてよい。

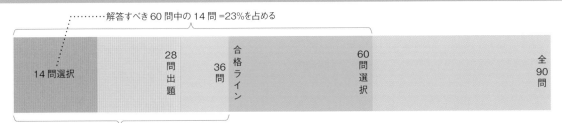

……………解答すべき60問中の14問＝23％を占める

| 14問選択 | | 28問出題 | 36問 | 合格ライン | 60問選択 | 全90問 |

合格に必要な36問中の14問＝39％を占める

　解答すべき全60問のうち、この14問は23％を占める。
　合格に必要な36問に対して14問は、39％を占めている。内容的には、技術系の応用問題が出題されるカテゴリである。とはいえ、設問自体はそれほど難解ではない。
　4章では、イメージ的には本書の約半分が理解できていればよい。不得意なジャンルに必要以上に時間をかけてはいけない。

4-1 放送① ［地上デジタルTV］

　一般的に電気通信は互いが送受信者となる相互通信のケースが多いが、テレビジョンは一方的に放送形式で送信するのみである。戦後復興の象徴ともいわれてきたが、広い電気通信産業の技術を俯瞰すると異色の存在である。

演習問題 我が国の地上デジタルテレビ放送に関する記述として、適当なものはどれか。

①一定の帯域でできる限り大きい伝送容量を確保するため、TC8PSK の変調が採用されている

②電波の反射等の妨害に強く、移動受信が可能なOFDM が採用されている

③ITU-T 勧告 J.83 Annex C による64QAM や256QAM の変調が採用されている

④影像信号の変調に振幅変調が採用され、音声信号の変調に周波数変調が採用されている

ポイント▶ デジタル伝送化された現行のテレビジョン放送では、アナログ時代にはなかった新技術を導入している。特に多重化によって、さまざまな付加価値を実現できるようになった。また、アナログ伝送での弱点も克服されている。

解　説

　TC8PSKは、BSやCS放送で用いる変調方式です。頭の「TC」は、Trellis Coded の略です。地デジ放送では使用していません。①は不適当です。

　ITU-T 勧告J.83 Annex Cは、デジタル有線テレビジョン放送の枠組みです。64QAMや256QAMの変調方式が用いられていますが、あくまで有線放送に関する規程です。③も不適当です。

　地デジ放送では、QPSK、16QAM、64QAMの各変調方式が採用されています。

　振幅変調（AM）や周波数変調（FM）は、アナログ伝送での概念です。デジタル放送とは関係ありません。④も不適当になります。

　一方で、多重化については、地上デジタルテレビ放送で採用されている方式はOFDMです。これは、ガードインターバルという時間的なクッションを設けているので、遅延波を許容できる仕組みとなっています。

■各放送媒体の主な変調方式

	地デジ放送	BS、CS放送	有線放送
変調方式	QPSK 16QAM 64QAM	BPSK QPSK 8PSK TC8PSK 16APSK 等	64QAM 256QAM

　これによって、電波が反射する等の環境でも、比較的安定して受信することができます。したがって、②が適当です。

(1級電気通信工事　令和3年午前　No.37)

〔解答〕　②適当

> **演習問題** 我が国の地上デジタルテレビ放送に関する記述として、<u>適当でないもの</u>はどれか。
>
> ① 1チャネルの周波数帯域幅6MHzを16等分したうちの13個のセグメントを組み合わせて、地上デジタルテレビ放送の信号としている
> ② 標準放送（SDTV）の場合は1チャネルあたり3本の放送が可能で、ハイビジョン放送（HDTV）の場合は1チャネルあたり1本の放送が可能である
> ③ 中継局も親局と同じ周波数を使って放送する単一周波数ネットワーク（SFN）の構築が可能である
> ④ データ放送では、コンテンツを記述する言語としてBMLが採用されている

ポイント▶ テレビジョン放送の変調方式は今世紀に入って大きな変革期を迎え、従来のアナログ方式は2012年3月に終了した。デジタル化は2003年12月から始まり、しばらくは両方式が並行して供給されて、移行期間を経ていた。

解　説

デジタル化されたテレビジョン放送の特徴の1つは、ハイビジョン放送が可能になったことです。ハイビジョン放送は走査線の数が1,125本となり、旧来の標準放送と比較して倍以上となっています。

つまり伝送すべき情報量が倍以上に膨れ上がったことによって、無線伝送の技術面では、多値化および多重化が要求されるようになりました。

1チャネルの帯域幅は、6MHzが割り当てられています。これを<u>14のマスに等分</u>します。そのうち1つはワンセグ放送への充当です。

そして12セグメントを、標準放送またはハイビジョン放送用に使用しています。両サイドの0.5セグメントは、隣の局と干渉を防ぐための、クッションの役割を持っています。したがって、①が不適当です。

■地デジ放送のセグメントの考え方

4セグメントで済む標準放送の情報量であれば、1チャネル幅で、3本の放送内容を収容することが可能です。一方のハイビジョン放送は12セグメントを必要とするので、収容できるのは1本だけです。②は適当です。

（1級電気通信工事　令和4年午前　No.37）

〔解答〕　①不適当 → 14等分

> 演習問題　我が国の地上デジタルテレビ放送に関する記述として、適当でないものはどれか。
>
> ① OFDMは、サブキャリア1本あたりの変調速度が低速であることや、ガードインターバルの挿入により、降雨減衰の影響を抑えることができる
> ② 1チャネルの周波数帯域幅6MHzを14等分したうちの13セグメントを画像、音声、データの情報伝送に使用している
> ③ マルチパス妨害に有効な周波数インタリーブと、インパルス雑音や移動受信で生じるフェージング妨害に有効な、時間インタリーブが採用されている
> ④ データ放送では、コンテンツを記述する言語としてBML（Broadcast Markup Language）が採用されている

ポイント▶ テレビジョン放送をデジタル化する際の課題は、伝送量の拡大のみではない。アナログ時代に露呈した懸念点や、技術的な弱点の克服も解決すべき命題であった。特に受信障害については、改善に向けて取り組みがなされた。

解　説

　地上デジタルテレビジョン放送では、多重化方式としてOFDMが採用されています。これは時間方向にも周波数方向にも、共にマスを切るものです。

　このマスに、圧縮された各情報を格納していきます。周波数方向のマスをサブキャリアといいますが、格納された情報は多値化されているので、オリジナルの情報と比較すれば高速です。

　また時間方向には、情報を格納するマスの他に、ガードインターバルというクッションを設けています。これは、電波の反射等によって、遅れて到着した信号を待つための工夫です。

　一方で、雨等の水分は電波の進行を妨げます。とはいえ、降雨減衰の影響を強く受けるのは、10GHz以上の高い

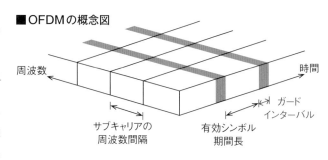

■OFDMの概念図

周波数／時間／サブキャリアの周波数間隔／有効シンボル期間長／ガードインターバル

周波数帯です。地デジが使うのはもっと低いUHF帯なので、あまり大きな減衰は受けません。

　なおかつ、ガードインターバルを設けても、降雨減衰の対策にはなりません。したがって、①が不適当です。

　インタリーブは、データを分散して配置することで、受信障害を低減する工夫のことです。部分的にデータが破壊されても、離れた位置のデータから、復元できる仕組みです。③は適当です。

　BMLは、デジタルテレビジョン放送における、コンテンツの記述言語です。地デジの他、BSやCS放送でも採用されています。④は適当です。

（1級電気通信工事　令和2年午前　No.37）

〔解答〕　①不適当

演習問題 我が国の地上デジタルテレビ放送の放送電波に関する記述として、適当でないものはどれか。

① 地上デジタルテレビ放送は、13～52チャネルの周波数（470 MHz～710 MHz）を使用している

② 地上デジタルテレビ放送の放送区域は、地上高10mにおいて電界強度が0.3 mV/m（50dBμV/m）以上である区域と定められている

③ 地上デジタルテレビ放送では、チャネルの周波数帯幅6MHzを14等分したうちの13セグメントを使用している

④ 地上デジタルテレビ放送でモード3、64QAMの伝送パラメータで単一周波数ネットワーク（SFN）を行った場合を考慮し、送信周波数の許容差は1Hzと規定されている

ポイント▶ テレビジョン放送は、かつてアナログ伝送を行っていた頃は、VHF（超短波）帯およびUHF（極超短波）帯の双方を用いていた。このうちVHF帯のチャネルは、デジタル化の際に全面的にUHF帯に移行されている。

解　説

　地上デジタルテレビジョン放送用として割り当てられている物理チャネルは、13ch（470MHz）～52ch（710MHz）までの40区分です。

　この合計240MHzの帯域幅を、40チャネルで分割することで、それぞれのチャネルには6MHzの帯域が確保されています。①は適当です。

　なお、旧来のアナログ放送時代に使われていたVHF帯の1ch～12chは、別の用途に活用することになっています。

　放送区域は、総務省令の「基幹放送局の開設の根本的基準」にて定義があります。この中で、テレビ放送については、以下のように規定されています。したがって、②の記述が不適当です。

旧アナログ放送 1～12ch／現行デジタル放送 13～52ch／90MHz～222MHz VHF／470MHz～710MHz UHF／300MHz

・地上10mの高さで、電界強度が1mV/m（60dBμV/m）以上である区域

　参考までに、V/mとdB V/mの関係ですが、ここでは1μV/mを0dbμV/mとおいた場合の換算値で表現されています。

　広範囲の放送エリアを持つ場合には、親局と中継局など、送信局を複数設けて対処します。この際に、各送信局が同一の周波数で運用できるようにした仕組みを、SFN（Single Frequency Network）といいます。

　電気通信技術審議会答申「デジタル放送方式に係る技術的条件」において、送信周波数の許容偏差は、1Hzと規定されています。④は適当。　　　（1級電気通信工事　令和1年午前　No.38）

〔解答〕　②不適当 → 1mV/m以上

4-1 放送② ［CATV］

> **演習問題** CATVシステムに関する記述として、<u>適当でないもの</u>はどれか。
>
> ①CATVシステムは、同軸ケーブルや光ファイバケーブルを使って、視聴者にテレビ信号を分配するシステムである
>
> ②CATVシステムのうち、ケーブルテレビ事業者と視聴者との間のネットワークは、一般的にリング状の構成をとっている
>
> ③ケーブルテレビ事業者は、地上デジタルテレビ放送や衛星放送の他、自主放送番組を加え多チャンネル化した上で配信している
>
> ④CATVシステムのネットワーク設備は、双方向通信機能を有する設備へと発展し、CATVシステムを活用したインターネット接続サービスも提供されている

ポイント▶ CATVは有線テレビジョン放送であり、Community Antenna TeleVision の頭文字をとったもの。広義には、有線によるテレビジョン放送全般を指す。ケーブルテレビの通称で呼ばれていることでも、お馴染みである。

解　説

　山間部や大きなビルの陰等では、放送の電波が届きにくい場合があります。この解決策として、地域が共同でアンテナを立て、有線で視聴者宅まで分配する仕組みがCATVの始まりです。①は適当です。

　CATVシステムは、光ファイバケーブルまたは同軸ケーブルを用います。接続構成は<u>SS方式</u>や、<u>PDS方式</u>の形をとることが多いです。一般的にリング方式は見られません。したがって、②が不適当です。

■共同受信の概念

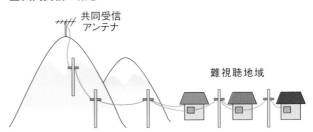

■リング方式とSS方式の例

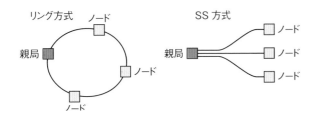

　不感地帯の補完のみならず、自主放送番組を提供する事業者も登場してきています。さらには回線を活用して、インターネット接続等の双方向通信へと発展しました。③と④は適当です。

（1級電気通信工事　令和1年午前　No.40）

〔解答〕　②不適当 → SSやPDS方式

演習問題 FTTH型CATVシステムに関する記述として、適当でないものはどれか。

①ネットワークの形態には、SS方式、PDS方式およびADS方式がある
②光ファイバを視聴者宅まで延伸することで、同軸ケーブルを用いるよりも高い周波数帯域までの伝送が可能となる
③PDS方式は、電源供給を受けて動作する多重化装置を光ファイバの分岐点に設置し、そこからスター状に複数の視聴者宅へ分配する方式である
④SS方式は、CATV局と視聴者宅との間を1対1で光ファイバにより接続する方式である

ポイント▶ FTTHとは、Fiber To The Homeの略である。親局からユーザ宅まで、光ファイバのみによって配線されている形をいう。CATVシステムに限ったものではなく、電話回線でも同様の形式が採用されている。

解 説

FTTHは、回線の全区間が光ファイバで構成されています。このうち、CATV局と視聴者宅との間を1対1で接続する形をSS方式といいます。

SSとは、Single Starの略で、あたかも星が輝くかのように広がる様子を表しています。④は適当です。

1対1で接続するSS方式に対して、途中で分岐して、1対多で接続されるスタイルもあります。PDSやADS方式と呼ばれます。①は適当です。

このうちADSは、分岐点で増幅を行うタイプです。これはActive Double Starの頭文字をとったもので、増幅を行うことから電源を必要とします。

■分岐を行う形式の例

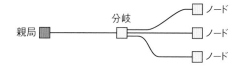

一方でPDSは、分岐点で増幅を行わない方式です。Passive Double Starの略です。到着した信号を単純に分岐するだけなので、<u>電源を必要としません</u>。したがって、③が不適当です。

（1級電気通信工事 令和4年午前 No.38）

CATV分岐分配器の例

〔解答〕 ③不適当 → 電源不要

> **演習問題** HFC型CATVシステムに関する記述として、適当でないものはどれか。
>
> ①HFC型CATVシステムは、同軸ケーブルシステムと光ファイバシステムを融合させたシステムである
> ②全区間が同軸ケーブルによるCATVシステムと比べ、光ファイバケーブルの利用により信号品質の向上を図ることができる
> ③全区間が同軸ケーブルによるCATVシステムと比べ、光ファイバケーブルの利用により増幅器の縦続接続段数を少なくできる
> ④屋外に電源を必要とする機器の設置が不要であるため、屋外機器への電源供給が必要なくなる

ポイント▶ HFC型システムとは、CATV回線網の接続形態の1つである。親局からユーザ宅に至る通信回線において、全区間を同一の伝送媒体で統一していない方式である。Hybrid Fiber Coaxialの頭文字をとったもの。

解　説

HFC型は、「ハイブリッド」の名称が示すとおり、より有利な方式を混在させた形です。具体的には、同軸ケーブルの一部区間を、光ファイバに置き換えたものです。①は適当です。

回線の全区間が同軸ケーブルになっていると、信号の減衰が大きく、増幅器が多く必要になります。また雑音も拾いやすくなってしまいます。

一部区間を光ファイバに置き換えることで、これらの改善が見込めます。②は適当です。

HFC型を採用することで、同軸ケーブルの区間が短くなります。この結果、増幅器の数を減らすことが可能になります。③は適当です。

光ファイバと同軸ケーブルとが接続されていることから、必ず変換点が必要になります。また、同軸区間の距離次第では、増幅器を設けるケースもあります。

これらは<u>電源がないと稼働しない機器</u>です。したがって、④の記述は不適当となります。

（1級電気通信工事　令和3年午前　No.38）

■HFC型の概要

同軸　同軸
光ファイバ
CATV局　変換器
増幅器　ユーザ宅

CATV増幅器の例

〔解答〕　④不適当 → 変換器や増幅器は電源必要

演習問題 デジタルCATVの受信機であるSTB（Set Top Box）に関する記述として、適当でないものはどれか。

① スクランブルの解除に使用されるCASカードを装着するための、CASカードインターフェースを装備している
② 地上デジタルテレビ放送、BSデジタル放送、110度CSデジタル放送は、パススルー方式で再放送された64QAMまたは256QAMの変調信号を受信する
③ 映像信号と音声信号をテレビにデジタルで出力するためのインターフェースには、HDMI端子がある
④ 受信信号は、チューナで選択された後、変調信号の復調、スクランブルの解除、希望番組の選択、映像復号処理および音声復号処理を行い、テレビに出力する

ポイント▶ STBは、さまざまな形式の放送を、一般のテレビ受像機で視聴できる信号に変換するチューナのこと。アナログ放送、地上デジタル放送の他、CATV放送、BSデジタル放送、CSデジタル放送のいずれにも対応している。

解　説

現代のテレビジョン受像機は、CASカードを挿入しないと試聴できないようになっています。これは各放送の著作権を保護したり、有料放送の課金管理を行うためです。①は適当です。

CATVの外部から取り入れた各放送を再放送する場合の手段は、パススルー方式ばかりとは限りません。**トランスモジュレーション方式**の場合もあり得ます。

また、各放送の多値化方式には、**PSKや16QAM**も採用されています。②は不適当です。

・パススルー　　　　　：ケーブルテレビで受信した電波をそのまま伝送する方式
・トランスモジュレーション：受信した電波をケーブルテレビに適した信号に変えて伝送する方式

CASカードの例

STBが受像機と別体式になっている場合には、接続のためのインターフェースが設けられています。ここには高速で劣化が少ない、HDMI端子が用いられています。③は適当です。

（1級電気通信工事　令和2年午前　No.39）

HDMI端子の例

〔解答〕　②不適当

4-1 放送③ ［符号化方式］

> **演習問題** 映像符号化方式に関する記述として、適当でないものはどれか。
>
> ①MPEG-2は、MPEG-4 AVC（H.264）より動画像情報の圧縮率が高い
> ②MPEG-4 AVC（H.264）は、地上デジタルテレビ放送のワンセグ放送で使われている
> ③HEVC（H.265）は、新4K8K衛星放送で使われている
> ④MPEG-2は、MPEG-1相当の低解像度からフルハイビジョン相当の高解像度までの動画像を扱う

ポイント▶ まず注意点として、MPEG-4とMPEG-4 AVCは異なるものである。前者は1999年の制定で、主に携帯電話での閲覧を目指したもの。後者は2003年に制定された規格で、大画面での高画質映像に対応したものである。

解　説

　MPEG-4 AVCは、携帯電話等の低速・低画質から、フルハイビジョン放送の大容量・高画質の動画まで、幅広い用途に用いられています。別名をH.264といいます。

　これより8年も前に制定された規格の<u>MPEG-2と比較</u>すると、<u>2倍近くの圧縮率</u>を誇ります。したがって、①は不適当です。

　同じ地上デジタル放送でも、固定テレビジョン受像機向けとワンセグ向けでは圧縮形式が異なります。前者にはMPEG-2が採用されていますが、後者はMPEG-4 AVC（H.264）です。②は適当です。

　動画像の表現では、たびたび「K」という記載が見られます。これは以下のように、水平方向の解像度を示しています。

　・1,280ピクセル　約1,000 ＝ 1K　ハイビジョン
　・1,920ピクセル　約2,000 ＝ 2K　フルハイビジョン
　・3,840ピクセル　約4,000 ＝ 4K　スーパーハイビジョン
　・7,680ピクセル　約8,000 ＝ 8K　スーパーハイビジョン

　4K8K衛星放送の圧縮形式は、HEVC（H.265）を用いています。なお、名称の頭の「新」は気にする必要はありません。③は適当です。

　MPEG-2は前身のMPEG-1をベースとしつつ、進化した規格です。MPEG-1相当の低解像度から、アナログテレビジョン放送、ハイビジョン、フルハイビジョン放送相当の高解像度まで、4種類のサイズに対応しています。

　やや古い形式でありながら、今日でも中軸的な役割を担っています。④は適当です。

　蛇足ですが、MPEG-3は欠番で使われていません。

（1級電気通信工事　令和3年午前　No.40）

〔解答〕　①不適当 → 低い

> **演習問題** HEVC（H.265）に関する記述として、<u>適当なもの</u>はどれか。
>
> ①HEVC（H.265）は、MPEG-2よりも先に国際標準化された映像符号化方式の規格である
> ②HEVC（H.265）で処理できるのは、最大でSDTV相当の解像度の動画像までである
> ③HEVC（H.265）は、我が国の地上デジタルテレビ放送のワンセグ放送に使われている
> ④HEVC（H.265）は、MPEG-4 AVC（H.264）よりも動画像情報の圧縮率が高い

ポイント▶ 音声や映像等のアナログ情報をデジタル化する手法は、時代とともに進化してきた。特に映像はデータ量が大きいため、圧縮効率を高める技術は、業界の各機関や企業がしのぎを削って開発してきた経緯がある。

解 説

このHEVCは、2013年に定められた標準規格です。一方のMPEG-2は1995年ですから、MPEG-2のほうが遥かに古いです。①は不適当です。

各規格が制定された年代は、下図を参照してください。

HEVCは、別名をH.265といいます。8Kスーパーハイビジョン相当の解像度まで対応可能な高規格となります。②も不適当となります。

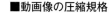
■動画像の圧縮規格

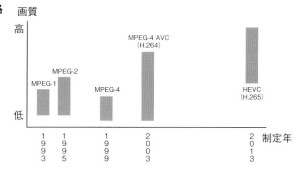

地上デジタル放送のうち、ワンセグ放送で採用されている圧縮形式は、MPEG-4 AVC（H.264）です。HEVCではありません。③も不適当です。

HEVCは、従来の形式より効率の優れた動画圧縮形式です。MPEG-4 AVCと比較すると<u>約2倍の圧縮効率</u>となります。したがって、④が適当となります。

（1級電気通信工事 令和4年午前 No.40）

〔解 答〕 **④適当**

> **?! 学習のヒント**
>
> MPEG：Moving Picture Experts Group
> HEVC：High Efficiency Video Coding
> AVC ：Advanced Video Coding

4-2 サーバ① ［RAID］

　ハードウェアの中でも、データの保存技術は特に重要な管理項目となる。ホスト側からの記録要求に対しては、単に完全性を確保するのみでは不十分である。処理の高速化や、障害発生時の復旧能力も性能を測る指標となる。

演習問題 複数のハードディスクを組み合わせて構成するRAIDに関する記述として、適当なものはどれか。

①RAID0は、2台のハードディスクに同じデータを記録する方式であり、1台のハードディスクが故障しても他の1台で継続して利用できるが、記録するデータよりも倍の記憶容量が必要となる

②RAID1は、複数のハードディスクにデータを分散して記録する方式であり、アクセスを高速化できるが、1台でもハードディスクが故障すると、データの読み書きができなくなる

③RAID4は、複数のハードディスクのうち1台をパリティ情報の記録に割り当て、残りの複数のハードディスクにデータをブロック単位で分散して記録する方式である

④RAID5は、複数のハードディスクにデータを分散して記録し、さらに複数の専用のハードディスクにハミングコードを分散して記録する方式である

ポイント▶ RAIDはその目的や構成の違いから、RAID0～6の区分が存在する。そして、これらの複数種を組み合わせることも可能である。そのため設備予算に応じて信頼性の向上や高速化等を、柔軟に検討しやすいのが特徴。

解　説

　2台のディスクを用いて、双方ともに同じデータを書き込む方式はRAID1です。ミラーリングともいい、ディスクに不具合が発生した場合でも、もう一方のディスクは正常にデータを保持しています。
　これによって耐障害性を高めて、信頼性を向上させることができます。①は不適当です。
　1台のホストコンピュータが、複数のディスクに対してデータを分散して記録する方式はRAID0です。こちらはストライピングと呼ばれ、データを並列に読み書きすることで、アクセスの効率を高めることができ、処理の高速化を図ります。②も不適当です。

　複数のハードディスクのうち、まず1台をパリティ情報の記録専用に割り当てます。残りのハードディスクに、データをブロック単位で分散して記録する方式は、RAID4です。したがって、③が適当です。
　なおブロック単位ではなく、ビット単位やバイト単位で記録する方式を、RAID3と呼びます。
　RAID5は、複数のハードディスクにデータを分散して記録します。その上で、複数のハードディスクにパリティを分散して記録する方式です。
　ハミングコードは用いていません。④は不適当です。

（1級電気通信工事　令和4年午前　No.32）

〔解答〕　③適当

🔍 さらに詳しく

RAIDには、以下のような構成の区分があります。

● RAID0 はストライピングとも呼ばれ、複数の
ディスクに分散してデータを書き込むことで、
アクセス性能を向上させることを目的としてい
ます。

● RAID1 はミラーリングと呼ばれます。同じデー
タを 2 台のディスクに書き込むことで、信頼性
を向上させます。実質的な記憶容量は全ディス
クサイズの半分となるので、利用効率は悪くな
ります。

● RAID2 は、データにエラー訂正用のハミング符
号を付加したものを、ストライピングで書き込
みます。信頼性の向上を目的とした方式ですが、
実用例は少ないようです。

● RAID3 は、データのエラー訂正用にパリティ
ビットを使用して、1 つのディスクをエラー訂
正符号の書き込み専用とする方式です。RAID4
は、概要は RAID3 とほぼ同じです。RAID3 で
ビット／バイト単位だったストライピングを、
RAID4 ではブロック単位で行います。
RAID3 も RAID4 も、どちらも実用例は多くな
いようです。

● RAID5 は、情報データとともにパリティビット
も各ディスクに分散して書き込む方式です。こ
れによって、特定のディスクに処理が集中する
ことを防ぐことができます。信頼性とアクセス
性能を、ともに高める方式です。

● RAID6 は、RAID5 をさらに強固にした方式です。
パリティビットは、算出方法の異なる 2 種類（P
と Q）を用意します。これを RAID 5 と同様に、
複数のハードディスクを跨ぐように格納してい
きます。これによって同時に 2 台のディスクが
故障した場合でも、残りのディスクからデータ
の復元が可能となります。

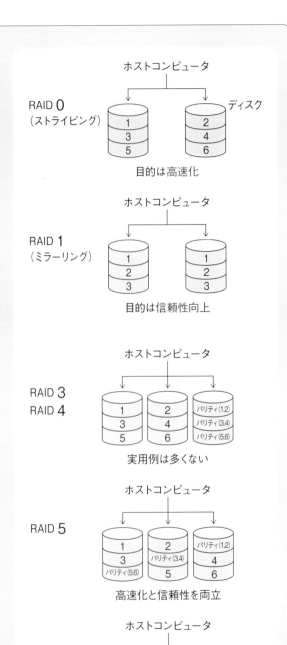

> **演習問題** ハードディスクの技術であるRAID5に関する記述として、<u>適当なもの</u>はどれか。
>
> ①複数のハードディスクにデータを分散して記録する方式であり、アクセスを高速化できるが、1台でもハードディスクが故障するとデータの読み書きができなくなる
> ②2台のハードディスクに同じデータを記録する方式であり、1台のハードディスクが故障しても他の1台で継続して利用できるが、記録するデータよりも倍の記憶容量が必要となる
> ③複数のハードディスクにデータとパリティ情報をそれぞれ分散して記録する方式であり、1台のハードディスクが故障しても残りのハードディスクのデータとパリティ情報から元のデータを復元できる
> ④複数のハードディスクのうち1台をパリティ情報の記録に割り当て、残りのハードディスクにデータを分散して記録する方式である

ポイント▶ RAIDは複数のディスクを組み合わせることで、これら全体を仮想的な1台のディスクとみなして運用する手法である。これにより比較的安価に、処理の高速化や信頼性の向上等を実現させることが可能となる。

解　説

　アクセスを高速化するために複数のハードディスクを用意し、データを分散して記録する方式は<u>RAID0</u>です。別名をストライピングともいいます。

　高速化のメリットは享受できますが、ディスクが1台でも故障すると、データの読み書きができなくなります。①の記載は不適当です。

　信頼性を高めるために、2台のハードディスクに対して同じデータを並列的に記録する方式は、<u>RAID1</u>です。別名としてミラーリングとも呼ばれます。

　1台のディスクが故障しても、他の1台で継続して利用できる利点がありますが、記録するデータの倍の記憶容量が必要となります。②も不適当です。

　複数のハードディスクにデータを分散して記録し、かつパリティ情報も分散して記録する方式が命題の<u>RAID5</u>になります。したがって、③が適当となります。

　この方式であれば、1台のディスクが故障した場合でも、残りのディスクのデータとパリティ情報から、元のデータを復元することが可能です。

　複数のハードディスクを用意して、1台をパリティ情報の記録のみに専用として割り当て、残りのディスクにデータを分散して記録する形もあります。

　RAID5に似ていますが、こちらは<u>RAID3または4</u>になります。パリティ情報を専用とするか、分散するかで方式が異なります。④は不適当です。　　　　　（1級電気通信工事　令和2年午前　No.36）

〔解答〕　③適当

> **演習問題** 2台のハードディスク（HDD）で構成したRAID1（ミラーリング）を2組用いて、RAID0（ストライピング）構成とした場合の稼働率を算出せよ。
>
> ただし、HDD単体の稼働率は0.8とし、RAIDコントローラ等HDD以外の故障はないものとする。

ポイント▶ 本例題のように、複数のRAID方式を組み合わせる形も見られる。こういったケースでは、内側に入るものと外側に位置するものとを、明確に把握しなければならない。これを誤ると、正しい稼働率の計算ができなくなる。

解　説

　全体の構成を整理します。まずミラーリングであるRAID1構成が置かれ、これを2組用意し、ストライピングであるRAID0のつなぎをとっています。

　ミラーリングは信頼性を高める手段なので、RAID1構成をとることによって稼働率は上昇します。具体的な計算は、故障率で考えたほうがスムーズに進みます。

　　故障率 ＝ 1 － 稼働率
　　　　　＝ 1 － 0.8 ＝ 0.2

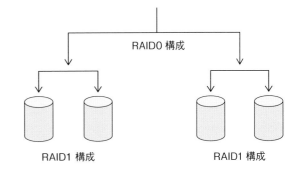

　つまり、ハードディスク1台あたりの故障率は0.2です。これが2台並列に接続されていますから、RAID1構成をとった2台全体の故障率は、

　0.2 × 0.2 ＝ 0.04

1台だった場合の0.2より、大幅に低減しています。

　これを稼働率に直すと、

　1 － 0.04 ＝ 0.96

1台だった場合の0.8より、格段に上昇しました。

　この稼働率0.96のディスク群を2組用いて、RAID0構成をとります。この場合は、0.96よりも稼働率は低下します。全体の稼働率は、

　0.96 × 0.96 ＝ 0.9216

と算出できます。

（1級電気通信工事　令和1年午前　No.32改）

〔解答〕 約0.92

4-2 サーバ②　［仮想化］

演習問題 サーバの仮想化技術に関する記述として、<u>適当でないもの</u>はどれか

①サーバの数を増やして処理を分散することにより、処理能力を上げる方法をスケールアップという

②仮想サーバで稼働しているOSやソフトウェアを停止することなく、他の物理サーバへ移し替える技術をライブマイグレーションという

③物理サーバのハードウェア上で、仮想化ソフトウェアを直接稼働させる方式をハイパーバイザ型という

④物理サーバのOS上で、仮想化ソフトウェアを動作させる方式をホストOS型という

ポイント▶ サーバ仮想化は仮想化ソフトウェアを用いて、1台の物理サーバをあたかも複数台のサーバであるかのように、論理的に分割して扱う技術である。それぞれにOSやアプリケーションを、個別に動作させることが可能である。

解　説

　サーバの仮想化は、下図のようなイメージになります。本来であれば用途ごとに個別に存在して稼働している各種の物理サーバを、1台のサーバ上に集約して、運用するものです。

　OSの種類が異なっていても、それを気にせずに収容できる利点があります。下図の右の例は、ハイパーバイザ型です。物理サーバ上で、仮想化ソフトウェアを直接稼働させる方式になります。③は適当です。

　サーバの処理能力（スケール）を向上させる方法は、1つではありません。サーバの台数を増やして分散処理を行い、システム全体の処理能力や可用性を高めることを「<u>スケールアウト</u>」といいます。

■サーバの仮想化

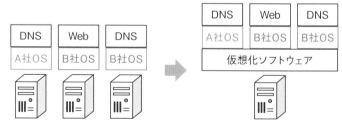

　例として、処理件数が100件／分だったシステムを2台化することで、200件／分を実現するような考え方です。

　一方で、サーバのCPUやメモリー等のハードウェアを高性能なものに置き換えて、処理能力を高めることを「スケールアップ」と呼びます。100件／分しか処理できなかった旧型システムに対して、ハードを高性能化して200件／分の処理ができるように改良したケースです。

　このように、スケールアップとスケールアウトは似ていて、名称も紛らわしいです。混同しないように注意しましょう。①が不適当です。

（1級電気通信工事　令和2年午前　No.34）

〔解答〕　①不適当 → スケールアウト

演習問題 仮想化技術に関する次の記述に該当する名称として、<u>適当なもの</u>はどれか。
「仮想マシンで稼働しているOSを停止させることなく、別の物理ホストに移動させる技術」
① クラスタリング
② オペレーティングシステム
③ ライブマイグレーション
④ パーティショニング

ポイント▶ 仮想化されたサーバ上では、複数の機能のアプリケーションが同時に運用されている。OSやアプリケーションに手を加える場合には、他機能への影響を考慮する必要があるが、ここではOSの移動に着目してみたい。

解 説

クラスタリングは、複数のコンピュータを結合して、あたかも1つのコンピュータであるかのように扱う技術のことです。つまり仮想化とは逆の概念です。

処理能力を集約して向上させたり、1台の故障時にも処理を継続できるバックアップとして用いたりします。したがって、①は不適当です。

オペレーティングシステムは、コンピュータのシステム全体を管理して、種々のアプリケーションソフトに共通する利用環境を整える、基本的なプログラム群です。

また、入出力機器や記憶装置等のハードウェア、およびファイルシステムの管理も合わせて行います。②も不適当です。

■ライブマイグレーションの概念

パーティショニングは、データベースにおいて、1つのテーブルデータを分割して管理する仕組みのことです。これを行うことで、巨大なデータを複数に分割して保存したり、運用することが可能になります。④も不適当です。

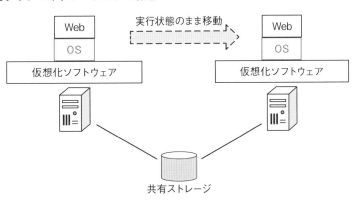

稼働中の仮想マシンを停止せずに実行したまま、別のホストやストレージへ移行させる機能は、<u>ライブマイグレーション</u>です。③が適当になります。　（1級電気通信工事　令和1年午前　No.36）

〔解答〕　③適当

4-3 IPアドレス [IPv4]

レイヤ3において、通信の相手方を区別する手段がIPアドレスである。IPv4の場合の IPアドレスは、8ビットからなるオクテット単位を4組連ねることで、全32ビットから 構成される。後継のIPv6では、一気に128ビットへと拡大された。

演習問題 IPv4アドレス「192.168.3.64/27」のネットワークで収容できるホストの最大 数として、<u>適当なもの</u>はどれか。

①27　　②30　　③62　　④254

ポイント▶ IPアドレスは、2つの要素から成っている。前方は所属するネットワークアド レスを示し、後方はそのネットワーク内での個別のホストアドレスを表す。本 例題は、両者の切り分けをサブネットマスクで定義した例である。

解 説

　IPアドレスが提示されているときに、ネットワークアドレスとホストアドレスとの境界の位置は、 どのように把握すればよいのでしょうか。

　これにはいくつか手段がありますが、その1つに「サブネットマスク」があります。これは、左から 何ビット目までがネットワークアドレスに該当するかを示しています。

　本設問は、IPアドレスを扱うものの中では、比較的ハードルが低い部類に入ります。掲示されてい るIPアドレスの、末尾の「/27」に着目します。

　これは「左から27ビット目までがネットワークアドレス」という意味です。つまり、27ビット目 と28ビット目の間が、アドレスの境界です。

　左から27ビット目までがネットワークアドレスなので、ホスト側で使用できるアドレスは、全32 ビットから27を引いた、残りの5ビットだけになります。

　2進数で表現した場合の、5ビット分の最大の情報は、「11111」になります。これを10進数に変換 します。

$$1 \times 1 = 1$$
$$2 \times 1 = 2$$
$$4 \times 1 = 4$$
$$8 \times 1 = 8$$
$$16 \times 1 = 16$$

　これらを縦に全て足すと、31です。つまり収容されるアドレスは、0 〜 31までの32個となります。 このうちの、頭と最後は特殊アドレスで使用できません。ゆえに、ホストに割り当て可能となるのは、 差引きの<u>30個</u>です。

　したがって、②が適当です。

(1級電気通信工事　令和3年午前　No.30)

〔解 答〕　②適当

> **演習問題** IPv4アドレスが「192.168.3.64」で、サブネットマスクが「255.255.255.224」のとき、このネットワークで収容できるホストの最大数を求めよ。

ポイント▶ ネットワークアドレスとホストアドレスとを、クラスによって区分する方式をクラスフル方式という。一方でクラスを用いずに、サブネットマスクで区分する形を、クラスレス方式という。本設問は後者である。

解　説

　前ページの例題と方向性は似ていますが、サブネットマスクの表現方法が異なります。これを解くためには、10進数から2進数への変換が必要です。

　まず10進数の「255」は、2進数で表すと「11111111」です。つまり8ビットのオクテット単位が、全て1で埋まっている状態です。これが3オクテット続いています。

　問題は第4オクテットの224です。これを、それぞれの位置のビットが意味する128、64、32、16、8、4、2、1を順に引き算していきます。

　題意の224から順番にこれらの数値を引いていき、引ければ当該位置のビットに1を立てます。そして引いた残りは、右へスライドして、次の数値を引きます。

　これを、残りが0になるまで繰り返していきます。引いて負になる場合は、引かずに0を立てて次に進みます。

　　224 – 128 ＝ 96 よって引けるので、1ビット目は1
　　96 – 64 ＝ 32 よって2ビット目も1
　　32 – 32 ＝ 0 よって3ビット目も1

　残りが0のため、これ以上は引けなくなりました。これにより10進数の「224」は、2進数に変換すると「11100000」になることがわかりました。

　サブネットマスク全体を見ると、8×3＋3＝27となり、左から27ビット目までがネットワークアドレスです。残った右寄りの5ビットがホストアドレスとなります。

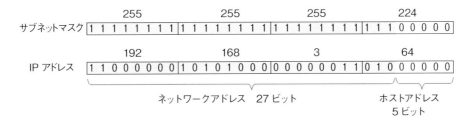

　ここで、前ページの例題と同一の条件になることがわかります。つまり、サブネットマスク「255.255.255.224」と、「/27」は同じ内容を意味します。

　したがって、収容ホスト数は**30個**となります。

（1級電気通信工事　令和3年午前　No.30改）

〔解答〕　**30個**

4-4　光ファイバ伝送①　[特徴・性質]

有線通信回線の王道は、光ファイバ伝送線路である。メタル回線と比較して高速で長距離の伝送が可能であり、外部からのノイズにも強い。LAN配線からユーザ宅配線、あるいは拠点間の長距離伝送まで、用いられる範囲は広い。

演習問題　光ファイバ通信技術を用いた伝送システムに関する記述として、適当でないものはどれか。

① 電気エネルギーを光エネルギーに変換する素子には、発光ダイオードと半導体レーザがある

② 光ファイバ増幅器は、光信号のまま直接増幅する装置である

③ 光送受信機の変調方式には、電気信号の強さに応じて光の強度を変化させるパルス符号変調方式がある

④ 光ファイバは、コアと呼ばれる屈折率の高い中心部と、それを取り囲むクラッドと呼ばれる屈折率の低い外縁部からなる

ポイント▶　光伝送では、送信方で電気信号を光信号に変換する。これを変調という。受信方では到着した光信号を電気信号に戻す逆変換が行われる。これが復調である。

解　説

「半導体レーザ（LD）」は、電気信号を光信号に変換する発光素子です。原理的には発光ダイオードと同じPN接合で構成されており、N型とP型の両半導体の間に非常に薄い発光層（活性層）を挟んでいます。この半導体PN接合に順バイアス電圧を加えたとき、発光層から光信号が出力されます。

光ファイバ線路が長距離となる場合には、信号の劣化が懸念されます。したがって伝送線路の途中に中継点を設けて、増幅を行うことになります。従来はいったん電気信号に戻した上で、パルスを成形した後、再び光信号に変換する再生中継方式が主流でした。

この方式では、処理にあたって少なからず遅延が発生します。そのため、光信号をそのまま増幅できる光ファイバ増幅器に移行しつつあります。

変調にあたって電気信号の強さに応じて光の強度を変化させる方式は、**強度変調**です。パルス符号変調（PCM）方式はアナログ信号をデジタル信号に変換する手段であり、ここでは関係ありません。③が不適当です。

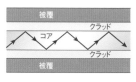

光ファイバの物理的な構造は、屈折率の違いにより2種類に分かれます。中心部は屈折率が高くコアと呼ばれ、それを取り囲む外縁部は屈折率が低いクラッドと呼ばれる領域です。この屈折率の差を利用して光信号は全反射を起こし、コアの中を進んでいきます。

（2級電気通信工事　令和1年前期　No.13）

〔解答〕　③ 不適当 → 強度変調

演習問題 光変調方式に関する記述として、適当でないものはどれか。

① 直接光変調方式は、送信信号で半導体レーザからの光の位相を変化させる変調方式である

② 直接光変調方式は、構成が簡単で、小型化も容易、コスト低廉である等の特徴を有する変調方式である

③ 外部光変調方式は、半導体レーザからの無変調の光を光変調器により送信信号で変調を行う方式である

④ 外部光変調方式には、電気光学効果による屈折率変化を利用する方式と、半導体の電界吸収効果による光透過率の変化を利用する方式がある

ポイント▶ 光ファイバ通信を行うにあたっては、電気信号を光信号に変換する必要がある。これが変調である。この信号変換の方式には、直接変調方式と外部変調方式の2種類がある。それぞれがどういった性質なのかに着目したい。

解 説

電気信号から光信号に変換する際の信号変換の方式には、直接変調方式と外部変調方式の2種類があります。まずはLD（Laser Diode）と呼ばれる半導体レーザがあり、ここが光源としてベースとなる光レーザを出力します。この考え方はどちらの方式も同じです。

直接変調方式は、電気信号である送信信号のビットによって、半導体レーザに電圧を印加します。それにより、変調はオンかオフのどちらかで表現するシンプルな形となり、あたかもレーザが点滅しているかのような振る舞いをします。これは振幅を変化させる強度変調に分類されます。この方式では、位相を変化させることはできません。①が不適当です。

この直接変調方式は構造をシンプルにできる特徴がありますが、高速の変調には適さない欠点があります。高速の変調を行うとレーザ光の波長が変動してしまい、伝送距離が制限されることになります。②は適当です。

一方の外部変調方式は、光源である半導体レー

■直接変調方式　　　　■外部変調方式

ザの光出力を変調器において電気信号と合成する方式です。半導体レーザは単一の光信号を常時発信し続けていて、変調器の部分で振幅や位相を変化させています。③は適当。

こちらは構造がやや複雑で大型になりますが、高速の変調に適しているという利点があります。変調の際の波長変動が少なく、直接変調方式と比べてより長距離の伝送が可能となっています。

外部変調方式には、電気光学効果によるものと、半導体の電界吸収効果によるものがあります。電気光学効果は別名をポッケルス効果ともいい、屈折率の変化を利用するものです。光信号の振幅を変化させる強度変調（IM）の他、位相変調（PSK）を行うこともできます。④も適当。

〔解 答〕 ①不適当 → 強度変調のみ

> **演習問題** 光ファイバの種類・特徴に関する記述として、適当でないものはどれか。
>
> ①光ファイバには、シングルモード光ファイバとマルチモード光ファイバがあり、伝送損失はシングルモード光ファイバのほうが小さい
> ②長距離大容量伝送には、マルチモード光ファイバが適している
> ③マルチモード光ファイバには、ステップインデックス型とグレーデッドインデックス型の2種類がある
> ④シングルモード光ファイバは、マルチモード光ファイバと比べてコア径を小さくすることで、光伝搬経路を単一としたものである

ポイント▶ 光ファイバは、大きく分けて2つのモードに分類できる。シングルモード（Single Mode Fiber）とマルチモード（Multi Mode Fiber）の2種類である。

解　説

単一の光信号が、コアの中を一直線に進むものを「シングルモード」といいます。反射を起こさずに一直線に進ませるため、コア径は約9μmと非常に細いです。

一方で、複数の光信号がコアとクラッドの境界面で反射を繰り返しながら進むタイプを、「マルチモード」と呼びます。こちらは意図的に反射を起こさせるためにコア径が太く、約50μmまたは62.5μmの2種類があります。どちらのモードでも、クラッドの外径は125μmで同じです。④は適当です。

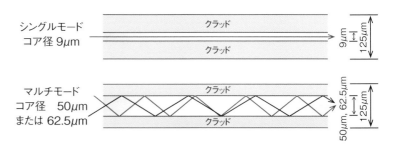

上図に示す通り、シングルモード光ファイバは反射をせずに一直線に進んでいきます。つまり反射損がないため、マルチモード光ファイバと比べて伝送損失は小さくなります。①も適当。

ゆえに、長距離の伝送にはシングルモード光ファイバのほうが向いています。標準的な伝送距離はマルチモードが2km程度なのに対し、シングルモードは約40kmと圧倒的です。②が不適当です。

マルチモード光ファイバの中にもいくつかの種類があります。大別すると「ステップインデックス型（SI）」と「グレーデッドインデックス型（GI）」の2種類です。③は適当。

（2級電気通信工事　令和1年前期　No.15）

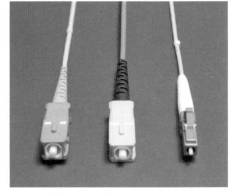

モードは被覆の色で判別できる。シングルモード光ファイバ（左）の被覆は黄色となっている。

〔解答〕　②不適当

演習問題 光ファイバ接続に関する次の記述に該当する接続方法として、<u>適当なもの</u>はどれか。

「接続部品のⅤ溝に光ファイバを両側から挿入し、押さえ込んで接続する方法で、押え部材により光ファイバ同士を固定する。」

①融着接続
②メカニカルスプライス
③接着接続
④光コネクタ接続

ポイント▶ 低損失で長距離大容量の伝送が実現できる等利点の多い光ファイバであるが、必ずしもメリットばかりではない。弱点の1つが接続部の処理である。簡単な手持ち工具で圧着処理ができるメタルと違い、光ファイバの接続は奥が深い。

解　説

　光ファイバの接続技術は、大きく分けると「永久接続」と「着脱可能な接続」とに分類できます。永久接続はいったん接続処理を施すと切り離すことができない接続方法で、融着接続やメカニカルスプライスが該当します。

　一方の着脱可能な接続としてはコネクタ接続が該当し、運用の切り替えや保守等で回線を物理的に切り離す箇所に用いられます。

・永久接続 → 融着接続、メカニカルスプライス
・着脱可能 → コネクタ接続

メカニカルスプライス（手前）と組立治具

　「融着接続」は、接続したい心線同士を突き合わせて、端面を加熱溶融することで物理的に固着させるもの。作業は手持ちの工具では不可能で、専用の融着接続機を用いて行います。また、接続箇所では若干の伝送損失が発生します。①は不適当です。

　題意の接続方法は、「<u>メカニカルスプライス</u>」です。電源や接着剤を必要とせずに、比較的簡単に施工できます。ただし、近年はあまり用いられなくなってきています。②が適当となります。

　「コネクタ接続」は、文字通り光ファイバの端部にコネクタを取り付けて、コネクタ同士の着脱を行うものです。着脱を短時間で行える利点がありますが、伝送ロスは比較的大きいです。④は不適当です。

（2級電気通信工事　令和1年後期　No.15）

〔解答〕　②**適当**

4-4 光ファイバ伝送② ［損 失］

> **演習問題**　光ファイバの光損失の要因であるマイクロベンディングロスに関する記述として、適当なものはどれか。
>
> ①光ファイバを接続する場合にコアどうしが完全に均一に接続されない場合、一方のコアから出た光の一部が他方のコアに入射できず、放射されて生じる損失である
> ②光ファイバのコアとクラッドの境界面の凹凸により光が乱反射され、光ファイバ外に放射されることにより生じる損失である
> ③光ファイバに側面から不均一な圧力が加わると、光ファイバの軸がわずかに曲がることで生じる損失である
> ④光ファイバ中を伝わる光が外へ漏れることなしに光ファイバ材料自身によって吸収され、熱に変換されることによって生じる損失である

ポイント▶　光ファイバの長所として伝送損失が少ないことが挙げられるが、これはあくまでメタル回線と比較した場合の話である。光ファイバといえども伝送損失はいくつかの種類が存在し、波長（周波数）によって損失量が変わる要素もある。

解　説

接続する際に、ファイバのコアどうしが完全に均一に接続されないケースが想定できます。これによって、一方のコアから出た光の一部が他方のコアに入射できずに、放射されて生じる損失は、接続損失のうちの軸ずれに該当します。

したがって、①は不適当です。

製造時に、コアとクラッドの境界面に凹凸ができる場合があります。この凹凸で光が乱反射してしまい、光ファイバ外に放射されることにより生じる損失は、構造の不均一性による散乱損失といいます。②も不適当です。

■ファイバにかかる外圧

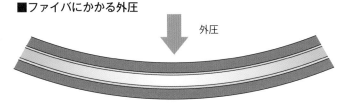

外圧

ファイバ中を伝わる光が外へ漏れることなく、光ファイバの材料自身によって吸収されることがあります。これにより、エネルギーが熱に変換されることによって生じる損失は、吸収損失と呼ばれます。④も不適当です。

マイクロベンディングロスは、**曲がり損失**の一種です。ファイバに対して側面から不均一な圧力が加わった場合に、ファイバの軸がわずかに曲がって発生する損失のことです。③が適当になります。

（1級電気通信工事　令和3年午前　No.17）

〔解答〕　③適当

演習問題 光ファイバの損失要因であるレイリー散乱損失に関する次の記述の ☐ に当てはまる語句の組み合わせとして、適当なものはどれか。

「レイリー散乱損失は、光ファイバの屈折率のゆらぎにより生じる損失であり、その大きさは波長の (ア) 乗に (イ) する。」

（ア）　　　　（イ）
① 2　　　　 比例
② 2　　　　 反比例
③ 4　　　　 比例
④ 4　　　　 反比例

ポイント▶ 光ファイバ通信における損失要因にはさまざまなものが存在するが、本問は特にレイリー散乱損失に着目したものである。レイリー散乱とはどのような事象によって起因し、そしてどの波長に影響を与えるのか、把握しておきたい。

解　説

レイリー散乱は、光がその波長よりも十分小さな微粒子に当たったときに、その光がさまざまな方向に散乱する現象のことです。発見者であるイギリスの物理学者レイリー氏にちなんで、この名称がつけられました。

この散乱は気体、液体、固体のどの状態でも発生します。一般的には、空が青く見える要因として説明されるケースが多いです。

さて、固体である光ファイバ中を伝送する光信号についてもこのレイリー散乱が発生するため、散乱によるエネルギー損失を考慮する必要があります。

石英系の光ファイバの製造過程において、溶融状態のガラス材料には熱的なゆらぎが生じます。このゆらぎを残したまま冷却、そして固化すると、コアの中の屈折率が均一になりません。屈折率に微少な変化（ゆらぎ）が生じることによって光が不規則に散乱してしまい、損失となります。

レイリー散乱による損失の大きさは、光波長の**4乗に反比例**します。つまり伝搬する光の波長が短くなるにしたがって、光損失は急激に増大します。そのため実際の光ファイバ通信では、レイリー散乱損失の影響が少ない $1\mu m \sim 1.675\mu m$ というわずかな帯域の波長を用いています。

なお、波長の4乗に反比例とは、すなわち周波数の4乗に比例すると同意です。

（1級電気通信工事　令和2年午前　No.17）

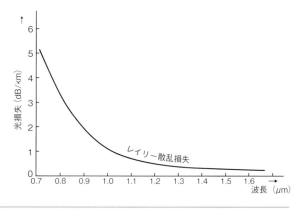

■レイリー散乱の損失特性

〔解答〕　④適当

4-5　無線伝送①　[受信電力]

電波は直接目には見えないから、空間の中をどのように進行しているかを把握するのは容易ではない。そのような状況であっても、電界強度の解析や経験値によって、より効率のよい伝送手段が模索されてきた。

演習問題
マイクロ波通信を行う無線局であるA局とB局の間において、A局から送信機出力1〔W〕で送信したときのB局の受信機入力電力〔dBm〕の値として、<u>適当なもの</u>はどれか。

ただし、A局の送信空中線およびB局の受信空中線の絶対利得はそれぞれ35〔dBi〕、A局における送信空中線から送信機までの給電線の損失およびB局における受信空中線から受信機までの給電線の損失はそれぞれないものとし、A局とB局の間の自由空間基本伝搬損失は120〔dB〕とする。

① -160〔dBm〕　　② -90〔dBm〕　　③ -20〔dBm〕　　④ 80〔dBm〕

ポイント▶
送信機から発せられた電波が、伝送路を経由して、受信機に入力された際の電力を問う例題である。特にマイクロ波通信に限ったものではない。一見ハードルの高い設問に思えるが、コツをつかめば難易度は高くない。

解　説

まず送信機の出力が電力の数値〔W〕で記載されているのに対して、ゴールである受信機の入力電力は〔dBm〕で表現されています。

これはどちらかに統一しないと、計算を進められません。最終的な選択肢が〔dBm〕ですから、ここでは送信機出力〔W〕を〔dBm〕に変換したほうが合理的です。

前提条件の記載がないのでわかりにくいですが、一般的には、<u>1〔mW〕を0〔dBm〕と置く</u>ケースが多いです。なお、〔dB〕の後ろに付くmやi等の記号は、気にしなくてよいです。

$1〔W〕 = 1000〔mW〕 = 10^3〔mW〕$

これをdBmに換算します。電力ですから頭の係数は10倍です。

$10 \log 10^3 = 3 \times 10 \times 1 = 30〔dBm〕$

送受信局間の全体像は、右図のようになります。後は単純な足し算です。

受信機の入力電力は、

$+30 + 35 - 120 + 35 = \underline{-20〔dBm〕}$

したがって、③が適当です。

（1級電気通信工事　令和4年午前　No.26）

〔解答〕　③適当

演習問題
自由空間上の距離 d ＝ 25〔km〕離れた無線局 A、B において、A 局から使用周波数 f ＝ 10〔GHz〕、送信機出力 1〔W〕を送信したときの B 局の受信機入力〔dBm〕の値を算出せよ。

ただし、送信および受信空中線の絶対利得は、それぞれ 40〔dB〕、給電線および送受信機での損失はないものとする。

なお、自由空間基本伝搬損失 L_0 は、次式で与えられるものとし、d は A 局と B 局の間における送受信空中線間の距離、λ は使用周波数の波長であり、ここでは π ＝ 3 として計算するものとする。

$$L_0 = \left(\frac{4\pi d}{\lambda} \right)^2$$

ポイント▶
前ページの例題と同様に、マイクロ波を使用した無線通信回線における電力の計算である。こちらは伝送路での損失が条件として示されておらず、公式から算出しなければならない。ややハードルが高い設問である。

解 説

まず、送信機の出力 1〔W〕を〔dBm〕に換算するプロセスは、全問と同じですから、30〔dBm〕です。

次に、空間上の伝送路において、電波が伝播する際の損失を計算しなければなりません。掲示されている公式には波長（λ）がありますが、これは周波数から求める必要があります。

$$\lambda = \frac{300 \times 10^6}{f} = \frac{300 \times 10^6}{10 \times 10^9}$$
$$= 30 \times 10^{-3} \,〔m〕$$

これを与式に代入して、

$$L_0 = \left(\frac{4\pi d}{\lambda} \right)^2 = \left(\frac{4 \times 3 \times 25 \times 10^3}{30 \times 10^{-3}} \right)^2$$
$$= (10^7)^2 = 10^{14}$$

この数値は真数なので、dB に換算します。電力ですから頭の係数は 10 倍です。
$10 \log 10^{14} = 14 \times 10 \times 1 = 140〔dB〕$

これでお膳立てが整いました。送受信局間の全体像は、右図のようになります。

受信機の入力電力は、
＋ 30 ＋ 40 － 140 ＋ 40 ＝ **－30〔dBm〕**
と算出できます。

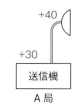
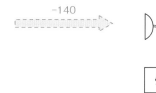

（1 級電気通信工事　令和 1 年午前　No.8 改）

〔解答〕　－30〔dBm〕

4-5　無線伝送②　［ダイバーシティ］

演習問題　移動通信システムで用いられるダイバーシティ技術に関する記述として、適当でないものはどれか。

①CDMAは、1つの周波数を複数の基地局が共有しているため、周辺の基地局で受信される信号を利用する時間ダイバーシティ受信により回線の信頼性を高めている

②2つ以上の周波数帯域を使用するキャリアアグリゲーションは、通信速度の向上だけでなく、通信が安定する周波数ダイバーシティ効果も得られる

③複数の伝搬経路を経由して受信された信号を最大比合成するRAKE受信は、パスダイバーシティ効果が得られる

④偏波ダイバーシティは、直交する偏波特性のアンテナを用いて、受信した信号を合成することにより電波の偏波面の変動による受信レベルの変動を改善する

ポイント▶　ダイバーシティとは、無線伝送において複数の手段を組み合わせることで、互いの補完や信頼性の向上を図る工夫のことである。ダイバーシチと表現される場合もあるが、単に発音の問題であり、どちらも同じものを指している。

解　説

　これらはダイバーシティの効果に関する設問です。掲出の例題では特に移動通信システムに限定していますが、ここではもっと広義に扱い、無線伝送の一般論として解説します。

　まず選択肢①ですが、複数の受信局で受信された信号を合成したり補完したりする手法は、時間ダイバーシティではありません。これはルートダイバーシティに近い概念です。

　時間ダイバーシティは、同一の信号を**時間をずらして2回以上送信**することで、信頼性を向上させる仕組みです。リアルタイム性が要求されず、極めて高い情報の精度が求められる場合に用いられる手法です。①は不適当です。

　周波数ダイバーシティとは、送受信局の間で複数の周波数帯を用いて、それぞれに同一の信号を載せる手法のことです。これにより、1つの周波数帯がフェージング等の影響によって受信が困難な場合でも、もう1つの離れた周波数帯で安定的に受信することが可能になります。

　欠点としては、無線設備がそっくり2式必要になるため、高価になってしまうことです。

　キャリアアグリゲーションは、主に携帯電話システムにおいて、複数の周波数帯を用いて伝送を行う仕組みのことです。周波数ダイバーシティと似ていますが、それぞれの周波数帯には、異なる信号を載せています。信頼性の向上ではなく、あくまで通路を広くして伝送する情報量を増やすための技術です。

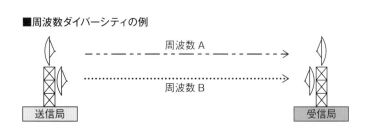

■周波数ダイバーシティの例

ただ、一方の周波数帯に不安定な現象が現れた場合に、もう一方の周波数帯にて補完する形をとることで、結果的に周波数ダイバーシティと同じ効果をもたせることが可能になります。②は適当です

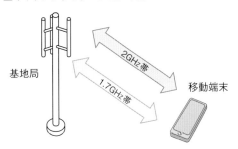

■キャリアアグリゲーションの例

2GHz帯
1.7GHz帯
基地局
移動端末

無線伝送では、無秩序な反射を行い、複数の経路を通過して進行します。その結果、受信局では同一の信号がいくつもの時間差をもって到着することになります。これをマルチパスといいます。RAKE受信は、これらの時間差をもった受信波を、信号の位相を揃えて合成する方法です。

「RAKE」とは「熊手」という意味で、あたかも熊手のように少し離れたデータをつなぎ合わせる技術のことです。この技術を応用した伝送方式を「パスダイバーシティ」といい、主にCDMAにて採用されています。③も適当。

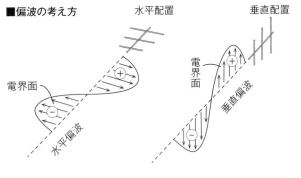

■偏波の考え方

水平配置　　垂直配置

電界面

水平偏波

電界面

垂直偏波

偏波とは、送信空中線から放たれた電磁波の、電界が振動する方向のことです。別の表現をすると、電界面が作る正弦波の位置とも表せます。例えば八木アンテナが寝ている状態（右図の左）では、電磁波の電界面は水平になり、これを水平偏波といいます。逆にアンテナが立っていれば（同右）、偏波面は垂直になります。

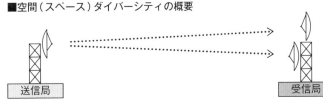

■空間（スペース）ダイバーシティの概要

送信局　　　　　　　受信局

これらの2つの偏波が互いに直角に配置されるような特性の空中線を用いて、同一の周波数で2つの伝送手段を設けることが可能です。このとき、この2つの偏波とも同一の信号を送受信し、相互に補完する形をとる技術のことを偏波ダイバーシティといいます。④も適当。

ダイバーシティには、実にさまざまな手法が存在します。この中でも、最も扱いやすくポピュラーなものとして、空間ダイバーシティが挙げられます。これは受信方の空中線を複数用意し、空間的に少し離した位置に置きます。これによって、大地反射波等の位相のズレによる受信電界の低下を低減することが可能となります。

（1級電気通信工事　令和1年午前　No.24）

空間（スペース）ダイバーシティの例

〔解答〕　①不適当

4-6 ディスプレイ ［仕様］

ディスプレイは、かつてはCRT形が一般的であり、緑色の単色表示からカラー表示へと進化してきた。液晶形は1960年代には発明されていたが、ノートPCに採用されたのが80年代末頃。広く普及したのは90年代後半である。

演習問題 液晶ディスプレイに関する記述として、<u>適当でないもの</u>はどれか。

① 液晶ディスプレイは、液晶を透明電極で挟み、電圧を加えると液晶の分子配列が変わり、光が通過したり遮断されたりする原理を利用している

② カラー表示は、透明電極の外側に取り付けたカラーフィルタにより、画素ごとにRGBの三原色を作ることで行う

③ IPS方式は、電圧をかけない状態では液晶分子はねじれているが、電圧をかけると液晶分子のねじれがなくなることを利用するものであるが視野角が狭い

④ 液晶自体は発光しないため、LEDや蛍光管によるバックライトから放出された光が液晶を通過することで、文字や画像を表示させる

ポイント▶ 液晶とは、液体と結晶（固体）の両方の文字からとった略称であり、両者の中間的な性質を持っている。液晶ディスプレイを表示する基本的な仕組みは、これら液晶の配列によって、光の通過を制御する方式である。

解　説

まず基本構造として、透明な電極に挟まれた液晶の層があります。一般的なTN方式の液晶ディスプレイは、電圧をかけない状態では、右図のように液晶が捻じれた形で並んでいます。

左の偏光板で縦に細くスライスされた光を、入射させます。この光は液晶の層の中で90度に捻じ曲げられ、右の偏光板をすり抜けるので、画面が点灯しているように見えます。④は適当です。

一方で、透明電極に電圧を印加すると、液晶は一直線上に配列を変えます。この結果、左から入射した縦長の光はそのまま進んでしまい、右の偏光板をほとんど通過できません。

つまり、画面が消灯しているように見えます。①も適当。

IPS方式の液晶ディスプレイは、構造が異なります。TN方式の液晶ディスプレイの弱点だった視野角の狭さが、大幅に改善されました。

したがって、③が不適当です。　　（1級電気通信工事　令和2年午前　No.41）

■液晶ディスプレイの概略図

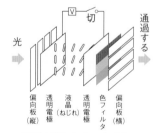

電圧を印加しないと点灯

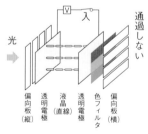

電圧を印加すると消灯

〔解答〕　③不適当

演習
問題 　ディスプレイに関する記述として、適当でないものはどれか。

①液晶ディスプレイは、液晶を透明電極で挟み、電圧を加えると分子配列が変わり、光が通過したり遮断されたりする原理を利用している

②有機ELディスプレイは、キセノンガス等のガスが封入された微小空間で放電によりガスがプラズマ状態となり、紫外線が発生し、その紫外線を蛍光体に当てて可視光を発生させる

③液晶ディスプレイは、液晶自体は発光しないため、LEDや蛍光管によるバックライトから放出された光が液晶を通過することで、文字や画像を表示させる

④有機ELディスプレイは、液晶ディスプレイよりも薄型化が可能である

ポイント▶ 　一口に液晶ディスプレイといっても、大きくTN方式、VA方式、IPS方式の3種類に分類できる。これらを包括して、TFT液晶とも呼ばれる。また、近年になって急速に普及してきたものに、有機ELディスプレイがある。

解　説

　有機ELディスプレイは、液晶ディスプレイと比較すると省電力であり、画質も優れている利点があります。特に黒色を美しく表現できることが特徴です。

　一方でデメリットも多く、まずは製造コストの高さが目立ちます。その他にも製品寿命が短い、あるいは画面に跡が残る「焼き付き」現象が欠点となっています。

■有機ディスプレイの原理

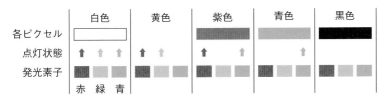

有機ELディスプレイの例

　名称にある「EL」とは、電子発光という意味です。**素子自体が発光**するために、液晶ディスプレイのようなバックライトを必要としません。そのため薄型化を実現できます。④は適当です。

　また、この発光素子に有機材料を用いることから、「有機EL」と呼ばれています。したがって、②の記載が不適当となります。

　なお選択肢②は、プラズマディスプレイの説明です。　　　　（1級電気通信工事　令和3年午前　No.41）

〔解答〕　②不適当 → 素子自体が発光

?! 学習のヒント

EL：Electro Luminescence

4-7 OSI参照モデル ［各層の役割］

高度情報化社会の現代では、通信ネットワークは自分の配下のみでは完結できない。全世界が網の目のようにつながっている状況においては、他のネットワークや市販の機器と規格上の整合が取れていないと、通信はままならない。

演習問題

下表に示すOSI参照モデルの空欄（ア）、（イ）、（ウ）に当てはまる名称の組み合わせとして、適当なものはどれか。

階層	名称
7	アプリケーション層
6	（ア）
5	セッション層
4	トランスポート層
3	（イ）
2	データリンク層
1	（ウ）

	（ア）	（イ）	（ウ）
①	ネットワーク層	プレゼンテーション層	物理層
②	ネットワーク層	物理層	プレゼンテーション層
③	プレゼンテーション層	ネットワーク層	物理層
④	プレゼンテーション層	物理層	ネットワーク層

ポイント▶ 全世界のネットワーク間で相互通信を行うために、ISO（国際標準化機構）が定めた統一規格がOSI参照モデルである。全7つの階層（レイヤ）から成っている。それぞれの階層ごとに役割が分担されており、用いる機器も異なる。

解 説

OSI参照モデルの「OSI」とは、Open System Interconnection の頭文字をとったもの。各層ごとに通信プロトコル等が定められていますが、特に下位の3層（第1～3層）はハードウェアとの関連性が強いです。

階層	名称
7	アプリケーション層
6	プレゼンテーション層
5	セッション層
4	トランスポート層
3	ネットワーク層
2	データリンク層
1	物理層

役割の一例として、「ネットワーク層」は、目的とする通信相手までデータを転送するために、必要となる通信経路の選択や、データの転送、中継機能を提供する階層といえます。

今回の空欄部のみならず、これら7階層の名称は、暗記必須です。

したがって、③が適当です。定番の暗記法は、「あ！プレゼントね、デーブ」でしたね。

（2級電気通信工事　令和3年後期　No.22）

〔解答〕　③適当

> **演習問題** 有線LANを構成する場合の機器について、<u>正しいもの</u>を選べ。
>
> ①イーサネットを構成する機器として使用されるブリッジは、IPアドレスに基づいて信号の中継を行う
> ②スター型のLANで用いられるリピータハブは、OSI参照モデルのデータリンク層の機能を利用して、信号の中継、増幅および整形を行う
> ③OSI参照モデルのネットワーク層の機能を利用して、異なるネットワークアドレスを持つLAN相互の接続ができる機器にL2スイッチがある
> ④RIPやOSPF等のルーティングプロトコルを、L3スイッチにて使用することができる

ポイント▶ OSI参照モデルの階層が異なれば、扱うデータも変わる。例えばL2ではMACアドレスで相手先を探すのに対し、L3ではIPアドレスで探す。どの階層にて通信を行うかに応じて、それに適した振舞いを選択しなければならない。

解　説

　まず「ブリッジ」は、レイヤ2（L2）と呼ばれる下から2層目のデータリンク層にて動作する機器です。電気信号の波形の整形や増幅を行うとともに、MACアドレスを読んで適切なポートに信号を発する中継器です。IPアドレスを読む機能はありません。よって①は誤りです。

　「リピータハブ」とは、一般に「ハブ」と呼ばれている機器のこと。L1である最下層の物理層で用いられる機器です。電気信号の波形の整形や増幅を行うリピータに、複数のポートを追加して分岐機能を持たせたものがリピータハブです。②は誤りです。

　「L2スイッチ」は、文字通りレイヤ2のデータリンク層にて動作する機器です。単に「スイッチ」と呼ぶ場合には、このL2スイッチを指すことが多いです。別名をスイッチングハブともいいます。ブリッジと同様にMACアドレスを見て、該当するポートに信号を中継します。
　異なるネットワークアドレスを持つLAN相互の接続はできません。これを担当するのは1つ上のL3（ネットワーク層）です。したがって③は誤りです。

■各レイヤごとの主な通信機器

レイヤ3	ネットワーク層	ルータ、L3スイッチ
レイヤ2	データリンク層	ブリッジ、L2スイッチ（スイッチングハブ）
レイヤ1	物理層	リピータ、リピータハブ（ハブ）

　「L3スイッチ」はルータと同じく、レイヤ3のネットワーク層にて用いられる機器です。
　L3スイッチはルータから高度な機能を省略して、処理の高速化に特化した機器といえます。ルータと同様に、TCP/IPに準拠した外部ネットワークへのルーティングが可能です。④の記載が正しいです。

〔解答〕　④正しい

4-8 IPネットワーク① [接続技術]

ユーザレベルではすっかり市民権を得たインターネット接続であるが、もはやビジネス上でも私生活でも欠かせない存在となってきている。本項では、人間とデジタルとの融合ともいえるこれらインターネットを支える技術を見ていきたい。

演習問題 インターネットで使われている技術に関する記述として、適当でないものはどれか。

① DHCPサーバとは、ドメイン名をIPアドレスに変換する機能を持つサーバである

② ルーティングとは、最適な経路を選択しながら宛先IPアドレスまでIPパケットを転送していくことである

③ プロキシサーバとは、クライアントに変わってインターネットにアクセスする機能を持つサーバである

④ CGIとは、WebブラウザからのリクエストリクエストリクエストWebサーバがプログラムを起動するための仕組みである

④ CGIとは、Webブラウザからの要求に応じてWebサーバがプログラムを起動するための仕組みである

ポイント▶ インターネット接続を実現するためには、目に見えないところでさまざまな技術が用いられている。単純に自分のコンピュータと相手のサーバだけを見ても、それぞれを特定する名前が付いていないと、相互の通信は不可能となってしまう。

解 説

「DHCP（Dynamic Host Configuration Protocol）」は、LANに参加したコンピュータ等の端末（ホスト）に自動的にIPアドレスを割り当てる機能のことです。有線LANでも無線LANでも同様の役割を果たします。

「Dynamic」は動的という意味です。DHCPサーバが使われていないIPアドレスを当該ホストに自動的に割り当てます。

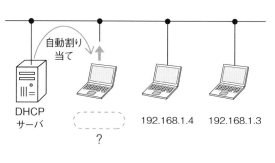

一方で、題意の「ドメイン名」をIPアドレスに変換する機能は、<u>DNS</u>（Domain Name System）です。ドメイン名とは、URL（統一資源位置指定子）の中に含まれるWebサーバが存在する位置を示す情報のことです。

ユーザ端末からWebページを参照する場合には、一般的にはURLを指定します。例えば本書の著者である、のぞみテクノロジーのURLは「https://www.nozomi.pw/」ですが、インターネット上のルータはこの情報を読むことができません。したがってDNSサーバに問い

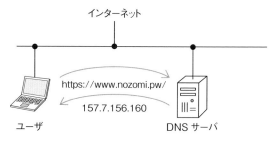

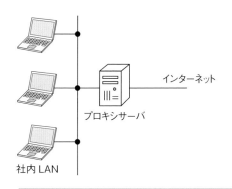

社内LAN

プロキシサーバ

インターネット

合わせをして、このURLをIPアドレスに変換してから送出しなければなりません。①が不適当です。

「プロキシサーバ」は、クライアント端末から直接インターネットへアクセスさせずに、両者の接続をいったん中継するためのサーバのことです。③は適当です。

（2級電気通信工事　令和1年前期　No.23）

〔解答〕　①不適当

演習問題 TCP/IPにおけるIP（インターネットプロトコル）の特徴に関する記述として、適当でないものはどれか。

①パケット通信を行う
②最終的なデータの到達を保証しない
③経路制御を行う
④OSI参照モデルにおいて、トランスポート層に位置する

ポイント▶ プロトコルとは、通信を行うためのルールのことである。送信者と受信者は無論のこと、通信を中継する各機器等もこのプロトコルに準拠していなければならない。そしてこれらプロトコルは、階層ごとにそれぞれの役割を持っている。

解　説

インターネットに出ていく通信は、レイヤ3のフォーマットに準拠していなければなりません。これは、1つ上のレイヤ4のPDUにIPヘッダを付けたものです。すなわちパケットの形式です。①は適当です。

なお、IPヘッダはIPv4とIPv6とで形式が大きく異なります。IPv6はIPアドレスの枯渇問題を解消するために新設された規格で、IPv4の後継となるものです。現在ではこの両者が混在する形で使用されています。

■OSI参照モデル各層の主なプロトコル

レイヤ7	アプリケーション層	HTTP、SMTP、POP3、FTP等
レイヤ6	プレゼンテーション層	
レイヤ5	セション層	
レイヤ4	トランスポート層	TCP、UDP等
レイヤ3	ネットワーク層	IP、ICMP等
レイヤ2	データリンク層	ARP、RARP、PPP等
レイヤ1	物理層	

インターネット通信の標準的なプロトコルといわれるTCP/IPは、第4層のTCP（Transmission Control Protocol）と、第3層のIP（Internet Protocol）の総称です。一口にTCP/IPという表現が用いられるため同階層のプロトコルと勘違いしがちですが、両プロトコルの階層は異なるので注意してください。④が不適当です。　（2級電気通信工事　令和1年後期　No.22）

〔解答〕　④不適当→ネットワーク層

4-8 IPネットワーク② ［経路選択］

IPネットワークで用いられるRIPに関する記述として、適当なものはどれか。

①各リンクにコストと呼ばれる重みをつけ、このコストの合計値が小さくなるように経路を選択する

②ホップ数と呼ばれる通過するルータの数が、できるだけ少ない数を通過して目的のIPアドレスに到達するように経路を選択する

③各組織が運用するネットワークである自律システムに対してAS番号が割り当てられ、このAS番号を使って経路を選択する

④IPパケットにラベルと呼ばれる情報を付加し、そのラベルを使ってIPパケットを転送する

ポイント▶ インターネット接続でもお馴染みのIPネットワークにおいて、クライアント（要求者）が目的のサーバまで、どのように辿り着くのか。複数の経路が存在する場合には、どのルートを選択するのか。これらを理解したい。

解 説

　経路ごとに重みづけであるコストを設定し、この合計コスト値が最少となるように経路を選択するプロトコルは、リンクステート型の<u>OSPF</u>です。①は不適当です。

　独立した1つの自律システムをASと呼びます。これらの自律システムを区別するAS番号を用いて、AS間の経路選択を行うプロトコルは、<u>EGP</u>です。

　逆にAS内部のルーティング・プロトコルを、対義語としてIGPと呼びます。RIPやOSPF等はIGPに分類されます。③も不適当です。

　1つのネットワークの内部だけで通用するラベルを付与して、このラベルによってパケットを転送するプロトコルは、<u>MPLS</u>です。④も不適当です。

　RIPはディスタンス・ベクタ型で、小規模なネットワーク向けのプロトコルです。ディスタンスは距離、ベクタは方向の意味です。実態としては、ホップ数（通過するルータの数）によって最適なルートを決定します。

■RIPの経路選択の考え方

　この基準をメトリックと呼び、RIPの場合は最大で15ホップとされています。15ホップを超えるルートが生成された場合には、そのルートは採用されません。

　なお、隣り合う（直接接続している）ルータ間で、約30秒ごとに経路情報を交換し合います。これにより、自ルータのルーティング・テーブルを随時更新しています。②が適当です。

（1級電気通信工事 令和3年午前 No.27）

〔解答〕 ②適当

演習問題 IPネットワークで使用されるOSPFの特徴に関する記述として、<u>適当なもの</u>はどれか。

①経路判断に通信帯域等を基にしたコストと呼ばれる重みパラメータを用いる
②ディスタンス・ベクタ型のルーティング・プロトコルである
③30秒ごとに配布される経路制御情報が180秒間待っても来ない場合には、接続が切れたと判断する
④インターネットサービスプロバイダ間で使われるルーティング・プロトコルである

ポイント▶ IPネットワークにおけるルーティング、つまり経路選択を扱う際には、思いのほか略称が多く登場する。そのため、これらを混同しないように注意が必要である。抽象的な名称と、具体名との違いにも留意しておきたい。

解 説

OSPFの経路選択にあたっては、各リンクごとにコストという重みづけを設定します。このコストの合計値が最少となるように経路を選択します。①は適当です。

■OSPFの経路選択の考え方

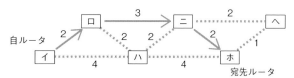

OSPFは、<u>リンクステート</u>型のルーティング・プロトコルです。ディスタンス・ベクタ型のプロトコルとしては、代表格にRIPがあります。②は不適当です。

経路情報等の更新メッセージを30秒ごとに配信するのは、<u>RIP</u>です。この場合は6回連続して受信できない場合、すなわち180秒で通信不能と判断します。
OSPFでは、30分間隔でLSAという接続情報の同期を行っています。③も不適当です。

プロバイダは、1つの独立した自律システム（AS）です。したがって、プロバイダ間のルーティングにあたっては、AS間で用いる<u>EGP</u>によって経路を選択します。
OSPFやRIP等はAS内部のルーティング・プロトコルです。これらはIGPと呼ばれます。④も不適当です。

（1級電気通信工事　令和1年午前　No.31）

〔解答〕　①**適当**

?! 学習のヒント

RIP ：Routing Information Protocol
OSPF：Open Shortest Path First
AS ：Autonomous System
IGP ：Interior Gateway Protocol
EGP ：Exterior Gateway Protocol

4-9 IP電話 [VoIP技術]

IP電話は伝統的なアナログ式の電話とは異なり、音声をデジタル信号に変換した上で、IP網をパケットとして伝送させる方式である。そのためさまざまなデータ通信と共存することから、IP電話ならではの仕様が設けられている。

演習問題

VoIPにおける音声信号のパケット化、プロトコル等について述べた次の文章のうち、誤っているものはどれか。

①音声信号のパケット化においては、符号化された音声信号にヘッダが付加される。ヘッダの種類には、IPヘッダ、UDPヘッダ、RTPヘッダ等がある

②RTPヘッダには、同期タイミングを合わせる機能およびQoS制御機能がない。このため、タイミング制御を行う機能やシーケンス番号に応じたデータ再構成機能が別途に必要である

③RTPヘッダには、音声パケットのペイロードに対する付加情報を与える役割を持ち、その内容は、送信元ポート番号、宛先ポート番号、シーケンス番号、タイムスタンプ、ペイロードタイプ等で構成される

④VoIPでは、音声データの転送に高い即時性が必要となり、即時性を実現するため、一般に、トランスポート層のプロトコルにはUDPが使用されている

ポイント▶ VoIPとはVoice over Internet Protocolの略である。インターネットプロトコルを用いて通話を実現する、IP電話のための技術である。本設問ではVoIPの基本的な構成と、各プロトコルの役割を理解したい。

解説

IP電話を実現する技術であるVoIPのパケットは、階層的に複数のプロトコルで構成されています。具体的には、ネットワーク層ではIP、トランスポート層ではUDPが用いられます。RTPはさらに上の、セッション層のプロトコルです。

そして各プロトコルには、それぞれ右のような役割が設定されています。

したがって、送信元ポート番号と宛先ポート番号は、UDPが担当する情報になります。RTPヘッダに含まれるものではありません。③が誤りです。

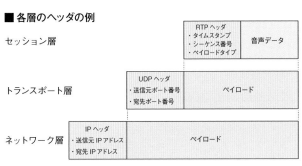

■各層のヘッダの例

〔解答〕 ③誤り

?! 学習のヒント

RTP：リアルタイム転送プロトコル
Real-time Transport Protocol

> **演習問題**　SIPサーバの構成要素のうち、ユーザエージェントクライアント（UAC）の登録を受け付ける機能を持つものとして、<u>正しいもの</u>はどれか。
>
> ① リダイレクトサーバ
> ② ロケーションサーバ
> ③ プロキシサーバ
> ④ レジストラ

ポイント▶　VoIPを実現するための代表的なプロトコルには、SIPとH.323がある。このうちSIPはテキストベースで記述されるプロトコルであり、シンプルで拡張性に優れているのが特徴である。ここではSIPサーバの役割を掘り下げる。

解　説

　SIPは、Session Initiation Protocolの略です。SIPを用いたVoIPシステムの中核となるのが、SIPサーバになります。ただし、このSIPサーバという名称は、機能別に設けられた複数のサーバを包括した総称のことです。

　そしてSIPを解釈して処理する各端末をユーザエージェント（UA）と呼びます。SIPはIP電話で通話をする端末間の、セッションの生成や変更、切断のみを行うプロトコルになります。セッション上で交換されるデータ本体については、SIPは関与しません。

　UAは、通信リクエストを要求するクライアントとしての役割を果たす際には、ユーザエージェントクライアント（UAC）と呼ばれます。逆にレスポンスを生成するサーバとしての役割を果たす場合には、ユーザエージェントサーバ（UAS）の立場となります。

　SIPサーバは、UAに対してさまざまなサービスを提供しており、機能別に以下のサーバ群から構成されています。

・レジストラ（登録サーバ）　　<u>UACの登録を受け付ける</u>
・ロケーションサーバ　　　　受け付けたUACの位置を管理する
・プロキシサーバ　　　　　　UACからの発呼要求等のメッセージを転送する
・リダイレクトサーバ　　　　UACからのメッセージの再転送先を通知する

　したがって、UACの登録を受け付ける機能を持つサーバは、<u>レジストラ</u>となります。このレジストラは、別名を登録サーバともいいます。④が正しいです。

〔解 答〕　④**正しい**

4-10 情報保護① ［脅 威］

電気通信に携わる者として、情報の保護は非常に重要な概念である。外部に漏えいさせない機密性、改竄されない完全性、正当な利用者がいつでも使える可用性。これらセキュリティの3大要素をいかに確保するかが求められる。

演習問題 サイバー攻撃に関する記述として、<u>適当でないもの</u>はどれか。

① セッションハイジャックとは、他人のセッションIDを推測したり窃取することで、同じセッションIDを使用したHTTPリクエストによって、なりすましの通信を行う攻撃である

② SQLインジェクションとは、ユーザからの入力値を用いてSQL文を組立てるWebアプリケーションの脆弱性を利用して、データベースを不正操作する攻撃である

③ バッファオーバフローとは、メモリ上のバッファ領域をあふれさせることによってWebサーバに送り込んだ不正なコードを実行させたり、データを書き換えたりする攻撃である

④ クロスサイトスクリプティングとは、Webアプリケーションを通じて、Webサーバ上でOSコマンドを不正に実行させる攻撃である

ポイント▶ 通信回線を介した攻撃には実にさまざまな態様が存在し、一口には表せない。手口によっては対策が困難なものもあるため、非常に厄介である。攻撃を受けた際でも、機密性や完全性が守られるような備えが要求される。

解 説

他人のセッションIDを不正に用いて、HTTPリクエスト等によって、なりすましの通信を行う攻撃は、セッションハイジャックといいます。①は適当です。

ユーザからの入力値を用いてSQL文を組立てるといった、Webアプリケーションの脆弱性があります。これを悪用して、データベースを不正操作する攻撃は、SQLインジェクションと呼ばれます。②も適当です。

Webサーバのメモリ上のバッファ領域を溢れさせ、不正なコードを実行させたり、データの書き換えを行う攻撃は、バッファオーバフローです。③も適当です。

■クロスサイトスクリプティングの一例

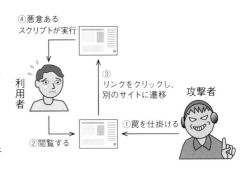

クロスサイトスクリプティングとは、攻撃者が脆弱性のある<u>Webページに罠を仕掛け</u>、一般ユーザがアクセスした際に、個人情報を盗む等の攻撃です。したがって、④が不適当です。

なお選択肢④の、「Webアプリケーションを通じて、Webサーバ上でOSコマンドを不正に実行させる攻撃」は、<u>OSコマンドインジェクション</u>です。 （1級電気通信工事 令和2年午前 No.35）

〔解答〕 ④不適当

演習問題 コンピュータネットワークの情報セキュリティのために使用されるIDSに関する記述として、**適当でないもの**はどれか。

①アノマリ検知は、パケットの内容やホスト上の動作が既知の攻撃手法について、特徴的なパターンを登録したデータベースであるシグネチャと一致した場合に、攻撃と判定する

②ネットワーク型IDSは、ネットワーク上に配置されて、ネットワークに流れるパケットを検査する

③IDSは、ネットワークやサーバを監視し、侵入や攻撃等の不正なアクセスを検知した場合に、管理者へ通知する

④IDSは、攻撃を検知できずに見逃してしまうことや、正常な通信や正常な動作を攻撃と誤検知してしまうことがある

ポイント▶ 被害や損害を防ぐためには、攻撃を受けない仕組みづくりが最も有用であるが、なかなか理想通りには進まない。そこで攻撃を受けた際に、いち早くその事実を検知し、対処を行えるような対策も必要となる。

解　説

　IDSは侵入検知システムとも呼ばれ、大きくネットワーク型とホスト型に分類できます。ネットワーク型のIDSは、ネットワーク上に専用のシステムを配備して、流れる情報を監視するものです。②は適当です。

　一方のホスト型IDSは、各サーバにインストールする形で、そのサーバを出入りするパケットを監視するものです。いずれの形も、不正アクセス等を検出したときには、通知を発する機能を備えています。③も適当です。

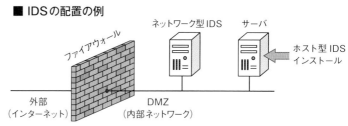

■ IDSの配置の例

　検知の方法は、シグネチャ型とアノマリ型の2通りに区分されます。シグネチャ型は、事前に不正な動作を登録して、これに合致した場合に攻撃と判定する方式です。つまり、ブラックリスト方式といえます。

　一方のアノマリ型は逆で、正常なパターンを登録しておき、これに**外れた動作パターン**を検知したときに、攻撃と判断します。したがって、①が不適当です。

　一般的には、シグネチャ型は、攻撃を検出できずに見逃すケースが起こりやすいです。逆にアノマリ型では、正常な通信や動作を、攻撃であると誤検知してしまう事例が多いといわれています。④は適当です。

（1級電気通信工事　令和3年午前　No.29）

〔解答〕　①不適当

学習のヒント

IDS：Intrusion Detection System

4-10 情報保護② ［暗号化］

演習問題 公開鍵暗号方式に関する記述として、<u>適当でないもの</u>はどれか。

① 情報を公開鍵で暗号化して、それと対となっている秘密鍵で復号するので、秘密鍵を知らない第三者は、暗号文を復号することができないため情報の機密性を確保できる

② 代表的な公開鍵暗号アルゴリズムであるRSA暗号は、大きな数の素因数分解の困難性を利用した暗号方式である

③ n人がお互いに暗号文の交換を行うためには、$\frac{n}{2}$個の公開鍵と秘密鍵の対が必要となる

④ 秘密鍵で暗号化した暗号文をそれと対となっている公開鍵で復号することができる

ポイント▶ 伝送路を流れる情報は、第三者から容易に見られてしまう。その際に情報を見られたとしても、内容を解読できないように暗号化を行う対策がある。これには大きく、共通鍵暗号方式と公開鍵暗号方式とに分けられる。

解　説

掲題の公開鍵暗号方式は、2つの鍵がペアになっています。このうち本人が持っている鍵を秘密鍵と呼び、他者に広く開示する鍵を公開鍵といいます。

秘密鍵で暗号化したデータを復号できるのは、それと対になっている公開鍵だけです。この逆も同様です。④の記述は適当です。

この方式を活用する場面は2通りあります。1つは秘密にしたい情報を、多くの人から回収する場合です。銀行のATMが代表例です。

各利用者が入力した暗証番号を、公開鍵で暗号化して送信。これを銀行側は自身の秘密鍵で復号します。これにより各利用者の暗証番号は、第三者には知られません。①は適当です。

もう1つは情報を発信する人が、本人性と、情報が改竄されていないことを証明したい場合です。公開鍵で復号できるものは、対となる秘密鍵で暗号化されたデータだけです。

正しく復号できれば、本人が作成したことと、中身が改竄されていないことの証明になります。

1人が公開鍵暗号方式を構築したい場合には、公開鍵と秘密鍵のセットは、1対だけ必要になります。2人であれば、2対必要です。

このようにn人が構築する際には、<u>n対の鍵セット</u>を用意する必要があります。したがって、③は不適当です。

■公開鍵暗号方式の活用例

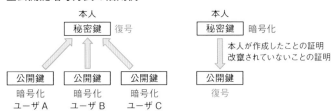

（1級電気通信工事　令和2年午前　No.27）

〔解答〕　③不適当 → n個

演習問題 RSA暗号に関する記述として、<u>適当なもの</u>はどれか。

①大きな数の素因数分解が困難であることを利用した方式である
②離散対数問題を解くことが困難であることを利用した方式である
③第2原像計算を解くことが困難であることを利用した方式である
④部分集合和問題を解くことが困難であることを利用した方式である

ポイント▶ RSA暗号は公開鍵暗号方式を構築する際の、代表的なアルゴリズムである。正当な情報を持たない第三者が、短時間で解読を行うことは、非常に困難といわれている。この前提となる計算を理解しておきたい。

解　説

　離散対数問題を解くことが困難であることをベースとして、これを公開鍵暗号方式に応用したものはElGamal暗号です。②は不適当です。

　第2原像計算を解くことが困難であることは、ハッシュ値の逆方向計算を難解にする手法として用いられています。③も不適当です。

　掲題のRSA暗号は、<u>素因数分解の困難性</u>を利用したものです。素因数とは、1と自分自身でしか割れない数のことです。具体的には、3や5や7等が該当します。

　これがもっと大きな数であって、素因数どうしの掛け算で作った数字は、素因数分解がとても難解になります。①が適当です。

■素因数分解の困難性の例

	2	3	5	7	11	13	17	19	23	29	31	37	41	43	47	53
2	4	6	10	14	22	26	34	38	46	58	62	74	82	86	94	106
3		9	15	21	33	39	51	57	69	87	93	111	123	129	141	159
5			25	35	55	65	85	95	115	145	155	185	205	215	235	265
7				49	77	91	119	133	161	203	217	259	287	301	329	371
11					121	143	187	209	253	319	341	407	451	473	517	583
13						169	221	247	299	377	403	481	533	559	611	689
17							289	323	391	493	527	629	697	731	799	901
19								361	437	551	589	703	779	817	893	1007
23									529	667	713	851	943	989	1081	1219
29										841	899	1073	1189	1247	1363	1537
31											961	1147	1271	1333	1457	1643
37												1369	1517	1591	1739	1961
41													1681	1763	1927	2173
43														1849	2021	2279
47															2209	2491
53																2809

例として、「2491」という数字だけが提示されて、何と何の掛け算かが直ぐに出てくるだろうか。
これが素因数分解問題の困難性の原理である。

（1級電気通信工事　令和3年午前　No.36）

〔解答〕　①適当

4-11 架空配線 ［風圧荷重］

屋外配線は、架設する場所によって上空・地上・地下の3つに分類できる。このうち架空配線は上空に架設するもので、電柱を用いる道路上の架設が身近でお馴染みである。

演習問題　架空通信路の外径15mmの通信線において、通信線1条1mあたりの風圧荷重〔Pa〕の値として、<u>適当なもの</u>はどれか。

なお、風圧荷重の計算は、「有線電気通信設備令施行規則に定める甲種風圧荷重」を適用し、その場合の風圧は980〔Pa〕とする。

また、架線およびラッシング等の風圧荷重は対象としないものとする。

①7.4〔Pa〕　②13.2〔Pa〕　③14.7〔Pa〕　④29.4〔Pa〕

ポイント▶　この設問に限らず計算を伴う場合には、条件として提示されている数字は、変えて出題されると考えたほうがよい。つまり公式を把握した上で、自らの手計算で数字を算出できなければならない。電卓は持込み不可である。

解説

風圧荷重は以下の4種類があります。

・甲種
・乙種
・丙種
・着雪時

　今回の例題は「甲種」を適用するとあります。甲種風圧荷重は、風速40m/sの風があると仮定して、架空電線の面積1m²あたりに980〔Pa〕の風圧がかかるものとして計算を行います。

　考え方としては、まず右図のように一辺が1mの正方形の板があって、右から風速40m/sの風を均一に浴びた場合を想定します。

　板の重量は無視して、この板を右方向に向かって手で押さえると、圧力を感じます。このときの圧力が風圧荷重であり、大きさは980〔Pa〕になります。

　次に、板の面積を大きくすると、風を浴びる面積が広くなりますから、受ける圧力も比例して大きくなります。つまり、風圧荷重は受風面積に比例することがわかります。

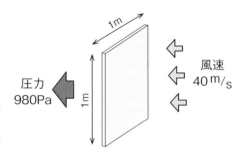

　通信線等の電線は、一般に断面が円形となっていることが多いです。受風面積はあくまで投影面積で処理しますから、高さが同じ板状になっているものとして計算します。

したがって、風圧荷重は以下のようになります。

風圧荷重 P ＝縦の長さ × 横の長さ × 980
＝ 0.015 × 1 × 980 = <u>14.7</u>〔Pa〕

③が適当です。

（1級電気通信工事 令和1年午前 No.19）

〔解 答〕 ③適当

さらに詳しく

Paはパスカルと読む
980〔Pa〕= 100〔kg/m²〕

演習問題

「電気設備の技術基準とその解釈」を根拠とし、架空電線路に用いる支持物の強度計算に適用する丙種風圧荷重として、<u>正しいもの</u>を選べ。

①基礎として、甲種風圧荷重の風圧の1/3を用いて計算したもの
②基礎として、甲種風圧荷重の風圧の1/2を用いて計算したもの
③基礎として、甲種風圧荷重の風圧の1.5倍を用いて計算したもの
④基礎として、甲種風圧荷重の風圧の2倍を用いて計算したもの

ポイント▶ 架空電線路は風の影響を大きく受ける。これは電柱本体のみならず、そこに架設している全ての電線に風圧荷重がかかるからである。電線に対して真横から風速40〔m/s〕を浴びている状態を想定し、これを甲種風圧荷重と呼ぶ。

解　説

　原則は風速40〔m/s〕の横風を受けている状態の、甲種風圧荷重で設計を行います。しかし戸建て住宅が密集している地域等、風圧荷重を減じるに足りる場合には、<u>甲種の1/2倍</u>を基礎として計算してもかまいません。これを丙種風圧荷重といいます。②が正しいです。

　勘違いしがちですが、風速の1/2倍となる20〔m/s〕で計算するのではありません。あくまで風圧の1/2倍です。風圧は風速の2乗に比例するので、

$$40 \times \frac{1}{\sqrt{2}} = 28 \text{〔m/s〕}$$

となります。

　この他に、積雪地帯等に用いられる乙種風圧荷重や、着雪時風圧荷重といった設計基準もあります。

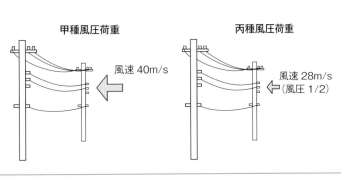

〔解 答〕 ②正しい

4-12 鉄塔 ［構造・設計］

鉄塔の役割は2つに大別できる。1つは高圧送電のための鉄塔。もう1つは無線通信のための電波鉄塔である。両者では、根本的に受ける荷重が異なる。

演習問題 下図に示す通信鉄塔の構造および形状の名称の組み合わせとして、<u>適当なもの</u>はどれか。

（構造）	（形状）
① ラーメン	三角鉄塔
② トラス	四角鉄塔
③ ラーメン	四角鉄塔
④ シリンダー	多角形鉄塔

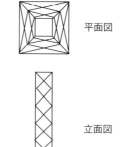

平面図

立面図

ポイント▶ 鉄塔の構造と形状に関する設問である。構造とは鉄塔を構成する各部材が、応力をどのような形で基礎まで伝達するかの設計上の仕様のことである。一方の形状は鉄塔の姿のことを指すが、どの部分の姿を示しているかを理解したい。

解 説

　力学の分野において、「ラーメン構造」と「トラス構造」は対になる考え方です。ラーメン構造は、別名を剛結合ともいいます。自重や外部から荷重を受けたときの曲げモーメントが、結合部より先の部材まで伝わる構造のことです。コンクリート製のカルバートが代表的な例であり、鉄塔でもラーメン構造のものは、多くはないですが存在します。

　一方のトラス構造は、別名をピン構造とも呼びます。これは曲げモーメントが結合部より先の部材には伝わりません。結合部がピンのように回転する構造になっているからであり、伝わる応力は軸力のみです。そのため1つひとつの部材を細くでき、風の影響を小さくできる利点があります。掲題の構造は<u>トラス構造</u>です。

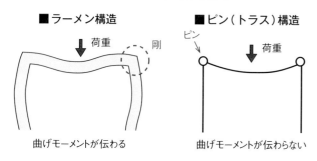

■ラーメン構造　　　■ピン（トラス）構造

荷重　　剛　　　ピン　　荷重

曲げモーメントが伝わる　　曲げモーメントが伝わらない

　次に、形状についてです。ここでの形状は水平面で見た場合の姿のことです。よって掲題の設問は「<u>四角鉄塔</u>」です。②が適当。

　送電鉄塔の場合は荷重のバランスが悪くなるため、「三角鉄塔」は採用されにくいです。三角鉄塔が用いられるのは、無線用の電波

鉄塔のケースがほとんどです。

(2級電気通信工事　令和1年前期　No.52)

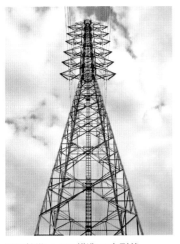

送電鉄塔 トラス構造 四角形状

無線鉄塔 ラーメン構造 三角形状

無線鉄塔　シリンダー構造

〔解答〕　②適当

演習問題 通信鉄塔に関する記述として、適当でないものはどれか。

①設計荷重は、過去の台風や地震、積雪等の経験による適切な荷重と将来計画を考慮した積載物等の荷重により設計する
②鉛直荷重は、固定荷重や積載荷重、雪荷重等通信鉄塔に対して鉛直方向に作用する荷重である
③水平荷重は、風荷重や地震荷重等通信鉄塔に対して水平方向に作用する荷重である
④長期荷重は、暴風時、地震時の外力を想定して算定される荷重である

ポイント▶ 荷重とは、当該の構造物に作用する力のことである。通信鉄塔を設計するにあたって、鉄塔本体や空中線等の重量の他、さまざまな荷重を考慮する必要がある。どういった点に留意すべきかを理解しておきたい。

解 説

　鉄塔に限りませんが、構造物は必要以上に丈夫に作ればよいというわけではありません。予算の問題もありますが、必要かつ十分な設計とすることが適切です。

　通信鉄塔に作用する荷重も、考え得る全ての要素をとり入れた上で、これに安全率を乗じた値で設計していきます。この中でも、地震による荷重は特にインパクトの大きい要素といえます。

　ここで、地震荷重や風荷重は<u>短期荷重</u>として計算することになります。長期荷重ではありません。したがって、④が不適当です。

(1級電気通信工事　令和1年午前　No.25)

〔解答〕　④不適当 → 暴風時、地震時は短期荷重

4-13 無線アンテナ①［半波長ダイポール］

幅広い電気通信の分野の中でも、花形と呼べるのが無線工学であろう。送信機の取り扱いや電波の発射には、無線従事者免許が必要となる等、高度な技術分野でもある。

演習問題 半波長ダイポールアンテナに関する記述として、<u>適当なもの</u>はどれか。

① 放射抵抗は、600Ωである
② 導波器、放射器、反射器で構成されるアンテナである
③ アンテナ素子を水平に設置した場合の水平面内指向性は、8の字の特性となる
④ 絶対利得は、40dBi である

ポイント▶ アンテナは別名を「空中線」ともいう。用途によってさまざまな仕様があるが、中でも計算上の基本となる形が、半波長ダイポールアンテナである。

解　説

　まず、半波長ダイポールアンテナの放射抵抗は、約<u>73Ω</u>です。600Ωではありません。したがって、①は不適当となります。

　次に、導波器、放射器、反射器の3本の要素で構成されるものは、<u>八木アンテナ</u>です。②も不適当です。

■半波長ダイポールアンテナの指向特性

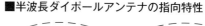

　半波長ダイポールアンテナの指向性は、エレメント（素子）の直角方向に広がります。水平に置いた場合の水平面内指向性は、8の字の特性です。③が適当。

　「利得」とは、電波をどれだけ多く受け取り、あるいは放射できるかの「能力」のことです。これは他の空中線との比較によって、数値で表すことができます。

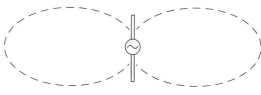

　実は、計算上の基本となる空中線はもう1つ、「等方性アンテナ」があります。空間上の全ての方角に均等に電波を放出する、豆粒のような理論上の空中線です。

　等方性アンテナと比較した場合を「絶対利得」といい、半波長ダイポールアンテナとの比較が「相対利得」です。そして半波長ダイポールアンテナの絶対利得は、<u>2.15dB</u>です。④は不適当です。

（2級電気通信工事　令和4年前期　No.20）

〔解答〕　③適当

演習問題 固有周波数400〔MHz〕の半波長ダイポールアンテナの実効長〔m〕の値を算出せよ。

ポイント▶ 電波は目に見えないために、どのように進行しているのかは把握し難い。空中線も同様で、どういった態様で電波が出入りしているのかをつかむことは難しいといえる。さらにはアンテナの部位によって放射の効率は一様ではない。

解　説

　設問に「実効長」という言葉が出てきました。これは簡単に表現すると、「アンテナ全体の中で、比較的密に仕事をしている部分の長さ」となります。例えば半波長ダイポールアンテナのような棒状の空中線であっても、その長さの全てが一様に電波を放射／吸収しているわけではありません。

　送信機からの送信電波をアンテナに給電すると、給電部を最大値とする電流の山ができます。この山は正弦曲線（sinカーブ）を描いています。このときの電流の最大値をI_{MAX}とします。

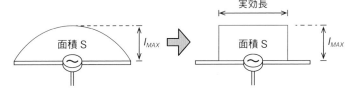

　空中線の上にできる電流分布の山の面積Sを、面積が同じまま高さがI_{MAX}の長方形に変形してみます。このときの長方形の横幅の長さが実効長です。

　実効長　$l = \dfrac{\lambda}{\pi}$

　ここでλ（ラムダ）は波長を意味し、周波数fから算出できます。

　波長　$\lambda = \dfrac{300 \times 10^6}{f}$〔m〕

　したがって、周波数f = 400MHzを入れて、$\lambda = 0.75$〔m〕。これを実効長の公式に代入して　$l = \underline{0.239}$〔m〕。

（一陸特　平成29年6月AM　No.17）

〔解答〕　0.239〔m〕

【重要】▶周波数 f と波長 λ の変換

　周波数fと波長λの変換は、無線屋として基本中の基本である。本業の無線屋でなくても、通信屋なら是非とも知っておきたい。

　　$f \times \lambda = 300$〔m・MHz〕　　　「掛けて300エムエム」と覚えよう。

4-13 無線アンテナ② ［派生形の空中線］

> **演習問題** 八木アンテナに関する記述として、適当でないものはどれか。
>
> ①導波器の本数を増やすことで、指向性を鋭くすることができる
> ②放射器から見て、導波器の方向に電波を発射する
> ③導波器の長さは放射器よりやや長い
> ④放射器に給電し、反射器と導波器は無給電素子として動作する

ポイント▶ 半波長ダイポールアンテナの派生形として、いろいろな空中線が生み出されている。代表例の1つが八木アンテナであり、宇田氏と八木氏との共同で開発されたもの。決して、枝の本数でこの名で呼ばれているわけではない。

解 説

八木アンテナの基本形は、3本の棒状のエレメントで構成されます。中央に位置するものが放射器で、この放射器は半波長ダイポールアンテナです。

給電は放射器の中央部に行います。導波器と反射器には給電しません。④は適当。

電波は、放射器から見て導波器のある方向へ進行します。受信時も同様に、導波器のある方向からとなります。②も適当。

3本のエレメントは、いずれも長さが異なります。導波器は放射器より少し短く、逆に反射器は少し長くなっています。したがって、③が不適当です。

■八木アンテナの構造

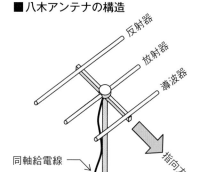

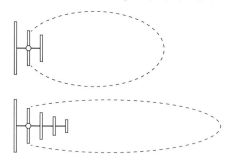

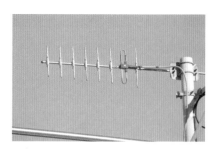

八木アンテナの例

導波器は増やすことができます。本数が多いほど指向の幅が狭くなり、より長距離まで届くことになります。①の記述は適当。

（2級電気通信工事 令和5年前期 No.19）

〔解答〕 ③不適当 → 短い

演習問題 無線通信で使用するアンテナに関する記述として、適当なものはどれか。

① オフセットパラボラアンテナは、回転放物面の主反射鏡、回転双曲面の副反射鏡、1次放射器で構成されたアンテナである
② 八木アンテナは、導波器、放射器、反射器からなり、導波器に給電する
③ ブラウンアンテナは、同軸ケーブルの内部導体を1/4波長だけ上に延ばして放射素子とし、同軸ケーブルの外部導体に長さ1/4波長の地線を放射状に複数本付けたものである
④ スリーブアンテナは、同軸ケーブルの内部導体を1/8波長だけ上に延ばして放射素子とし、さらに同軸ケーブルの外部導体に長さが1/8波長の円筒導体をかぶせたものである

ポイント▶ 各種空中線の、形状や特徴について問われた例題である。いずれの空中線も、比較的よく見かける基本的なものといえる。エレメント（素子）の長さについては、意味があってその長さになっていることを知っておきたい。

解　説

オフセットパラボラアンテナの構成は、回転放物面の主反射鏡と、1次放射器です。回転双曲面の副反射鏡は用いていません。①は不適当です。

八木アンテナの構成は、導波器、放射器、反射器の3部材です。給電は、このうち放射器（輻射器ともいう）に行います。②も不適当です。

ブラウンアンテナは棒状エレメントにて構成された、無指向性の空中線です。G.Brown氏が開発したことから、この名称で呼ばれています。

構成としては、同軸ケーブルの内部導体を上に延ばして、放射素子とします。外部導体には、地線を放射状に接続します。地線は一般的には十文字に4本配置する例が多いですが、状況によっては3本のケースも見られます。

これら放射素子、地線ともにエレメントの長さは、使用する周波数に対して1/4波長になります。したがって、③が適当となります。

スリーブアンテナは、同軸ケーブルの内部導体を上に延ばして放射素子とします。外部導体はそのまま折り返すか、または円筒導体を被せる形状になります。

長さはどちらも1/4波長です。④は不適当です。

（1級電気通信工事　令和4年午前　No.25）

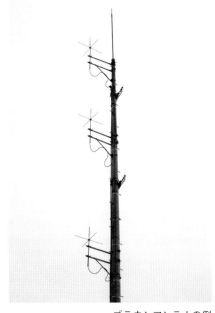

ブラウンアンテナの例

〔解答〕　③適当

4-13　無線アンテナ③　[立体アンテナ]

> **演習問題**　無線通信で使用するアンテナに関する記述として、不適当なものはどれか。
>
> ①ホイップアンテナは、自動車、電車、航空機、船舶などの金属体を利用して設置される1/4波長垂直接地アンテナである
> ②スリーブアンテナは、同軸ケーブルの内部導体を1/4波長延ばして放射素子とし、さらに同軸ケーブルの外部導体に長さが1/4波長の円筒導体を設けたものである
> ③ブラウンアンテナは、水平面内の指向性が無指向性である
> ④コーナレフレクタアンテナは、反射器を利用して指向性を広くしている

ポイント▶　半波長ダイポールアンテナのような線状の空中線に対して、面積や角度の要素を持ったものを立体アンテナと呼ぶ。このように空中線そのものを立体的にするのは、主に指向性を持たせることが目的である。

解　説

レフレクタとは反射鏡の意味です。コーナレフレクタアンテナ自体を目にする機会が少ないため、その態様を把握することが難しいのですが、半波長ダイポールアンテナの後部に、折り曲げた金属板を鏡として配置した空中線です。

反射板を折り曲げる際の角度によって、電波の放射特性（あるいは受信特性）が変化しますが、計算上扱いやすいために、主に60度または90度のタイプが用いられることが多いです。

反射板の開き角が90度の場合は、反射して進む電界成分が3つ、半波長ダイポールアンテナから直接進行する成分が1つ、合計4つの電界が合成されて単一の方向へ放たれていきます。

コーナレフレクタアンテナの例

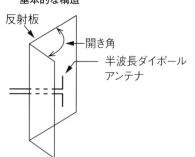
■コーナレフレクタアンテナの基本的な構造
反射板／開き角／半波長ダイポールアンテナ

このようにコーナレフレクタアンテナは、反射器を利用して**指向性を狭く**しています。④が不適当です。

その他のホイップアンテナ、スリーブアンテナ、ブラウンアンテナの説明は適当です。

（1級電気通信工事　令和5年午前 No.23改）

〔解答〕　④不適当 → 狭くしている

演習問題 次の記述は、電磁ホーンアンテナについて述べたものである。このうち<u>誤っている</u><u>もの</u>を下の番号から選べ。

①ホーンの開き角を大きくとるほど、放射される電磁波は平面波に近づく
②反射鏡アンテナの一次放射器としても用いられる
③インピーダンス特性は、広帯域にわたって良好である
④角錐ホーンは、マイクロ波アンテナの利得を測定するときの標準アンテナとしても用いられる

ポイント▶ 立体アンテナの代表的なものの1つに、電磁ホーンアンテナがある。電波を通すための金属管である導波管の、断面を徐々に広げて所要の開口を持たせた空中線である。角錐型が一般的であるが、円錐型のものも存在する。

解　説

「電磁ホーンアンテナ」は、メガホンの原理で電磁波を放射したり受信したりします。ホーンの長さや開き角は周波数には依存しません。

開口面積が一定であるとすれば、ホーンの長さが長いほど指向性は鋭くなります。また、ホーンの開き角が大きくなるほど、放射される電磁波は球面波に近づきます。①は誤りです。

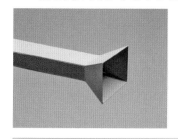

電磁ホーンアンテナが活躍する場面は多く、パラボラアンテナ等の反射鏡アンテナの一次放射器として用いられている他、利得測定時の受信方の標準アンテナとして用いられています。

したがって、②と④は正しいです。

（一陸特　平成28年2月PM　No.17）

〔解答〕　①誤り→球面波に近づく

🔍さらに詳しく

球面波とは、電磁波の先頭がボールの表面のように丸くなっているもの。このため電磁波は拡散してしまい、あまり遠方までは届かない。電磁ホーンアンテナから放たれる電磁波は、球面波である。

一方の平面波は、電磁波の先頭が円盤のように1枚板になっているもの。パラボラアンテナから放たれる電磁波は平面波であり、拡散しないために遠方まで届く性質がある。

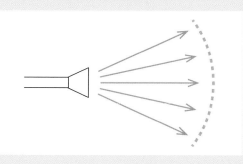

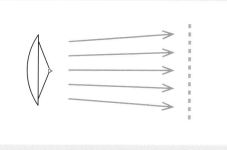

4-13 無線アンテナ④ ［パラボラアンテナ］

演習問題 パラボラアンテナに関する記述として、<u>適当でないもの</u>はどれか。

①アンテナの性能を測定するための、基準アンテナとして用いられる
②特定方向に電波をビーム状に放射したり、特定方向からの電波を高感度で受信できる
③衛星通信やマイクロ波通信などでは、利得の高いアンテナとして広く用いられている
④放物面をもつ反射器と一次放射器から構成されるアンテナである

ポイント▶ 無線通信の目的や相手方は一律ではない。それぞれの用途に見合った形での設備仕様となるが、特に周波数や空中線は、これらの用途に深く依存するものとなる。ここでは、パラボラアンテナを用いるケースを理解したい。

解　説

　無線通信の態様は複数あります。パラボラ形の空中線を用いるのは、例外はありますが、主に送受信局が「1対1」の関係にある運用スタイルの場合です。

　つまり、送信者と受信者とが常に固定されている状態です。一般的には、同一の免許人が、離れた2地点間で通信を行うケースで専ら採用されます。

　この場合には、広い範囲に電波を拡散する必要がありません。そのため、指向性の強いパラボラアンテナを用いて、高い周波数で運用することが多いです。

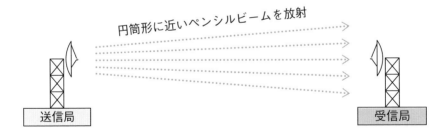

　パラボラアンテナのような、特に指向性の強い空中線を用いると、電波は細く高密度で放射されます。このような電波をペンシルビームと呼びます。

　受信方も同様で、送信局の方向に正しく調整できていれば、高い利得で受信が可能です。②は適当です。

　比較的遠距離で、送受信局が1対1の関係になる、マイクロ波通信等での採用例が多いです。電波を細く高密度にして伝送できることが特徴です。③も適当です。

　他の空中線の性能を測定するために、基準アンテナとして活用するのは、<u>電磁ホーンアンテナ</u>です。パラボラを用いることは一般にはありません。

　したがって、①が不適当です。

（2級電気通信工事　令和5年後期　No.19）

〔解答〕 ①不適当

演習問題 パラボラアンテナに関する記述として、<u>適当なもの</u>はどれか。

①放物面をもつ反射器と、一次放射器から構成されるアンテナである
②放射器の後方にＶ型の反射器を配置したアンテナである
③反射器、放射器、導波器で構成されるアンテナである
④複数のアンテナ素子をある間隔で並べ、各アンテナ素子に給電するアンテナである

ポイント▶ 立体アンテナの代表格の１つが、パラボラアンテナである。街中でもよく見かけるお馴染みの空中線であり、マイクロ回線や衛星通信等に用いられる。その構造や大きさには用途による意味があるため、理解しておきたい。

解　説

　パラボラアンテナは、右図のように反射鏡を用いた空中線です。反射鏡に向けて電波を放つ一次放射器には、電磁ホーンアンテナを使用します。したがって、①が適当です。

　反射鏡には、2次曲線（放物線）を回転させた回転放物面を採用します。この放物面の焦点に一次放射器を配すると、反射した電波が平面波となって右方へ進行する仕組みです。

　放射器の後方にＶ型の反射器を配置したアンテナは、コーナレフレクタアンテナです。パラボラアンテナの構造とは異なります。②は不適当となります。

　反射器、放射器、導波器の3本の要素で構成されるアンテナは、八木アンテナです。③も不適当です。

　複数のアンテナ素子を並べて、各素子に給電する方式は、一例として対数周期アンテナがあります。これは使用する周波数帯域を広くしたい場合等に用いられます。④も不適当です。

■パラボラアンテナの構造

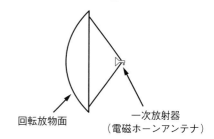

回転放物面　　　一次放射器（電磁ホーンアンテナ）

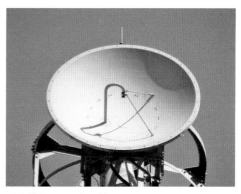

パラボラアンテナの例

（2級電気通信工事　令和3年前期　No.20）

〔解 答〕　①**適当**

4-13 無線アンテナ⑤ ［パラボラ派生形］

> **演習問題** 無線通信で使用するアンテナに関する記述として、適当なものはどれか。
>
> ①オフセットパラボラアンテナは、伝送路となるパラボラ反射鏡の前面に一次放射器を置かないことで、サイドローブ特性を改善している
> ②折り返し半波長ダイポールアンテナの放射抵抗は、半波長ダイポールアンテナの約2倍になる
> ③スリーブアンテナは、同軸ケーブルの内導体を1/8波長延ばして放射素子とし、さらに同軸ケーブルの外側導体に長さが1/8波長の円筒導体を設けることで、1波長のアンテナとして動作させるものである
> ④八木アンテナは、導波器、放射器、反射器からなり、導波器に給電する

ポイント▶ 比較的よく目にする各種空中線の、特性や仕様に関して問われている設問である。エレメント（素子）だけでなく、これを取り巻く反射鏡等の付帯的な部材の役割や位置関係等、全体像として理解しておきたい。

解　説

折り返し半波長ダイポールアンテナの放射抵抗は、約292〔Ω〕です。これは半波長ダイポールアンテナの約73〔Ω〕と比較すると、4倍の大きさです。②は不適当です。

スリーブアンテナは、同軸ケーブルの内部導体を上に延ばして放射素子とします。外部導体はそのまま折り返すか、または円筒導体を被せる形状になります。

長さはどちらも1/4波長で、全体として半波長アンテナと等価になります。③も不適当です。

八木アンテナの構成は、導波器、放射器、反射器の3部材です。給電は、このうち放射器（輻射器ともいう）に行います。④も不適当です。

■ **オフセットパラボラアンテナのあらまし**

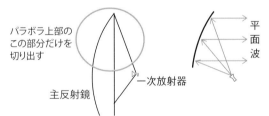

パラボラ上部のこの部分だけを切り出す
主反射鏡
一次放射器
平面波

通常のパラボラアンテナでは、一次放射器や支柱が電波の伝播路に入り込んでいるため、これらに反射してサイドローブを発生させてしまいます。

不要な反射を改善するため、オフセットパラボラアンテナは、パラボラアンテナの主反射鏡の一部を切り取った形にしています。

これにより、伝播路から障害物を外すことができます。①が適当です。

（1級電気通信工事　令和2年午前　No.24）

オフセットパラボラアンテナの例

〔解答〕 ①適当

演習問題

図は、マイクロ波（SHF）帯で用いられるアンテナの原理的な構成例を示したものである。このアンテナの名称として、<u>正しいもの</u>を下の番号から選べ。

① グレゴリアンアンテナ
② カセグレンアンテナ
③ コーナレフレクタアンテナ
④ ホーンレフレクタアンテナ

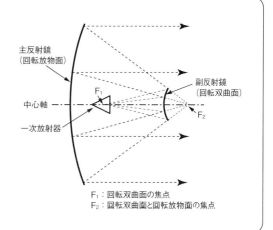

F₁：回転双曲面の焦点
F₂：回転双曲面と回転放物面の焦点

ポイント▶

人工衛星と通信するためのパラボラアンテナは、必然的に反射鏡が上方を向く。その結果、一次放射器が下方を向いてしまい、地上のさまざまな電波を拾いやすくなってしまう。これの改善を目的とした空中線に関する設問である。

解説

人々が生活する地球上には、実に多くの電波が縦横無尽に飛び交っています。衛星通信の場合は、自身に関係のない、これら地球上の電波を「大地雑音」と呼んでいますが、これは大敵です。地球外の遥か遠方より到来する人工衛星の微弱な電波が、地球上に溢れる強力な大地雑音によって潰されてしまう可能性があるためです。

この大地雑音が受信系に入り込むことをできるだけ低減するため、一次放射器である電磁ホーンアンテナを、下方に向けないという工夫があります。一次放射器を上

カセグレンアンテナの例

方へ向けることで、大地雑音が直接混入することを避ける狙いです。そのため一次放射器と反射鏡との間に鏡を1枚挟むアンテナが開発されました。

間に挟む鏡を「副反射鏡」といい、電波を効率よく反射させるために曲面状になっています。その曲面は、焦点を2つ持つ曲線を回転させたもので、掲題の回転双曲面によるものは「カセグレンアンテナ」と称されています。②が正しいです。

（一陸特　平成29年6月AM　No.18）

〔解答〕 **②正しい**

さらに詳しく

副反射鏡として用いる曲面は、焦点を2つ持っている必要がある。これを満たすものとして、カセグレンアンテナの他にグレゴリアンアンテナがある。こちらは回転楕円面の曲面を用いたものである。

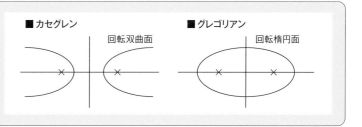

■カセグレン　回転双曲面
■グレゴリアン　回転楕円面

4-14 気象［レーダ雨量計］

気象観測の分野においても、電気通信は大きな役割を果たしている。特に観測レーダシステムに関しては、高度な無線技術なくしては実現し得ないものである。

演習問題

レーダにより降雨観測を行うレーダ雨量計に関する記述として、適当でないものはどれか。

① レーダ雨量計で観測する雨等の方位は、パラボラアンテナの方位角から求める

② 二重偏波レーダは、送信波と受信波の周波数のずれを観測することで雨等の移動速度を観測するレーダである

③ C バンドレーダ雨量計は、X バンドレーダ雨量計よりも観測範囲が広い

④ C バンドレーダ雨量計は、X バンドレーダ雨量計よりも直径の大きなパラボラアンテナが使われている

ポイント▶ 降雨量を把握する手法としては、実際に降っている雨を集水して、単位時間ごとに量を測るのがシンプルで確実である。しかし広範囲を面的に網羅することが難しいため、レーダ等のシステム的な計測法が導入された。

解 説

レーダ雨量計の空中線には、パラボラアンテナが用いられています。これが水平面上で360度回転して、全方位を測定できる仕組みです。①は適当です。

二重偏波方式は、偏波を水平面と垂直面の2面に用意します。これら両波を同時に送信して、大気中の雨粒で反射した電波を受信します。

この際に両波の受信波の<u>位相のずれ</u>を測定することで、雨量強度を算出します。周波数のずれではありません。②が不適当です。

■レーダ雨量計の主な仕様

	観測範囲	周波数帯	空中線直径	目的
C バンド	半径300 km	5.3GHz 帯	約4.3m	気象予報等の広範囲な観測
X バンド	半径50km	9.3〜9.4GHz 帯	約2m	局所的な高精度な観測

C バンドレーダの例

レーダ雨量計は、目的や周波数帯の違いによって、C バンドと X バンドに分類されます。両者の主な仕様は上表を参照してください。

C バンドレーダ雨量計は X バンドよりも使用周波数が低いため、より遠方まで観測が可能となっています。③の記述は適当です。

空中線は球体のレドームで覆われていて、外部からは観察しにくいです。上表のようにパラボラアンテナの直径は、C バンドのほうが大きいです。④も適当です。

(1級電気通信工事　令和3年午前　No.44)

〔解答〕 ②不適当 → 位相差を観測

演習問題 レーダ雨量計で利用されているMPレーダ（マルチパラメータレーダ）に関する記述として、<u>適当でないもの</u>はどれか。

① MPレーダは、落下中の雨滴がつぶれた形をしている性質を利用し、偏波間位相差から高精度に降雨強度を推定している

② MPレーダは、水平偏波と垂直偏波の電波を交互に送受信して観測する気象レーダである

③ 偏波間位相差は、Xバンドのほうが弱から中程度の雨でも敏感に反応するため、XバンドMPレーダは電波が完全に消散して観測不可能とならない限り高精度な降雨強度推定ができる

④ XバンドのMPレーダでは、降雨減衰の影響により観測不能となる領域が発生する場合があるが、レーダのネットワークを構築し、観測不能となる領域を別のレーダでカバーすることにより解決している

ポイント▶ マルチパラメータとは、文字通り複数の要素を用いて情報処理等に活用する方式のことである。単一の要素のみに頼るよりも、複数のパラメータで裏付けを得ることによって、情報の精度を向上させることが狙いである。

解　説

　雨滴は落下時に空気抵抗を受けるため、水平方向に扁平します。これによって、電波が雨滴に衝突した際に、水平偏波と垂直偏波とでは、異なる振る舞いを見せます。

　具体的には、衝突して反射するときに、両偏波間の位相に差が生じます。この差分を測定することによって、降雨強度を算出します。①は適当です。

　水平偏波と垂直偏波の電波は、<u>同時に送受信</u>しています。交互ではありません。交互の送受信では、瞬間値に誤差が発生してしまいます。②が不適当です。

■雨滴の形状と二重偏波の概念

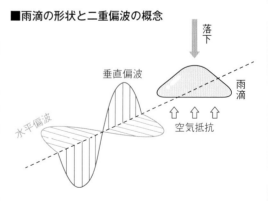

落下

垂直偏波

水平偏波

雨滴

空気抵抗

Xバンド MP レーダの例

　Cバンドは、Xバンドより使用周波数が低いです。その分、細かい雨滴に反射せずに、これらの降雨帯を通り抜けてしまう可能性が高まります。細かい雨滴に対しては、Xバンドのほうが適しています。③は適当です。

　Xバンドは使用周波数が高く、特に10GHz帯に近いため、降雨減衰の影響を受けやすいです。このため、面的な網羅を必要とする場合には、レーダ局を多く配置して補完します。④も適当です。

（1級電気通信工事　令和1年午前　No.43）

〔解答〕　②不適当 → 同時に送受信

4-15 無線LAN① ［規格］

無線LANは、今日では生活に欠かせない通信インフラとなっている。有線LANに比べて便利である反面、多数のユーザが同時に運用する場合の通信錯綜や、情報が外部に漏れるセキュリティ面等の対策が必要となる。

演習問題 無線LAN（IEEE802.11標準）の仕様や特徴について述べた文章のうち、<u>誤っているもの</u>を選べ。

①各種のISMバンド対応機器等、他のシステムとの干渉を避けるために、2.4GHz帯のISMバンドを使用する無線LANでは、スペクトル拡散変調方式が用いられている

②5GHz帯を用いる無線LANは、ISMバンドとの干渉によるスループット低下がない

③2400MHz帯と5GHz帯の両方の無線LANの周波数帯域で使用できる、デュアルバンド対応のデバイスが組み込まれたものがある

④CSMA/CA方式では、送信端末はアクセスポイント（AP）からのCTS信号を受信することで、送信データが正しくAPに送信できたことを確認する。これは、自身の送信データが他の無線端末からの送信データと衝突しても、送信端末では衝突を検知することが困難であるためである

ポイント▶ 無線LANは、使用する周波数帯域や変調方式の違い等によってさまざまな規格が存在するが、これは同時に進化の歴史でもある。

解　説

まず、無線LANで使用できる周波数帯域を整理します。以前は2,400MHz（2.4GHz）帯と5GHz帯の2種類で運用されてきましたが、近年になって60GHz帯を用いる規格が登場。下表の各規格は、IEEE802.11標準の末尾のアルファベット記号による区分です。

ISMバンド（Industry-Science-Medical Band）は産業科学医療用の周波数帯です。2,400MHz帯と5GHz帯で運用されています。このうち2,400MHz帯は、無線LANで用

周波数帯	11b	11g	11a	11n	11ac	11ad
2.4GHz	○	○		○		
5GHz			○	○	○	
60GHz						○

いる周波数帯と近接しているため、両者が干渉する問題があります。

このため、無線LAN側がスペクトル拡散変調を採用し、干渉時のスループット低下等の障害を低減しています。スペクトル拡散とは、CDM（符号分割多重）を実現する手段のことです。①は正しいです。

一方5GHz帯は、両者の周波数帯が離れているため干渉は発生しません。②も正しい。

上表の通り、802.11nは両周波数に対応するデュアルバンドの規格です。アクセスポイント（AP）と端末との作用によって自動的に選択します。③は正しい。

有線LANと違って、無線LANでは他の端末からの送信データと重なった場合に、その事実を検知することが困難です。そのためCSMA/CA方式によって送信データの制御を行います。

送信した端末はAPから**ACK信号**を受信できれば、送信データの正常性を確認できます。CTS信号ではありません。④が誤りです。

■無線LANでの送信データ衝突の例

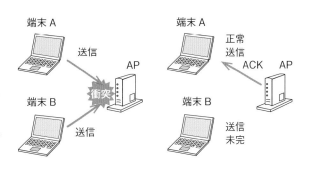

〔解答〕 ④誤り

演習問題 無線LAN（IEEE802.11標準）において、OFDMと呼ばれる規格の変調方式として<u>正しい</u>ものはどれか。

①周波数ホッピング　②直接拡散　③シングルキャリア　④マルチキャリア

ポイント▶ 無線LANはデジタル通信であるから、信号を搬送波に乗せるためにデジタル変調を行う。当初はCDM方式が主流であったが、より高速化を目指してOFDM方式へと進化してきた。両者の違いについて理解を深めておきたい。

解説

スペクトル拡散変調を行うCDMには、2つの方式が存在します。その1つが「周波数ホッピング（FHSS）」で、通信中に短い時間間隔で周波数を変えていく方式です。周波数が次々と高速で変わっていくため、送信者と受信者とで変更パターンを把握していないと正常に通信ができません。把握していない第三者に対して秘匿性が高まる利点があります。

もう1つの方式は「直接拡散（DSSS）」で、これはPN符号を用いて広い周波数帯に拡散する方式です。送信者と受信者とで同一のPN符号を持っていないと正常に通信できません。持っていない第三者が受信しても、復調できないためノイズにしか聞こえず、秘匿性が高いといえます。

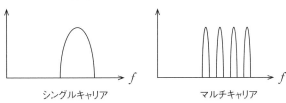

題意のOFDMは、直交周波数分割多重変調方式である。免許されている周波数（キャリア）をさらに細かいサブキャリアに分け、その1本1本を各ユーザに割り当てる。複数のキャリアを用いて通信することから、「マルチキャリア」と呼ばれます。④が正しいです。

〔解答〕 ④正しい

?! 学習のヒント

無線LANは局の開設にあたって無線局免許は不要であり、操作する者についても無線従事者免許は不要である。

4-15　無線LAN② ［認証］

> **演習問題**
>
> 無線LANの認証で使われる規格IEEE 802.1Xに関する記述として、<u>適当でないもの</u>はどれか。
>
> ①EAP-PEAP は、TLS ハンドシェイクの仕組みを利用する認証方式である
> ②EAP-TTLS のクライアント認証は、ユーザ名とパスワードにより行う
> ③EAP-MD5は、サーバ認証とクライアント認証の相互認証である
> ④EAP-TLS のクライアント認証は、クライアントのデジタル証明書を検証することで行う

ポイント▶ 認証とは、ネットワークに対してアクセスを要求してきたユーザ（クライアント）が、正規の利用者かどうかを照合する仕組みのこと。逆も同様で、アクセス先サーバの正当性について、ユーザ側が確認する仕組みでもある。

解　説

　有線LANの場合と異なり、無線LANの場合には物理的な配線を伴わなくてもネットワークに参加することが可能となります。これは正規のユーザにとっては便利な反面、不正なユーザを参加させてしまう要因にもなります。そこで、正規のユーザかどうかを、ネットワーク側が判断しなくてはなりません。

　認証のための専門のサーバを配置して、アクセスポイント（AP）を一括管理する形を、EAP方式といいます。このときの認証を司るサーバをRADIUSサーバと呼び、ここがクライアントの接続に関しての許否を判断しています。

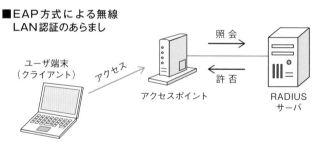

■EAP方式による無線LAN認証のあらまし

　ユーザを認証する方法は、EAP-TLSのようにクライアント端末にデジタル証明書を持たせる方式が最も強力ですが、コストと手間がかかる欠点があります。このため、事前に登録したユーザIDとパスワードの組み合わせが一致するかどうかで認証する方式も、広く普及しています。

　逆にユーザ側から見た場合にも、接続先のサーバが<u>正当かどうかが担保</u>できません。そのため信頼できる手段を用いて、サーバを認証する必要があります。これがサーバ認証です。

　数あるEAP方式の中でも、EAP-MD5だけは<u>サーバ側の認証を行いません</u>。したがって、送信した情報が第三者に盗み取られるリスクがあります。MD5以外の方式は、いずれも相互認証の機能を持っています。なお、クライアントの認証を行わない方式は存在しません。③が不適当です。

（1級電気通信工事　令和1年午前No.22）

〔解答〕　③不適当 → サーバ認証はしない

> **演習問題** 無線LANの認証に関する記述として、<u>適当でないもの</u>はどれか。
>
> ①IEEE802.1Xで用いられるEAP-TTLSのクライアント認証は、SSIDによる認証である
> ②WPA-EAPやWPA2-EAPは、認証サーバによる認証方法である
> ③WPA-PSKやWPA2-PSKは、IEEE802.1Xを利用しない認証方法である
> ④IEEE 802.1Xで用いられるEAP-MD5のクライアント認証は、パスワード認証である

ポイント▶ これら認証については、やたらと記号や略号が多く登場して、思うように学習が進まないカテゴリである。またメーカー主導で発達してきた経緯があり、技術の全体として統一感がないことも、理解を妨げる要因ともいえる。

解　説

EAP-TTLS方式では、クライアント認証は<u>ユーザIDとパスワードの組み合わせ</u>を照合することによって行います。SSIDを用いた形ではありません。①は不適当です。

■EAP方式のいろいろ

方式	クライアントの認証	サーバの認証	安全性
MD5	ID・パスワード	なし	低
LEAP	ID・パスワード	ID・パスワード	中
TLS	クライアント証明書	サーバ証明書	最高
SIM	通信事業者のSIM	サーバ証明書	最高
TTLS	ID・パスワード	サーバ証明書	高
PEAP	ID・パスワード	サーバ証明書	高
FAST	ID・パスワード	ID・パスワード	高

EAP方式は、オフィス等の比較的大きな規模の無線LANネットワークを構築する場合に用いる認証方式です。これはエンタープライズモードと呼ばれ、IEEE802.1Xに準拠した規格によって通信が行われています。

一方で家庭等の小規模なネットワークでは、認証のためのサーバを置かずに、アクセスポイントが認証を行っています。これをパーソナルモードと呼んでいます。EAP方式のように認証サーバを用いないので、IEEE802.1Xは関係ありません。

このパーソナルモードでは、APとクライアント端末間でPSKという秘密鍵を生成して認証の手順を進めます。WPA-PSKやWPA2-PSKはこの方式であり、IEEE802.1Xを利用しない認証方法となります。③は適当です。

（1級電気通信工事　令和年2午前No.22）

〔解答〕　①不適当 → IDとパスワード

?! 学習のヒント

EAP：Extensible Authentication Protocol

4-16　衛星通信　[衛星機能]

　物理的に有線回線を敷設することが困難な場合の通信手段の1つに、人工衛星を中継した無線回線がある。例えば東京とニューヨークとの間の通信を考えれば理解しやすい。海底ケーブルか、衛星中継回線しか選択肢はない。

演習問題　静止衛星通信に関する記述として、<u>適当なもの</u>はどれか。

①静止衛星は、赤道上空およそ36,000〔km〕の円軌道を約12時間かけて周回する
②静止軌道上に2機の衛星を配置すれば、北極、南極付近を除く地球上の大部分を対象とする、世界的な通信網を構築できる
③衛星通信には、電波の窓と呼ばれる周波数である1〜10〔GHz〕の電波しか使用できない
④アップリンク周波数よりダウンリンク周波数のほうが低い

ポイント▶　人工衛星は宇宙に浮かぶ存在であるが、無線通信に用いるための衛星は、具体的にどの位置に何か所配置すべきなのか。また使用する周波数は、どのように設定すれば効率がよいのか。把握しておく必要がある。

解　説

　静止衛星とは地球上から観察した場合に、常に同じ場所に見える衛星のことです。つまり地球の自転と同じサイクルで、地球の周りを公転しています。したがって、公転周期は<u>約24時間</u>です。①は不適当。

　公転する遠心力で軌道外に飛ばされないように、所定の地上高を保つ必要があります。これが地球表面から約3万6千kmの距離です。これより低いと、重力のほうが勝って地球に落下してしまいます。

■静止衛星の数

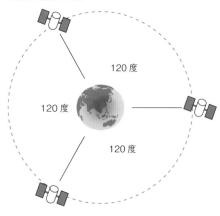

120度
120度
120度

　生活エリアに適さない北極と南極地域を除いて、世界のほぼ全域を網羅するためには、赤道の上空に人工衛星を配置することが理想的です。

　通信用の衛星は最低でも**3個**は必要となります。2個では、場所によっては地平線ギリギリに衛星がいるように見えてしまい、実用的ではありません。②も不適当です。

　宇宙通信に適した、減衰が少なく、かつ雑音も低い1GHz〜10GHzまでの周波数帯を、「電波の窓」と呼びます。しかし静止衛星との通信は、もっと高い<u>10GHz以上の周波数</u>を用いるケースが多いです。

　したがって、③も不適当となります。

（2級電気通信工事　令和1年前期　No.5）

〔解答〕　④適当

演習問題 衛星通信に関する記述として、<u>適当でないもの</u>はどれか。

① 静止衛星の軌道は、赤道面にあることから、高緯度地域においては仰角（衛星を見上げる角度）が低くなり、建造物等により衛星と地球局との間の見通しを確保することが難しくなる

② 複数の地球局が同一周波数で同一帯域幅の信号を使用するFDMAによる多元接続方式は、回線ごとに異なる時間を割り当てて送受信する方式である

③ トランスポンダは、衛星が受信した微弱な信号の増幅、受信周波数から送信周波数への周波数変換および信号波の電力増幅を行う

④ 衛星通信では、電波干渉を避けるため、地球局から衛星への無線回線と、衛星から地球局への無線回線に異なる周波数帯の電波を使用している

ポイント▶ 地球局と衛星中継局との間の回線には、同時に複数のユーザが通信し得る。このようなアクセス形態を多元接続といい、各ユーザの通信を明確に区別しなければならない。これをどのように実現しているのかを理解したい。

解　説

多元接続を時系列で眺めると、アナログ時代からの方式であるFDMAから始まります。免許された周波数帯をさらに細かく分割して、各ユーザに割り当てる方式です。

分割されたそれぞれの周波数は「サブキャリア」と呼ばれ、1ユーザがその通信を終了するまで占有します。略称の頭文字の「F」は周波数の意で、FDMAの日本語訳は「周波数分割多元接続」となります。

次にデジタルの時代に入ると、時間を制御する方式が登場しました。情報の圧縮が可能になり、ユーザが発信する情報を、時間で区切られたマスに割り当てる形です。

■FDMA方式の考え方

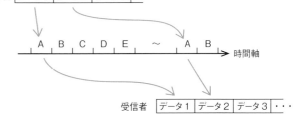

■TDMA方式

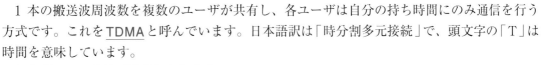

1本の搬送波周波数を複数のユーザが共有し、各ユーザは自分の持ち時間にのみ通信を行う方式です。これを<u>TDMA</u>と呼んでいます。日本語訳は「時分割多元接続」で、頭文字の「T」は時間を意味しています。

したがって、②が不適当となります。

さらに進化すると、符号（コード）によってスペクトル拡散を行うCDMA方式へと発展します。

（1級電気通信工事　令和1年午前　No.23）

〔解答〕 ②不適当 → TDMA方式の説明である

4-17 機器の搬入 ［搬入計画］

現場に搬入する機器が大型の場合は、相応の留意が求められる。事前に実行可能な具体的な計画を立案し、状況によっては、発注者や現地建屋側の管理人等を交えての詳細な打ち合わせが必要となる場合もある。

演習問題 機器の搬入計画を立案する場合に留意する事項として、<u>最も関係のないもの</u>はどれか。

①運搬車両の駐車位置と待機場所
②機器の大きさと重量
③養生すべき箇所と養生方法
④機器の試験成績書

ポイント▶ 現場によっては搬入時間が夜間や休日に限定されたり、通常ルートとは異なる経路での搬入を余儀なくされる場合もある。そのため搬入する機器の仕様も含めて、事前の情報収集には敏感になっておく必要がある。

解　説

機器が大型の場合には、運搬する車両に関しても留意が必要となります。特に駐車位置や車両の向きは、搬入作業に直接的に関わってくるため、十分な検討が要求されます。①は留意すべき事項です。

搬入する機器の寸法が、通常の搬入ルートで通行可能なのか。あるいは、重量が積み下ろしや運搬にあたって実行可能なのか。これら機器の仕様は、事前に留意すべき重要な項目です。②も対象です。

現地での搬入ルートにおいて、屋内の場合は特に、壁や床を保護するために養生が必要となる場合があります。建屋の管理人と打ち合わせを行い、養生方法を確認しなくてはなりません。③も留意事項です。

当該の機器が要求仕様を満たしているかどうかは、重要な管理項目です。しかし搬入計画を立案する場面においては、あまり関係がありません。したがって、④が対象外となります。

床養生の例

〔解答〕　④関係性は低い

演習問題 大型の機器を屋上へ搬入するにあたり、計画を立案する場合の確認事項として、<u>必要でないもの</u>はどれか。

① 搬入業者の作業員名簿
② 搬入時期および搬入順序
③ 搬入揚重機の選定
④ 搬入経路と作業区画場所

ポイント▶ 機器が大型であって、これを建屋の屋上に搬入する場合には、より一層の精細な事前計画が求められる。特に建屋の外部から揚重機を用いて吊り上げる際には、荷重によって区分が異なるために、注意が必要である。

解　説

　搬入の実務を専門の業者に委託する場合には、基本的には業者間の契約となります。そのため、作業にあたる個々人の名簿は、直接的には必要とされません。①が対象外です。

　いつ、どこで、どのように。日程や具体的な作業順序等に関しては、重要な管理項目です。状況によっては権利者の許可が求められるケースもあるため、事前に確認することは必要です。②は必要とされる事項です。

　建屋の外部から揚重機を用いて吊り上げる場合は、対象物の最大荷重によって、利用できる揚重機の区分が限られてきます。また、使いたい揚重機が現場に入れるかどうかの確認も必要です。③も必要事項になります。

　想定していた搬入経路で、当該機器が実際に通行可能であるか。あるいは揚重機や機材等を配置するための作業区画が十分に確保できるか。これらの確認も必要となります。④も対象です。

屋上への機器の搬入の例

〔解答〕　①必要とはされない

• COLUMN •

空中線のいろいろ

● スーパターンスタイルアンテナ

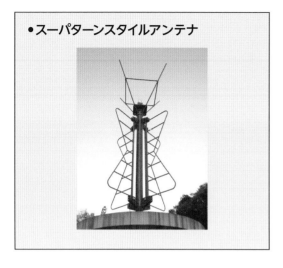

● ディスコーンアンテナ

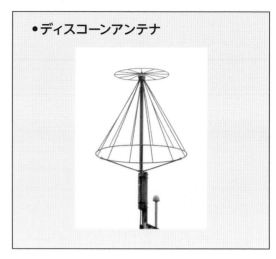

● ループアンテナ

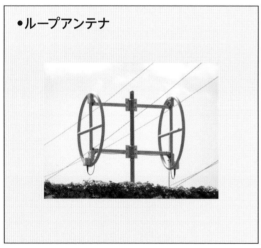

● 同軸開放型アンテナ

● 双ループアンテナ

● 対数周期アンテナ

5章

着手すべき優先度 ❺
★★
選択問題の領域

　5章も選択問題の領域である。出題される14問のうち、8問のみを選択して解答すればよいから、捨ててもよい問題は6問である。

　解答すべき全60問のうち、この8問はわずかに13％。重要度はそれほど高くない。

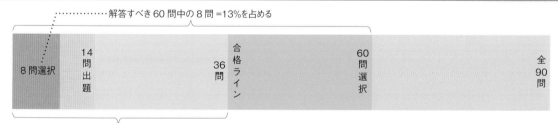

　そして、合格に必要な36問に対して8問は、22％を占める。法令関係の設問が集中して出題される領域であるため、得意・不得意がハッキリ分かれる分野ともいえる。

　もはや5章では、苦手とする問題は最初から捨てるのも作戦の1つである。得意とするジャンルを選びながら、肩の力を抜いて楽しみながら進めていく段階である。

5-1 河川法令 ［許可］

河川に関係する法令は、電気通信の分野とは関連性が低いようにも思える。しかし、有線通信線路が河川を横断するケースや、一時的に河川の敷地を借用して工事を実施する場合等、河川との関わりについても知っておく必要がある。

演習問題 河川管理者の許可が必要な事項に関する記述として、「河川法令」上、誤っているものはどれか。

①河川区域内で仮設の資材置場を設置する場合は、河川管理者の許可が必要である

②電線を河川区域内の上空を通過して設置する場合は、河川管理者の許可が必要である

③河川区域内で下水処理場の排出口の付近に積もった土砂を排除するときは、河川管理者の許可が必要である

④一時的に少量の水をバケツで河川からくみ取る場合は、河川管理者の許可は必要ない

ポイント▶ 河川区域の内方において永続的に用地を占有して施設を構築する場合には、当然に河川管理者の許可を必要とする。また一時的な用地の借用についても、原則的に許可が必要となる。許可を要する事象について理解しておきたい。

解　説

　河川区域とは、堤防の箇所を含み、両岸の堤防の内側のことです。この河川区域は一部に民有地のケースもありますが、原則的には国や都道府県等の河川管理者が所有する敷地となります。

　したがって、河川区域において建造物や送電鉄塔等の永続的な構造物を構築するにあたっては、河川管理者の許可が必要となるのは当然のことです。

　河川区域内の上空に、電線を通過させる場合も同様です。②は正しいです。

　また一時的に仮設の資材置場を設ける場合も占有にあたるため、河川管理者の許可は必要となります。①も正しいです。

　逆に、排出口の付近に積もった土砂を排除する等の保守的な措置については、<u>許可は必要ありません</u>。③が誤りです。

　河川から少量の水をくみ取る場合も同様に、許可は不要です。④は正しいです。

（1級電気通信工事　令和1年午前 No.53）

河川区域内を占有している例

河川を横断する電線の例

〔解答〕　③誤り → 許可不要

演習問題 河川管理者の許可が必要な事項に関する記述として、「河川法」上、<u>誤っているものはどれか</u>。

①河川区域内の民有地に一時的な仮設工作物として現場事務所を設置する場合は、河川管理者の許可を受ける必要がある

②電線を河川区域の上空を通過して設置する場合は、河川管理者の許可を受ける必要がある

③河川区域内における送電鉄塔の新設について河川管理者の許可を受けている場合であっても、その送電鉄塔を施工するための土地の掘削に関して新たに河川管理者の許可を受ける必要がある

④河川区域内に河川管理者の許可を得て設置した水位計を撤去する場合は、河川管理者の許可を受ける必要がある

ポイント▶ 前ページの例題と同様に、河川区域内における許可について学習していく。ある程度は常識的な解釈で判断が可能であるが、細かい言い回しの部分で紛らわしいケースがある。騙されないように留意しておきたい。

解　説

　河川区域の内方において、送電鉄塔等を新設する場合には、当然に河川管理者の許可を受ける必要があります。その際に、施工に関わる具体的な個々の作業については、どのように解釈すべきでしょうか。

　これは、鉄塔の新設という結果に対しての許可となります。つまり、掘削等の個々の作業に関しての許可をも含んだ、包括的なものと理解すればよいです。

　したがって、<u>掘削にあたっての新たな許可は不要</u>となります。③が誤りです。

　水位計に限らず、工作物を新設する場合には、許可が必要です。ただし、新設の場合だけではありません。いったん構築した工作物の改築の際にも、許可が必要となります。

　さらには、これらを撤去するときにも許可は必要です。除去だけだから許可は不要だろうと勘違いしがちですが、下記の根拠法令で確認しておきましょう。④は正しいです。

（1級電気通信工事　令和3年午前 No.53）

〔解答〕　③誤り → 施工ごとには必要なし

 根拠法令等

河川法
第二章　河川の管理
第三節　河川の使用及び河川に関する規制
第一款　通則
（土地の占用の許可）
第24条　河川区域内の土地を占用しようとする者は、国土交通省令で定めるところにより、河川管理者の許可を受けなければならない。

（工作物の新築等の許可）
第26条　河川区域内の土地において工作物を新築し、改築し、又は除却しようとする者は、国土交通省令で定めるところにより、河川管理者の許可を受けなければならない。河川の河口附近の海面において河川の流水を貯留し、又は停滞させるための工作物を新築し、改築し、又は除却しようとする者も、同様とする。
〔以下略〕

5-2 労働安全衛生法令① [作業主任者]

建設工事には、危険作業や有害作業が含まれる場面が多々ある。このような状況でも事故の発生は未然に食い止めなければならず、法令の定めに応じて事前の教育を行い、必要とする有資格者を配置する等の措置が求められる。

演習問題 作業主任者の選任を必要とする作業に関する記述として、「労働安全衛生法令」上、誤っているものはどれか。

① 掘削面の高さが3mの地山の掘削(ずい道およびたて坑以外の坑の掘削を除く)の作業
② 土止め支保工の切りばりまたは腹起こしの取り外しの作業
③ 高さが3mの無線通信用鉄塔の組立て作業
④ 地下に設置されたマンホール内の通信ケーブルの敷設作業

ポイント▶ 作業を実施するにあたり、所要の資格が必要となる場合がある。これは作業者本人のみならず、有資格者を監視役として置かなければならない等、ケースによっていくつかの条件がある。紛らわしい部分なので注意したい。

解　説

危険・有害作業の監視者である作業主任者になれる者は、当該作業に関する技能講習等を修了した者だけです。誤解されがちですが、特別教育の修了だけでは、作業主任者には選任できません。

まず、地山の掘削作業は、高さ(あるいは深さ)が2m以上となる場合は、作業主任者の選任が必要です。これらは数字が絡む部分で紛らわしいので、しっかり理解しておきましょう。①は正しいです。

土止め支保工の切りばり、あるいは腹起しの取り付け作業も、作業主任者が求められます。これは取外しの際も同様です。②も正しいです。

鉄塔の組立て作業については、<u>高さ5m以上</u>が該当します。5m未満の場合は対象外です。したがって、③が誤りとなります。

本設問では無線通信用に限定されていますが、用途を問わず、どのような鉄塔でも5m以上であれば選任が必要です。また、解体する作業の場合も同様です。

マンホールの内部は、酸素の濃度が低くなっている可能性があります。これは酸素欠乏危険作業に該当しますので、選任は必要です。
通信ケーブルの敷設だけでなく、どのような作業でも対象となります。④は正しいです。

これ以外にも、型枠支保工の組立てまたは解体の作業、あるいはアセチレン溶接装置を用いて行う金属の溶接作業等も対象とされています。

(1級電気通信工事　令和2年午前　No.50)

土止め支保工の例

マンホール作業の例

2m以上の掘削作業の例

型枠支保工の例

5m以上の無線通信用鉄塔の例

アセチレン溶接の例

〔解答〕　③誤り → 5m以上が該当

> **演習問題** 作業主任者の選任を必要とする作業として、「労働安全衛生法令」上、<u>誤っているものはどれか</u>。
> ①高さ3mの構造の足場の組立ての作業
> ②掘削面の高さが2mとなる地山の掘削（ずい道およびたて抗以外の抗の掘削を除く）の作業
> ③高さが10mの無線通信用鉄塔の組立ての作業
> ④地下に設置されたマンホール内での通信ケーブルの敷設の作業

ポイント▶ 作業主任者を選任すべき作業とは、有害や危険を伴うもので、労働災害を防止するために専門家による管理を必要とする作業のことである。これらは当該作業の技能講習等を修了した者による、直接の監視を要する。

解　説

　作業主任者の選任を必要とする作業は、労働安全衛生法施行令第6条（作業主任者を選任すべき作業）にて定められています。これは全34項目にも上ります。

　そのうち、電気通信工事に密接に関係する項目を、特に重要ポイントとして抽出しました。

【 重要 】

この8項目は暗記必須です。優先的に覚えておきましょう。

5m以上	足場の組立・解体
〃	鉄塔の組立・解体
〃	コンクリート構造物の解体
2m以上	地山の掘削
条件なし	暗きょ内作業
〃	マンホール内作業
〃	つり足場の組立・解体
〃	土止め支保工

　さて、足場の組立て作業については、<u>5m以上</u>の現場が対象です。5m未満の場合は該当しません。解体の場合も同様です。①は誤りです。

　注意点として、「足場」と「つり足場」は異なるものです。また「張出し足場」も違います。足場は5m以上が対象ですが、つり足場と張出し足場は、高さによる条件がありません。

　これらは高さに関係なく、常に作業主任者の選任が必要となります。

5m以上の足場の例

つり足場の例

張出し足場の例

　その他の選択肢②〜④は、いずれも作業主任者を要する作業となります。

（1級電気通信工事　令和3年午前　No.50）

〔解 答〕　①誤り → 5m以上が該当

 根拠法令等

労働安全衛生法
（作業主任者）
第14条　事業者は、高圧室内作業その他の労働災害を防止するための管理を必要とする作業で、政令で定めるものについては、都道府県労働局長の免許を受けた者又は都道府県労働局長の登録を受けた者が行う技能講習を修了した者のうちから、厚生労働省令で定めるところにより、当該作業の区分に応じて、作業主任者を選任し、その者に当該作業に従事する労働者の指揮その他の厚生労働省令で定める事項を行わせなければならない。

労働安全衛生法施行令
（作業主任者を選任すべき作業）
第6条　法第14条の政令で定める作業は、次のとおりとする。（抜粋）
　1　　高圧室内作業
　2　　アセチレン溶接装置又はガス集合溶接装置を用いて行う金属の溶接、溶断又は加熱の作業
　8の2　コンクリート破砕器を用いて行う破砕の作業
　9　　掘削面の高さが2m以上となる地山の掘削の作業
　10　　土止め支保工の切りばり又は腹起こしの取付け又は取り外しの作業
　14　　型枠支保工の組立て又は解体の作業
　15　　つり足場、張出し足場又は高さが5m以上の構造の足場の組立て、解体又は変更の作業
　15の2　建築物の骨組み又は塔であって、金属製の部材により構成されるもの（その高さが5m以上であるものに限る）の組立て、解体又は変更の作業
　15の5　コンクリート造の工作物（その高さが5m以上であるものに限る）の解体又は破壊の作業
　21　　別表第6に掲げる酸素欠乏危険場所における作業
　23　　石綿若しくは石綿をその重量の0.1％を超えて含有する製剤その他の物を取り扱う作業又は石綿等を試験研究のため製造する作業若しくは第16条第1項第4号イからハまでに掲げる石綿で同号の厚生労働省令で定めるもの若しくはこれらの石綿をその重量の0.1％を超えて含有する製剤その他の物を製造する作業

5-2 労働安全衛生法令② [安全衛生]

演習問題 総括安全衛生管理者が行う統括管理の業務として、「労働安全衛生法」上、<u>誤っているもの</u>はどれか

① 健康診断の実施その他、健康の保持促進のための措置に関すること
② 工事遅延の原因の調査、および再発防止対策に関すること
③ 労働者の危険または、健康障害を防止するための措置に関すること
④ 労働者の安全または、衛生のための教育の実施に関すること

ポイント▶ 人を雇っている組織においては、その規模に応じて、管理者や責任者等を選任して配置しなければならない。この組織の規模とは、所属する従業者の人数で測られるが、必ずしも工事現場に限った話ではない点に注意。

解 説

アルバイトや他社からの派遣者も含めて、合計50人以上が稼働する事業場では、安全管理者と衛生管理者を選任しなければなりません。

そして100人以上となる場合には、これらに加えて、より上位である総括安全衛生管理者の選任も必要になります。

この総括安全衛生管理者が行うべき統括管理の業務については、下記の根拠法令に示す5項目が該当します。したがって、選択肢のうちで含まれないのは、②になります。

近い表現の項目として、「<u>労働災害の原因の調査及び再発防止対策に関すること</u>」があります。工事遅延に関するものでありません。

しっかりと覚えておきましょう。

(1級電気通信工事 令和1年午前 No.51)

〔解 答〕 ②誤り

 根拠法令等

労働安全衛生法
第三章 安全衛生管理体制
（総括安全衛生管理者）
第10条 事業者は、政令で定める規模の事業場ごとに、厚生労働省令で定めるところにより、総括安全衛生管理者を選任し、その者に安全管理者、衛生管理者又は第25条の2第2項の規定により技術的事項を管理する者の指揮をさせるとともに、次の業務を統括管理させなければならない。
　1 労働者の危険又は健康障害を防止するための措置に関すること。
　2 労働者の安全又は衛生のための教育の実施に関すること。
　3 健康診断の実施その他健康の保持増進のための措置に関すること。
　4 労働災害の原因の調査及び再発防止対策に関すること。
　5 前各号に掲げるもののほか、労働災害を防止するため必要な業務で、厚生労働省令で定めるもの

演習問題 産業医を選任しなければならない規模の事業場として、「労働安全衛生法令」上、正しいものはどれか。

①常時10人以上の労働者を使用する事業場
②常時20人以上の労働者を使用する事業場
③常時30人以上の労働者を使用する事業場
④常時50人以上の労働者を使用する事業場

ポイント▶ 選任する管理者や責任者等については、建設現場においてのみ適用されるものがある。一方で建設現場以外の事業場でも適用されるものもあり、これらを混同しないように、しっかり区別しておきたい。

解　説

　安全管理者や衛生管理者を選任する場合と同じく、常に50人以上が所属する事業場では、産業医を選任して配置しなければなりません

　産業医は医師であって、その組織に所属する従業者の健康管理等を行います。

　この産業医を含め、各管理者等を選任すべき条件は、下表のようになります。これらの5者は、建設現場以外の事業場でも広く適用されるものです。

　建設現場のみに適用される管理者・責任者とは異なる概念なので、注意しましょう。

■選任すべき管理者等

労働者数	安全衛生推進者	安全管理者	衛生管理者	産業医	総括安全衛生管理者
100人以上	−	○	○	○	○
50〜99人	−	○	○	○	−
10〜49人	○	−	−	−	−
9人以下	−	−	−	−	−

※これらは、いずれも「責任者」ではないため注意！

（1級電気通信工事　令和1年午前　No.51）

〔解答〕　④正しい

根拠法令等

労働安全衛生法
第三章　安全衛生管理体制
（総括安全衛生管理者）
（産業医等）
第13条　事業者は、政令で定める規模の事業場ごとに、厚生労働省令で定めるところにより、医師のうちから産業医を選任し、その者に労働者の健康管理その他の厚生労働省令で定める事項を行わせなければならない。
〔以下略〕
労働安全衛生法施行令
（産業医を選任すべき事業場）
第5条　法第13条第1項の政令で定める規模の事業場は、常時50人以上の労働者を使用する事業場とする。

> 演習問題　建設工事現場における店社安全衛生管理者の職務として、「労働安全衛生法令」上、誤っているものはどれか。
>
> ①少なくとも毎月1回、労働者が作業を行う場所を巡視すること
> ②衛生委員会を設けること
> ③協議組織の会議に随時参加すること
> ④労働者の作業の種類その他作業の実施の状況を把握すること

 ポイント▶ 建設業において、現場代理人等に対する指導等を行う必要がある。規模の大きな現場では、統括安全衛生責任者を選任してこれを行う。中小規模の現場では、代わりに店社安全衛生管理者を選任することになる。

解　説

　例題の店社安全衛生管理者とは、統括安全衛生責任者を選任するほどの規模でない中小規模の建設現場において、元請が選任すべき管理者になります。

　具体的には、下請業者を含めて現場に20～49人となるケースで選任が必要となります。この店社安全衛生管理者が行うべき職務は、下記の根拠法令に示した4項目になります。

　これによって、掲出の選択肢の中では、「衛生委員会を設けること」は含まれていません。衛生委員会の設置は、**事業者が行うべき**事項とされています。

　したがって、②の記述が誤りとなります。　　　　　（1級電気通信工事　令和2年午前　No.51）

〔解答〕　②誤り → 対象外

📖 **根拠法令等**

労働安全衛生規則
第一編　通則
第二章　安全衛生管理体制
第六節　統括安全衛生責任者、元方安全衛生管理者、店社安全衛生管理者及び安全衛生責任者

（店社安全衛生管理者の職務）
第18条の8　法第15条の3第1項及び第2項の厚生労働省令で定める事項は、次のとおりとする。
　1　少なくとも毎月1回法第15条の3第1項又は第2項の労働者が作業を行う場所を巡視すること
　2　法第15条の3第1項又は第2項の労働者の作業の種類その他作業の実施の状況を把握すること
　3　法第30条第1項第1号の協議組織の会議に随時参加すること
　4　法第30条第1項第5号の計画に関し同号の措置が講ぜられていることについて確認すること

演習問題 特定元方事業者が統括安全衛生責任者に統括管理させなければならない事項に関する記述として、「労働安全衛生法」上、誤っているものはどれか。

①作業間の連絡および調整を行うこと
②関係請負人が行う労働者の安全または衛生のための教育に対する指導、および援助を行うこと
③協議組織の設置および運営を行うこと
④施工体制台帳および施工体系図の作成を行うこと

ポイント▶ 事業者が選任すべき管理者や責任者等は、建設現場以外の一般的な事業場でも適用されるものが存在する。一方で、建設現場のみに適用されるものもあり、これらは紛らわしいため混同しないように区別したい。

解 説

統括安全衛生責任者とは、下請業者を含めて合計50人以上となる建設現場において、元請が選任すべき人物になります。

この統括安全衛生責任者が統括管理すべき事項は、次に示す6項目になります。

1　協議組織の設置及び運営を行うこと
2　作業間の連絡及び調整を行うこと
3　作業場所を巡視すること
4　関係請負人が行う労働者の安全又は衛生のための教育に対する指導及び援助を行うこと
5　〔省略〕
6　前各号に掲げるものの他、当該労働災害を防止するため必要な事項

選択肢では、「施工体制台帳および施工体系図の作成」が対象外です。これは、元請となる特定建設業者の役割です。④が誤り。

紛らわしいですが、店社安全衛生管理者や統括安全衛生責任者といった各人物のポジションは、下記の図のようになります。

(1級電気通信工事　令和4年午前　No.51)

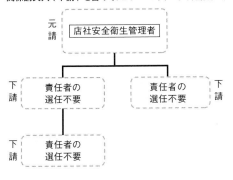

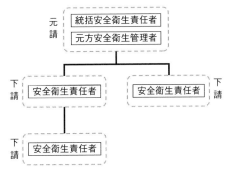

〔解答〕　④誤り → 対象外

5-3 建設業法令① ［建設業許可］

建設業法令は、建設業法とそれに付帯する諸法令の総称である。検定では労働安全衛生法と並んでよく目にする、お馴染みの法令である。施工管理技士が所属する組織に関する設問を扱う。選択問題であるが、注目しておきたい。

演習問題　「建設業法」を根拠法として、指定建設業として定められていないものを選べ。

①建築工事業　　②電気工事業　　③電気通信工事業　　④管工事業

ポイント▶　建設業は建設業法にて定められた許可制の事業区分であるが、実に29種に分類されている。さらに建設業の中で、指定建設業なるものが定められている。指定建設業に該当するものはどの工事業種で、建設業との違いは何か。

解　説

建設業許可の区分は、以下の29種です（建設業法　別表第一より）。

土木工事業	鋼構造物工事業	熱絶縁工事業
建築工事業	鉄筋工事業	電気通信工事業
大工工事業	舗装工事業	造園工事業
左官工事業	しゅんせつ工事業	さく井工事業
とび・土工工事業	板金工事業	建具工事業
石工事業	ガラス工事業	水道施設工事業
屋根工事業	塗装工事業	消防施設工事業
電気工事業	防水工事業	清掃施設工事業
管工事業	内装仕上工事業	解体工事業
タイル・れんが・ブロツク工事業	機械器具設置工事業	

上表を全て覚える必要はありませんが、このうち、指定建設業として定められているのは以下の7種のみです。この7種は覚えておきましょう。

・土木工事業　　・建築工事業　・電気工事業　・管工事業
・鋼構造物工事業　・舗装工事業　・造園工事業

したがって、電気通信工事業は該当しません。

〔解 答〕　③ 定められていない

🔍さらに詳しく

指定建設業：施工技術の総合性、施工技術の普及状況その他の事情を考慮して政令で定める建設業。

> **演習問題**　「建設業法」を根拠法とし、建設業の許可について、<u>誤っているもの</u>を選べ。
>
> ①都道府県知事の許可を受けた建設業者は、他の都道府県において営業することができる
> ②発注者から直接請け負う一件の請負代金の額により、建設業の許可は、一般建設業と特定建設業とに分類される
> ③建設工事の種類に対応する建設業ごとに、建設業の許可を受けなければならない
> ④政令で定める軽微な建設工事のみを請け負う者を除き、建設業を営もうとする者は、建設業法に基づく許可を受けなければならない

ポイント▶ 　建設業許可は建設業法令の中でも中軸的な設問であり、優先的に着手しておくべき項目である。特に、一般建設業と特定建設業との違い、知事許可と大臣許可の違いは重要である。

解　説

　これは、下請業者に再発注する金額の規模によって線が引かれ、特定建設業のほうが上位です。よく勘違いしがちなのが元請自らの受注金額ですが、これは建設業許可には関係ありません。

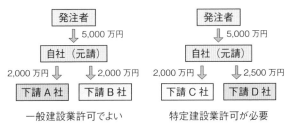

一般建設業許可でよい　　　特定建設業許可が必要

　電気通信工事業の場合は、発注者から直接請け負った際（自分が元請）に、<u>下請に再発注する総額</u>が4,500万円未満であれば一般建設業で構いません。

　下請業者が複数ある場合には、その合計金額が総額になります。また自分が下請の場合には、金額にかかわらず一般建設業でよいとされます。

　一方で4,500万円以上となる場合には、特定建設業の許可が必要となります。②は誤りです。

　都道府県知事による許可であっても、営業所が置かれていない他の都道府県に出張しての営業や工事は可能です。①は正しいです。

建設業許可の例

〔解答〕　②誤り → 請負金額は無関係

> **演習問題** 建設業の許可に関する記述として、「建設業法」上、誤っているものはどれか。

> ①一般建設業の許可を受けた者が、当該許可に係る建設業について、特定建設業の許可を受けたときは、その者に対する当該建設業に係る一般建設業の許可は、その効力を失う
>
> ②建設業の許可は、5年ごとにその更新を受けなければ、その期間の経過によって、その効力を失う
>
> ③建設業者は、許可を受けた建設業に係る建設工事を請け負う場合においては、当該建設工事に附帯する他の建設業に係る建設工事を請け負うことができる
>
> ④2以上の都道府県の区域内に営業所を設けて営業をしようとする場合は、それぞれの営業所の所在地を管轄する都道府県知事の許可を受けなければならない

ポイント▶ 建設業許可のもう1つの軸は、誰が許可を行うかである。これには大臣許可と知事許可の2種がある。営業所がどこに置かれているかのみで区分する。

解　説

　営業所（本店や支店等も含む）が1つの都道府県内のみに置かれている場合は、該当する都道府県の知事による許可を受ければ営業できます。

　一方で、営業所が<u>2つ以上の都道府県に置かれている場合</u>には、それぞれの知事ではなく、<u>国土交通大臣の許可</u>が必要となります。

　大臣許可を受けた場合には、知事の許可は必要ありません。④が誤りです。

都道府県知事許可のみでOK

大臣許可が必要

（1級電気通信工事　令和4年午前　No.46）

〔解答〕　④誤り → 大臣許可のみ必要

📖 根拠法令等

建設業法
第二章　建設業の許可
第一節　通則
（建設業の許可）
第3条　建設業を営もうとする者は、次に掲げる区分により、この章で定めるところにより、<u>2以上の都道府県の区域内に営業所を設けて営業をしようとする場合にあっては国土交通大臣の</u>、1の都道府県の区域内にのみ営業所を設けて営業をしようとする場合にあっては当該営業所の所在地を管轄する都道府県知事の許可を受けなければならない。ただし、政令で定める軽微な建設工事のみを請け負うことを営業とする者は、この限りでない。
〔中略〕

3　第1項の許可は、5年ごとにその更新を受けなければ、その期間の経過によって、その効力を失う。
〔中略〕
6　第1項第1号に掲げる者に係る同項の許可（一般建設業の許可）を受けた者が、当該許可に係る建設業について、第1項第2号に掲げる者に係る同項の許可（特定建設業の許可）を受けたときは、その者に対する当該建設業に係る一般建設業の許可は、その効力を失う。
（附帯工事）
第4条　建設業者は、許可を受けた建設業に係る建設工事を請け負う場合においては、当該建設工事に附帯する他の建設業に係る建設工事を請け負うことができる。

演習問題 建設業の許可に関する記述として、「建設業法令」上、誤っているものはどれか。

①法人が建設業の許可を受けようとする場合、当該法人またはその役員等もしくは政令で定める使用人が、請負契約に関して不正または不誠実な行為をするおそれが明らかな者でないこと

②建設業の許可は、5年ごとにその更新を受けなければ、その期間の経過によって効力を失う

③特定建設業の許可を受けようとする者は、発注者との間の請負契約で、その請負代金の額が6,000万円以上であるものを履行するに足りる財産的基礎を有する必要がある

④建設業を営もうとする者は、2以上の都道府県の区域内に営業所を設けて営業をしようとする場合にあっては、国土交通大臣の許可を受けなければならない

ポイント▶ 建設業の許可を受けるにあたって、法的な制約がいくつか存在する。特に上位ポジションである特定建設業の場合には、より重い社会的責任を負うような枠組みがある。このあたりの決め事を確認しておきたい。

解 説

一般建設業の許可を受ける条件の1つとして、「請負契約を履行するに足りる財産的基礎または金銭的信用を有しないことが明らかな者でないこと」があります。

一方の特定建設業の許可では、「発注者との請負契約で、その請負代金の額が政令で定める金額以上であるものを履行するに足りる財産的基礎を有すること」と、規定されています。

やや遠回しな表現ではありますが、この金額は建設業法施行令で指定されていて、現在は **8,000万円** となっています。したがって、③の記述が誤りです。

(1級電気通信工事 令和2年午前 No.46改)

〔解答〕 ③誤り → 8,000万円以上

根拠法令等

建設業法
第二章 建設業の許可
第二節 一般建設業の許可
(許可の基準)
第7条 国土交通大臣又は都道府県知事は、許可を受けようとする者が次に掲げる基準に適合していると認めるときでなければ、許可をしてはならない。
〔中略〕
3 法人である場合においては当該法人又はその役員等若しくは政令で定める使用人が、個人である場合においてはその者又は政令で定める使用人が、請負契約に関して不正又は不誠実な行為をするおそれが明らかな者でないこと。

第三節 特定建設業の許可
(許可の基準)
第15条 国土交通大臣又は都道府県知事は、特定建設業の許可を受けようとする者が次に掲げる基準に適合していると認めるときでなければ、許可をしてはならない。
1 第7条第1号及び第3号に該当する者であること。
〔中略〕
3 発注者との間の請負契約で、その請負代金の額が政令で定める金額以上であるものを履行するに足りる財産的基礎を有すること。
建設業法施行令
(法第15条第3号の金額)
第5条の4 法第15条第3号の政令で定める金額は、8,000万円とする。

5-3 建設業法令② ［請負契約］

演習問題 建設工事の請負契約に関する記述として、「建設業法」上、誤っているものはどれか。

①建設工事の請負契約において請負代金の全部または一部の前金払をする定めがなされたときは、注文者は、建設業者に対して前金払をする前に、現場代理人を立てることを請求することができる

②建設業者は、建設工事の注文者から請求があったときは、請負契約が成立するまでの間に、建設工事の見積書を交付しなければならない

③注文者は、請負契約の履行に関し、工事現場に監督員を置く場合においては、監督員に関する事項を書面により請負人に通知しなければならない

④注文者は、その注文した建設工事を施工するために通常必要と認められる期間に比して、著しく短い期間を工期とする請負契約を締結してはならない

ポイント▶ 建設業者にとっての活動の軸となる法令の1つに、建設業法がある。この第三章にて、「建設工事の請負契約」が謳われている。発注者や下請等、関係するステークホルダーとの関りについての定めがなされている。

解 説

契約にあたって、代金を前金として支払う場合があります。この前金を受領した請負業者が、万が一に債務不履行となる可能性がないと言い切れません。

このようなケースに備えて注文者は、当該の請負業者に保証人を付けることを請求する権利があります。現場代理人ではありません。①は誤りです。

なお現場代理人は、元請が代表者（社長等）の代理として現場に配置するべき人物です。ここでの保証人とは一切関係ありません。

その他の選択肢②～④の記載は条文通りで、内容は正しいです。

（1級電気通信工事　令和4年午前　No.45）

〔解答〕　①誤り → 保証人を立てる

 根拠法令等

建設業法
第三章　建設工事の請負契約
第一節　通則
（現場代理人の選任等に関する通知）
第19条の二
　2　注文者は、請負契約の履行に関し工事現場に監督員を置く場合においては、当該監督員の権限に関する事項及び当該監督員の行為についての請負人の注文者に対する意見の申出の方法を、書面により請負人に通知しなければならない。

（著しく短い工期の禁止）
第19条の五　注文者は、その注文した建設工事を施工するために通常必要と認められる期間に比して著しく短い期間を工期とする請負契約を締結してはならない。
（契約の保証）
第21条　建設工事の請負契約において請負代金の全部又は一部の前金払をする定がなされたときは、注文者は、建設業者に対して前金払をする前に、保証人を立てることを請求することができる。〔以下略〕

演習問題 建設工事の請負契約に関する記述として、「建設業法」上、誤っているものはどれか。

①建設業者は、その請け負った建設工事を、いかなる方法をもってするかを問わず、一括して他人に請け負わせてはならない

②建設業者は、建設工事の注文者から請求があったときは、請負契約の締結後速やかに、建設工事の見積書を交付しなければならない

③注文者は、自己の取引上の地位を不当に利用して、その注文した建設工事を施工するために通常必要と認められる原価に満たない金額を請負代金の額とする請負契約を締結してはならない

④委託その他いかなる名義をもってするかを問わず、報酬を得て建設工事の完成を目的として締結する契約は、建設工事の請負契約とみなして、建設業法の規定が適用される

ポイント▶ 建設業法の第三章「建設工事の請負契約」では、主に建設工事に参加する各関係者の権利や義務についての規定がなされている。これは発注者を保護するとともに、不当な要求から下請を守る意味合いも含まれる。

解　説

　丸投げ、つまり一括請負は厳しく禁止されています。これは建設業法のみならず、公共工事標準請負契約約款でも、同様に規制されています。①は正しいです。

　見積書と契約との関係について整理しておきます。見積とは、注文者が金額を知るための手段です。つまり、金額が不明の状態で、先行して契約を締結する行為は不自然です。

　建設工事に限らず、どのような商取引にも同じことがいえますが、あくまで金額について合意がなされた後に契約を締結すべきです。

　したがって、②は明らかに誤りです。

（1級電気通信工事　令和1年午前　No.45）

〔解答〕　②誤り → 契約成立より見積書が先

 根拠法令等

建設業法
第三章　建設工事の請負契約
第一節　通則
（不当に低い請負代金の禁止）
第19条の3　注文者は、自己の取引上の地位を不当に利用して、その注文した建設工事を施工するために通常必要と認められる原価に満たない金額を請負代金の額とする請負契約を締結してはならない。
（建設工事の見積り等）
第20条　建設業者は、建設工事の請負契約を締結するに際して、工事内容に応じ、工事の種別ごとの材料費、労務費その他の経費の内訳並びに工事の工程ごとの作業及びその準備に必要な日数を明らかにして、建設工事の見積りを行うよう努めなければならない。

2　建設業者は、建設工事の注文者から請求があつたときは、請負契約が成立するまでの間に、建設工事の見積書を交付しなければならない。
〔以下略〕

（一括下請負の禁止）
第22条　建設業者は、その請け負った建設工事を、いかなる方法をもってするかを問わず、一括して他人に請け負わせてはならない。
〔以下略〕

（請負契約とみなす場合）
第24条　委託その他いかなる名義をもってするかを問わず、報酬を得て建設工事の完成を目的として締結する契約は、建設工事の請負契約とみなして、この法律の規定を適用する。

> **演習問題**　建設工事現場に配置する主任技術者および監理技術者に関する記述として、「建設業法令」上、誤っているものはどれか。
>
> ①発注者から直接建設工事を請け負った特定建設業者は、当該建設工事を施工するために締結した下請契約の請負代金の総額が政令で定める金額以上になる場合は監理技術者を当該工事現場に置かなければならない
>
> ②注文者が国である建設工事の場合は工事1件の請負代金の額にかかわらず、注文者から直接建設工事を請け負った建設業者は、工事現場ごとに置く主任技術者または監理技術者を専任の者としなければならない
>
> ③主任技術者および監理技術者は、当該建設工事の施工計画の作成、工程管理、品質管理その他の技術上の管理および当該建設工事の施工に従事する者の技術上の指導監督を行わなければならない
>
> ④工事現場における建設工事の施工に従事する者は、主任技術者または監理技術者がその職務として行う指導に従わなければならない

ポイント▶　一般か特定かを問わず、元請でも下請でも、施工業者として工事に参加する場合には、少なくとも主任技術者以上の配置義務がある。さらに条件次第では、監理技術者が求められるケースもあり、注意が必要である。

解　説

　まず、主任技術者には例外があります。建設業許可を受けていない者で、かつ受注金額が500万円未満の場合は、選任は不要です。

　次に、自社が下請であれば金額にかかわらず、主任技術者の配置のみで足ります。

　問題は自社が元請の場合です。このケースでは、要求される技術者が、主任技術者なのか監理技術者なのかを選別することになります。

　下請への再発注の金額（複数ある場合には合計）が4,500万円以上となる場合は、監理技術者の配置が要求されます。①は正しいです。

　主任技術者や監理技術者は、以下の2つの状況では、その現場に専任とする必要があります。

・国や地方公共団体の発注で、請負額<u>4,000万円以上</u>
・民間発注で、公共性があり多数の者が利用する施設で、請負額4,000万円以上

　これは下請のときも該当します。別の表現で、「公共性のある施設に関する重要な建設工事で政令で定めるもの」ともいいます。②が誤りです。

　選択肢の③と④は、定番の文言です。確実に覚えておきましょう。

■技術者が当該現場に専任となる条件

	国または地方公共団体発注	民間発注	
		公共性・多数の者が利用	その他の施設
以上 4,000万円 未満	専任	専任	他の現場と兼任可
	他の現場と兼任可	他の現場と兼任可	他の現場と兼任可

（1級電気通信工事　令和4年午前 No.47）

■現場に配置すべき技術者の早見表

・特定建設業

	下請への再発注額 4,500万円以上	下請への再発注額 4,500万円未満	受注額 500万円未満
自分が元請の場合	監理技術者	監理技術者または主任技術者	監理技術者または主任技術者
自分が下請の場合	監理技術者または主任技術者	監理技術者または主任技術者	監理技術者または主任技術者

・一般建設業

	下請への再発注額 4,500万円以上	下請への再発注額 4,500万円未満	受注額 500万円未満
自分が元請の場合	実行不可	監理技術者または主任技術者	監理技術者または主任技術者
自分が下請の場合	監理技術者または主任技術者	監理技術者または主任技術者	監理技術者または主任技術者

・建設業許可を受けていない業者

	下請への再発注額 4,500万円以上	下請への再発注額 4,500万円未満	受注額 500万円未満
自分が元請の場合	実行不可	実行不可	選任不要
自分が下請の場合	実行不可	実行不可	選任不要

〔解答〕　②誤り → 4,000万円以上の場合のみが該当

 根拠法令等

建設業法
第四章　施工技術の確保
（主任技術者及び監理技術者の設置等）
第26条　建設業者は、その請け負った建設工事を施工するときは、当該建設工事に関し第7条第2号イ、ロ又はハに該当する者で当該工事現場における建設工事の施工の技術上の管理をつかさどるもの（「主任技術者」という。）を置かなければならない。

2　発注者から直接建設工事を請け負った特定建設業者は、当該建設工事を施工するために締結した下請契約の請負代金の額が第3条第1項第2号の政令で定める金額以上になる場合においては、前項の規定にかかわらず、当該建設工事に関し第15条第2号イ、ロ又はハに該当する者で当該工事現場における建設工事の施工の技術上の管理をつかさどるもの（「監理技術者」という。）を置かなければならない。

3　公共性のある施設若しくは工作物又は多数の者が利用する施設若しくは工作物に関する重要な建設工事で政令で定めるものについては、前2項の規定により置かなければならない主任技術者又は監理技術者は、工事現場ごとに、専任の者でなければならない。〔以下略〕

> **演習問題**
> 建設工事現場に配置する主任技術者や監理技術者に関する記述として、建設業法令上、誤っているものはどれか。
>
> ①発注者から直接建設工事を請け負った特定建設業者は、当該建設工事を施工するために締結した下請契約の請負代金の額にかかわらず、監理技術者を当該工事現場に配置しなければならない
>
> ②1級電気通信工事施工管理技士の資格を有する者は、電気通信工事の監理技術者になることができる
>
> ③主任技術者及び監理技術者は、当該建設工事の施工計画の作成、工程管理、品質管理その他の技術上の管理及び当該建設工事の施工に従事する者の技術上の指導監督を行わなければならない
>
> ④工事現場における建設工事の施工に従事する者は、主任技術者または監理技術者がその職務として行う指導に従わなければならない

ポイント▶ 主任技術者や監理技術者の責務や役割、管理者になれる条件。あるいは、工事現場にどの技術者を配置しなければならないのか。全体像を把握したい。

解　説

　監理技術者の選任が必要となるのは、特定建設業であり、かつ元請であり、かつ下請への再発注額4,500万円以上となる場合のみです。これ以外の条件では、主任技術者で十分です。

　したがって、①が誤りです。

　2級電気通信工事施工管理技士の資格を有する者は、電気通信工事の主任技術者になれます。これは2級検定の合格後に合格証明書の発行を申請し、受領した場合が該当します。

■**主任技術者及び監理技術者への選任フロー**

| 2級検定合格 | → | 合格証明書 | → | 主任技術者 | | |
| 1級検定合格 | → | 合格証明書 | → | 監理技術者資格者証 | → | 監理技術者 |

　1級は流れが異なります。検定に合格後、合格証明書を申請して受領しますが、ここまでは2級と同じです。1級はこの後で、監理技術者資格者証の申請/受領が必須条件になります。

1級合格証明書の例

　掲出の例題では選択肢の②で、「1級電気通信工事施工管理技士の資格を有する者は、電気通信工事の監理技術者になることができる」とあります。紛らわしい表現ではありますが、これは最低限の要件は満たしているという意味では正しいです。

（1級電気通信工事　令和2年午前 No.45）

〔解答〕　①誤り → 4,500万円以上の場合のみ

演習問題 国土交通大臣が交付する監理技術者資格者証に関する記述として、「建設業法令」上、**誤っている**ものはどれか。

① 申請者が2以上の監理技術者資格を有する者であるときは、これらの監理技術者資格を合わせて記載した監理技術者資格者証が交付される

② 監理技術者資格者証を保有する者の申請により、更新される更新後の監理技術者資格者証の有効期間は、3年である

③ 監理技術者資格者証には、交付を受ける者の氏名、生年月日、本籍および住所が記載されている

④ 監理技術者資格を有する者の申請により監理技術者資格者証が交付されるが、その有効期間は、5年である

ポイント▶ よく勘違いされがちであるが、1級に合格しただけでは、監理技術者ではない。あくまで監理技術者の申請をできる権利を得ただけである。申請をして監理技術者資格者証が手元に届いて、はじめて監理技術者となれる。

解　説

1級に合格後に申請を行うと、カード形の監理技術者資格者証を取得できます。これで晴れて、監理技術者としての選任が可能となります。

この資格者証には、全ての工事種の記載欄が設けられています。既に別の監理技術者の資格を有している人が、2つ目以降の申請を行うと、これらを合わせて記載されます。①は正しいです。

資格者証には、有効期限があります。無資格者だった人が新規に申請をした場合には、有効期間は交付日から5年間です。④は正しいです。

期限日以降も資格を継続したい場合には、講習を受講することで有効期間を延長することが可能です。この際の更新後の有効期間も同じく**5年間**です。したがって、②は誤りです。

（1級電気通信工事　令和2年午前 No.47）

〔解答〕　②誤り → 5年

 根拠法令等

建設業法
第四章　施工技術の確保
（監理技術者資格者証の交付）
第27条の18　国土交通大臣は、監理技術者資格を有する者の申請により、その申請者に対して、監理技術者資格者証を交付する。
〔中略〕
　3　第1項の場合において、申請者が2以上の監理技術者資格を有する者であるときは、これらの監理技術者資格を合わせて記載した資格者証を交付するものとする。

　4　資格者証の有効期間は、5年とする。
　5　資格者証の有効期間は、申請により更新する。
　6　第4項の規定は、更新後の資格者証の有効期間について準用する。

建設業法施行規則
（資格者証の記載事項及び様式）
第17条の35　法第27条の18第2項の国土交通省令で定める事項は、次のとおりとする。
　1　交付を受ける者の氏名、生年月日、本籍及び住所

5-3 建設業法令④ ［元請の義務］

演習問題 元請負人の義務に関する記述として、「建設業法」上、<u>誤っているもの</u>はどれか。

①元請負人は、その請け負った建設工事を施工するために必要な工程の細目、作業方法その他元請負人において定めるべき事項を定めようとするときは、あらかじめ、発注者の意見をきかなければならない

②元請負人は、前払金の支払を受けたときは、下請負人に対して、資材の購入、労働者の募集その他建設工事の着手に必要な費用を前払金として支払うよう適切な配慮をしなければならない

③元請負人は、下請負人からその請け負った建設工事が完成した旨の通知を受けたときは、当該通知を受けた日から20日以内で、かつ、できる限り短い期間内に、その完成を確認するための検査を完了しなければならない

④元請負人は、下請契約において引渡しに関する特約がされている場合を除き、完成を確認するための検査によって建設工事の完成を確認した後、下請負人が申し出たときは、直ちに、当該建設工事の目的物の引渡しを受けなければならない

ポイント▶ 一般的に、下請は元請より組織規模が小さい場合が多い。自転車操業的に、目の前の案件をやり繰りして、なんとか経営をつないでいる零細企業も少なくない。こうした下請業者に配慮することも、元請の大切な役割である。

解 説

発注者から工事を請け負った元請は、施工に向けて必要な事項を定めていきます。そして、工事の一部を下請負人に再発注する場合には、事前に<u>下請負人の意見を聞く</u>必要があります。発注者の意見ではありません。①は誤りです。

そもそも、当該の下請負人が実行可能な作業かどうかも、合わせて確認しておかなければなりません。

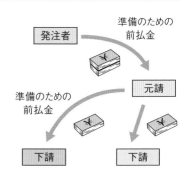

発注者から元請負人への代金支払は、竣工引渡し後の後払か、月次ごとの出来形に応じた段階払になるケースが一般的です。

しかしまれに、代金の一部が着工前に前払金として支払われることがあります。この場合には前払金を受領した元請は、下請に対して資材の購入や労働者の募集費用等を、前払金として支払うよう努めなければなりません。

これは、事業者としての規模が小さい下請を保護する措置です。②は正しいです。

（1級電気通信工事　令和1年午前 No.46）

〔解答〕 ①誤り → 下請の意見を聞く

演習問題 元請負人の義務に関する記述として、「建設業法」上、誤っているものはどれか。

① 元請負人は、下請負人からその請け負った建設工事が完成した旨の通知を受けたときは、直ちに当該建設工事の目的物の引渡しを受けなければならない

② 元請負人は、その請け負った建設工事を施工するために必要な工程の細目、作業方法その他、元請負人において定めるべき事項を定めようとするときは、あらかじめ、下請負人の意見をきかなければならない

③ 特定建設業者は、当該特定建設業者が注文者となった下請契約に係る下請代金の支払いにつき、当該下請代金の支払期日までに一般の金融機関による割引を受けることが困難であると認められる手形を交付してはならない

④ 元請負人は、前払金の支払を受けたときは、下請負人に対して、資材の購入、労働者の募集その他、建設工事の着手に必要な費用を前払金として支払うよう適切な配慮をしなければならない

ポイント▶ 元請負人が下請負人に対して配慮を行わなければならない事項は、多岐にわたる。その中でも特に、完成時の検査や工事目的物の引き渡し、そして代金の支払に関しては、より厳しく定められている。

解 説

元請が下請から、当該の工事が完成した旨の通知を受けたときは、<u>まずは検査を実施</u>します。検査をせずに、いきなり引渡しではありません。

この検査にもルールがあります。通知を受けた日から20日以内で、かつ、できる限り短い期間内に、検査を完了しなければなりません。

ただし、この20日という数字は建設業法に準拠したものです。公共工事標準請負契約約款では14日と謳われている等、解釈が異なるケースがあります。どの法令を根拠に問われているのか、見極めましょう。

そして検査に合格した後に、下請が申し出たときには、直ちに当該建設工事の目的物の引渡しを受けなければならないことになっています。

これらの順序関係を混同しないように、注意しましょう。 (1級電気通信工事 令和3年午前 No.46)

〔解答〕 ①誤り → まずは20日以内の検査

📖 根拠法令等

建設業法
第三章 建設工事の請負契約
第二節 元請負人の義務
(検査及び引渡し)
第24条の4 元請負人は、下請負人からその請け負った建設工事が完成した旨の通知を受けたときは、当該通知を受けた日から20日以内で、かつ、できる限り短い期間内に、その完成を確認するための<u>検査</u>を完了しなければならない。
2 元請負人は、前項の検査によって建設工事の完成を確認した後、下請負人が申し出たときは、直ちに、当該建設工事の目的物の引渡しを受けなければならない。ただし、下請契約において定められた工事完成の時期から20日を経過した日以前の一定の日に引渡しを受ける旨の特約がされている場合には、この限りでない。

5-3 建設業法令⑤ ［業者の義務］

> **演習問題**
>
> 民間工事における施工体制台帳および施工体系図の作成等に関する記述として、「建設業法令」上、誤っているものはどれか。
>
> ① 施工体制台帳は、工事現場ごとに備え置かなければならない
>
> ② 施工体系図は、当該工事現場の見やすい場所に掲げなければならない
>
> ③ 発注者から直接建設工事を請け負った一般建設業者は、当該建設工事を施行するために締結した下請契約の請負代金の総額が政令で定める金額以上になるときは、施工体制台帳および、施工体系図を作成しなければならない
>
> ④ 施行体制台帳の備置きおよび施工体系図の掲示は、建設工事の目的物の引渡しをするまで行わなければならない

ポイント▶ 建設工事の実施にあたって、下請負人への再発注を行う元請負人には、施工体制台帳および施工体系図の作成が要求される場合がある。これは公共工事だけでなく、民間工事でも同様である。

解　説

　施工体制台帳と施工体系図は、セットで作成します。どちらか一方となるケースはありません。施工体制台帳は備え置き、施工体系図は掲示です。

　そして、これらを作成する義務があるのは、まず元請であって、下請への再発注額の総額が4,500万円以上となる場合です。この形で実行可能なのは、**特定建設業者**だけです。条件で見ると、監理技術者を選任すべきケースと同一です。

　つまり、一般建設業者が該当する状況はあり得ません。したがって、③が誤りとなります。

　また、これら施行体制台帳と施工体系図は、その建設工事の目的物の引渡しをするまで備え置き、掲示を行う必要があります。④は正しいです。　　　　（1級電気通信工事　令和3年午前 No.47）

〔解答〕　③誤り → 特定建設業者のみ

 根拠法令等

建設業法
第三章　建設工事の請負契約
第二節　元請負人の義務
（施工体制台帳及び施工体系図の作成等）
第24条の8　特定建設業者は、発注者から直接建設工事を請け負った場合において、当該建設工事を施工するために締結した下請契約の請負代金の額が政令で定める金額以上になるときは、建設工事の適正な施工を確保するため、国土交通省令で定めるところにより、当該建設工事について、下請負人の商号又は名称、当

該下請負人に係る建設工事の内容及び工期その他の国土交通省令で定める事項を記載した施工体制台帳を作成し、工事現場ごとに備え置かなければならない。
〔中略〕
4　第一項の特定建設業者は、国土交通省令で定めるところにより、当該建設工事における各下請負人の施工の分担関係を表示した施工体系図を作成し、これを当該工事現場の見やすい場所に掲げなければならない。

演習問題 建設業者が建設工事現場に掲げなければならない標識の記載事項に関する記述として、「建設業法令」上、誤っているものはどれか。

① 一般建設業または特定建設業の別
② 許可年月日、許可番号および許可を受けた建設業
③ 主任技術者または監理技術者の氏名
④ 健康保険等の加入状況

ポイント▶ 建設業者は、建設業法の第40条と建設業法施行規則の第25条により、標識（いわゆる許可票）を掲示しなければならない。これは店舗に掲げるものと現場に掲げるものとがあり、一部内容が異なる箇所がある。

解　説

建設業の許可を受けた建設業者は、標識を掲げる義務があります。これは通称「許可票」と呼ばれているものです。法令では、以下の5項目が要求されています。

1　一般建設業または特定建設業の別
2　許可年月日、許可番号および許可を受けた建設業
3　商号または名称
4　代表者の氏名
5　主任技術者または監理技術者の氏名

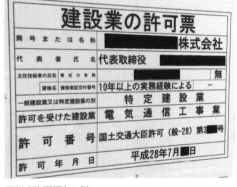

標識（許可票）の例

しかし、店舗と現場とでは記載すべき内容が一部異なります。現場では1～5の全てを記載するのに対し、店舗では5だけは記載義務がありません。

選択肢では、④が対象外になります。

（1級電気通信工事　令和1年午前 No.47）

〔解答〕　④誤り → 対象外

📖 **根拠法令等**

建設業法施行規則
（標識の記載事項及び様式）
第25条　法第40条の規定により建設業者が掲げる標識の記載事項は、店舗にあっては第1号から第4号までに掲げる事項、建設工事の現場にあっては第1号から第5号までに掲げる事項とする。

1　一般建設業又は特定建設業の別
2　許可年月日、許可番号及び許可を受けた建設業
3　商号又は名称
4　代表者の氏名
5　主任技術者又は監理技術者の氏名

5-4 労働基準法① [労働契約]

施工管理技士は多くの作業者の指導・監督的な立場に立つケースが多く、現場での人間関係においても、優位的な位置に座ることになる。しかしこれは被る責任の大きさでもあり、それゆえに特に労働基準法は熟知しておく必要がある。

演習問題 労働契約の締結に際し、使用者が労働者に対して必ず書面の交付により明示しなければならない労働条件に関する記述として、「労働基準法令」上、誤っているものはどれか。

①労働契約の期間に関する事項　　②職業訓練に関する事項
③始業および終業の時刻に関する事項　　④退職に関する事項

ポイント▶ 人を雇う場合に、どのような条件で稼働するのかを、本人に対して明らかにする必要がある。さらに、その中でも特に重要な項目については、口頭では不可であり、書面の交付が義務付けられているものがある。

解　説

雇用にあたって、従業者に対して明示しなくてはならない事項は、全14項目にも上ります。この際の明示する手段としては、口頭でも可能なものと、書面にて行うべきものの、2種類に分けられます。

特に重要な項目については、言った言わないのトラブルを避けるためにも、書面に残しておく必要があります。

例題に示された選択肢の中で、契約期間や稼働時間、退職等は特に重要な説明事項です。これらは両当事者間で齟齬（そご）がないように、作業に着手する前にしっかりと確認しなければなりません。

具体的には、以下に示す6種が**書面交付での明示**を義務付けられています。

■書面の交付にて明示すべき労働条件の6項目

・労働契約の期間
・期間の定めのある労働契約を更新する場合の基準
・就業の場所、従事すべき業務
・始業、終業の時刻、所定労働時間を超える労働の有無、休憩時間、休日、休暇並びに労働者を2組以上に分けて就業させる場合における就業時転換
・賃金の決定、計算および支払の方法、賃金の締切りおよび支払の時期
・退職（解雇の事由を含む）

一方で職業訓練に関する事項についても、明示する労働条件の1つに含まれています。ただし本件については、書面を交付する義務まではありません。

したがって、②の記載が対象から外れます。　　　（1級電気通信工事　令和1年午前　No.48）

〔解答〕　②誤り → 対象外

演習問題 労働契約の締結に際し、使用者が労働者に対して書面（労働者の希望によりFAXまたは電子メール等により送信する場合を含む）の交付により明示しなければならない労働条件に関する記述として、「労働基準法令」上、誤っているものはどれか。

① 労働契約の期間に関する事項　② 従事すべき業務に関する事項
③ 福利厚生に関する事項　　　　④ 所定労働時間を超える労働の有無に関する事項

ポイント▶ 施工管理技士は専ら、主任技術者や監理技術者となるための資格であり、これは使用者側のポジションである。つまり現場で稼働する全ての作業者に対しての管理責任が発生し、使用者としての義務を遵守しなければならない。

解　説

掲出の選択肢では、契約期間や従事すべき業務の内容、所定労働時間の超過等は特に重要な事項と考えられます。これらは、契約段階で確認し合意しておく必要があります。

しかし福利厚生については、それほど重要性の高い事項とは思えません。法的にも、明示すべき項目には含まれていません。したがって、③が誤りです。

（1級電気通信工事　令和4年午前　No.48）

〔解答〕　③誤り → 対象外

根拠法令等

労働基準法
第二章　労働契約
（労働条件の明示）
第15条　使用者は、労働契約の締結に際し、労働者に対して賃金、労働時間その他の労働条件を明示しなければならない。この場合において、賃金及び労働時間に関する事項その他の厚生労働省令で定める事項については、厚生労働省令で定める方法により明示しなければならない。

労働基準法施行規則
第5条　使用者が法第15条第1項前段の規定により労働者に対して明示しなければならない労働条件は、次に掲げるものとする。
〔中略〕
　1　労働契約の期間に関する事項
　1の2　期間の定めのある労働契約を更新する場合の基準に関する事項

　1の3　就業の場所及び従事すべき業務に関する事項
　2　始業及び終業の時刻、所定労働時間を超える労働の有無、休憩時間、休日、休暇並びに労働者を2組以上に分けて就業させる場合における就業時転換に関する事項
　3　賃金の決定、計算及び支払の方法、賃金の締切り及び支払の時期並びに昇給に関する事項
　4　退職に関する事項（解雇の事由を含む。）
〔中略〕
③　法第15条第1項後段の厚生労働省令で定める事項は、第1項第1号から第4号までに掲げる事項（昇給に関する事項を除く。）とする。
④　法第15条第1項後段の厚生労働省令で定める方法は、労働者に対する前項に規定する事項が明らかとなる書面の交付とする。
〔以下略〕

5-4 労働基準法② ［年少者等］

演習問題 年少者の就業に関する記述として、「労働基準法」上、誤っているものはどれか。

① 使用者は、満18歳に満たない者について、その年齢を証明する戸籍証明書を事業場に備え付けなければならない
② 親権者または後見人は、未成年者に代って労働契約を締結しなければならない
③ 使用者は、交替制によって使用する満16歳以上の男性を除き、満18歳に満たない者を午後10時から午前5時までの間において使用してはならない
④ 使用者は、児童が満15歳に達した日以後の最初の3月31日が終了するまで、これを使用してはならない

ポイント▶ 少年は絶対的に若いがゆえに、社会経験も人生経験も極端に少ない。法令の把握も乏しいであろう。そのため、労働基準法では年少者を雇用するにあたっては、事業者側に厳しい制約を設けている。これらを理解しておきたい。

解説

労働契約は、あくまで当事者の意思のみによって成されるべきです。親などの親権者が、自分の子供を強制的に労働させたりするケースを、法律では厳しく禁止しています。

未成年者の代理として、**親権者や後見人が労働契約を締結することはできません**。したがって、②は誤りです。

就業が可能となるのは、満15歳に達した後の4月1日以降になります。また、満18歳未満の従業者を雇用している場合には、戸籍証明書の備え付けといった義務が発生します。

その他、就業できる時間帯に関しても、法的な制約があります。

（1級電気通信工事　令和4年午前　No.49）

〔解答〕　②誤り → 禁止事項である

 根拠法令等

労働基準法
第六章　年少者
（最低年齢）
第56条　使用者は、児童が満15歳に達した日以後の最初の3月31日が終了するまで、これを使用してはならない。
（年少者の証明書）
第57条　使用者は、満18才に満たない者について、その年齢を証明する戸籍証明書を事業場に備え付けなければならない。

（未成年者の労働契約）
第58条　親権者又は後見人は、未成年者に代って労働契約を締結してはならない。
（深夜業）
第61条　使用者は、満18才に満たない者を午後10時から午前5時までの間において使用してはならない。ただし、交替制によって使用する満16才以上の男性については、この限りでない。

演習問題 年少者および女性の使用に関する記述として、「労働基準法」上、誤っているものはどれか。

①使用者は、児童が満15歳に達した日以後の最初の3月31日が終了するまで、これを使用してはならない

②使用者は、満18歳に満たない者を午後10時から午前5時までの間において使用してはならない。ただし、交替制によって使用する満16歳以上の男性については、この限りでない

③使用者は、満20歳に満たない者を坑内で労働させてはならない

④使用者は、妊娠中の女性および産後1年を経過しない女性を、重量物を取り扱う業務に就かせてはならない

ポイント▶ 女性と満18歳未満の年少者には危険有害業務に対する就業制限が設けられているが、施工管理技術検定ではこれらに関する設問も出題される。表現が紛らわしい箇所もあり、しっかり読み解いて理解する必要がある。

解　説

年少者等に対しては、就かせてはならない業務が多く指定されています。特に有害な業務や、危険を伴う業務はこれに該当する場合が多いため、注意が必要です。

具体的な例の1つとして、**満18歳未満の者**には、坑内での労働はさせられません。ここは20歳未満ではありませんので、③は誤りです。

その他にも、満18歳未満の者に就かせてはならない業務が、実に40種以上も定められています（年少者労働基準規則第8条）。

下記の「さらに詳しく」に、これらのうち電気通信工事に関連しそうな項目を抜粋してあります。

（1級電気通信工事　令和1年午前　No.49）

〔解答〕　③誤り → 満18歳未満が対象

根拠法令等

労働基準法
第六章　年少者
（坑内労働の禁止）
第63条　使用者は、満18才に満たない者を坑内で労働させてはならない。

（危険有害業務の就業制限）
第64条の3　使用者は、妊娠中の女性及び産後1年を経過しない女性を、重量物を取り扱う業務、有害ガスを発散する場所における業務その他妊産婦の妊娠、出産、哺育等に有害な業務に就かせてはならない。

さらに詳しく

満18歳未満が就業不可な業務（電気通信工事に関連しそうな項目の抜粋）
・クレーン、デリックまたは揚貨装置の運転
・直流750V、交流300Vを超える電圧の充電電路またはその支持物の点検、修理または操作
・クレーン、デリックまたは揚貨装置の玉掛け

・土砂が崩壊するおそれのある場所または深さが5m以上の地穴
・高さが5m以上の場所で、墜落により労働者が危害を受けるおそれのあるところ
・足場の組立、解体または変更
（年少者労働基準規則、第8条）

演習問題 労働時間、休憩、休日等に関する記述として、「労働基準法」上、誤っているものはどれか。

① 使用者は、労働時間が8時間を超える場合においては、少くとも1時間の休憩時間を労働時間の途中に与えなければならない

② 使用者は、原則として、労働者に休憩時間を除き、1週間について40時間を超えて労働させてはならない

③ 使用者は、原則として1週間の各日については、労働者に休憩時間を除き、1日について8時間を超えて労働させてはならない

④ 使用者は、その雇入れの日から起算して、8か月間継続勤務し全労働日の8割以上出勤した労働者に対して、継続し、または分割した10労働日の有給休暇を与えなければならない

ポイント▶ 作業に従事する者の労働時間の管理は重要な概念であるが、これは工事現場だけに限ったものではなく、公務員を除くあらゆる業種に適用される基本的なルールである。これを知らずに監督者を名乗るのは恥ずかしい。

解　説

　1日の稼働時間の限度は、休憩時間を除いて原則的には8時間です。監督者は部下に対して、これを超える稼働をさせてはなりません。③は正しいです。

　次に、1週間の累計の稼働時間の限度は、40時間です。実態として多くの職場の例では、1日8時間の稼働で5日間勤務としているケースが多く、これで既に40時間に到達してしまいます。②も正しいです。

　有給休暇を付与する条件も、法律で規定されています。有給休暇は、以下の条件を2つとも満たす従業員に対して付与する義務があります。

・雇入れの日から起算して6か月間継続勤務
・全労働日のうちの8割以上に出勤

　したがって、④の記述が誤りとなります。なお、付与すべき日数は、最初は10日になります。翌年以降は、日数が加算されます。

（1級電気通信工事　令和3年午前 No.48）

〔解答〕　④誤り → 6か月間

 根拠法令等

労働基準法
第四章　労働時間、休憩、休日及び年次有給休暇
（年次有給休暇）
第39条　使用者は、その雇入れの日から起算して6箇

月間継続勤務し全労働日の8割以上出勤した労働者に対して、継続し、又は分割した10労働日の有給休暇を与えなければならない。

演習問題 使用者に関する記述として、「労働基準法」上、<u>誤っているもの</u>はどれか。

①使用者は、労働者名簿、賃金台帳および雇入、解雇、災害補償、賃金その他、労働関係に関する重要な書類を5年間保存しなければならない

②使用者は、労働時間が6時間を超える場合においては少くとも45分、8時間を超える場合においては少くとも1時間の休憩時間を、労働時間の途中に与えなければならない

③使用者は、その雇入れの日から起算して6か月間継続勤務し全労働日の8割以上出勤した労働者に対して、継続し、または分割した10労働日の有給休暇を与えなければならない

④使用者は、労働者を解雇しようとする場合においては、少くとも30日前にその予告をしなければならない

ポイント▶ 前ページの例題と同じく、労働や休憩等に関する具体的な規定の設問である。特に数字が絡む箇所については、しっかりと把握しておきたい。

解 説

休憩時間は、状況によって数字が変わります。まず、1日の稼働が6時間以下の場合です。この条件では、法令上は休憩を設ける義務はありません。

6時間を超過して、8時間以下となるケースでは、稼働時間の途中に45分以上の休憩を与えなければなりません。さらに8時間を超える場合には、1時間の休憩が必要になってきます。②は正しいです。

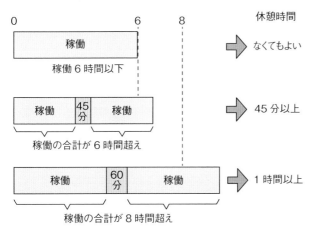

結果として、左図のように3段階になっていることを理解しましょう。

労働関係の重要な書類は、労働基準法の第109条では「5年間保存」と謳われています。しかし、同法の第143条にて、「当分の間は3年間でよい」と臨時の規定がなされています。

したがって、現行法での保存義務は<u>3年間</u>が正解となります。①が誤りです。

（1級電気通信工事 令和2年午前 No.48）

〔解 答〕 ①誤り → 3年間保存

📖 根拠法令等

労働基準法

第十二章 雑則
（記録の保存）
第109条 使用者は、労働者名簿、賃金台帳及び雇入れ、解雇、災害補償、賃金その他労働関係に関する重要な

書類を5年間保存しなければならない。

附則抄
第143条 第109条の規定の適用については、当分の間、同条中「5年間」とあるのは、「<u>3年間</u>」とする。

5-4　労働基準法④　[賃金等]

労働者に支払う賃金に関する記述として、「労働基準法」上、誤っているものはどれか。

①出来高払制その他の請負制で使用する労働者については、使用者は、労働時間に応じ一定額の賃金の保障をしなければならない

②使用者は、労働者が女性であることを理由として、賃金について、男性と差別的取り扱いをしてはならない

③使用者は、労働者が出産、疾病、災害その他厚生労働省令で定める非常の場合の費用に充てるために請求する場合においては、支払期日前であっても、既往の労働に対する賃金を支払わなければならない

④使用者は、前借金その他労働することを条件とする前貸の債権と賃金を相殺することができる

ポイント▶ 労働基準法では、賃金に関するルールは特に細かく定められている。賃金の対象となる範囲、支払い方法、支払う時期、禁止事項等、経営者側が知っておかなくてはならない項目は多い。しっかりマスターしたい。

解　説

　賃金とは基本給や手当等、名称の如何によらず、雇用主から従業員に支払われる全ての金銭のことを指します。賞与もこれに含まれます。

　さて、雇用される前段階として、従業員が雇用主から借金をしているケースを考えます。従業員へ支払う賃金の中から、雇用主がこの借金の返済分として、一方的に差引くことは禁止されています。④は誤りです。

　その他の3つの選択肢は、いずれも条文通りで正しい内容です。これらも把握しておきましょう。

（1級電気通信工事　令和2年午前 No.49）

給料の半分は、借金の返済分として引いておく

賃金と前借金の相殺は禁止

〔解 答〕　④誤り → 相殺禁止

📖 **根拠法令等**

労働基準法
第二章　労働契約
（前借金相殺の禁止）
第17条　使用者は、前借金その他労働することを条件とする前貸の債権と賃金を相殺してはならない。

演習問題 災害補償に関する記述として、「労働基準法」上、誤っているものはどれか。

①労働者が業務上負傷し、または疾病にかかった場合においては、使用者は、その費用で必要な療養を行い、または必要な療養の費用を負担しなければならない

②労働者が業務上負傷し、または疾病にかかり、治った場合において、その身体に障害が存するときは、使用者は、その障害の程度に応じて障害補償を行わなければならない

③補償を受ける権利は、労働者の退職によって失われる

④労働者が重大な過失によって業務上負傷し、または疾病にかかり、かつ使用者がその過失について行政官庁の認定を受けた場合においては、休業補償または障害補償を行わなくてもよい

ポイント▶ 建設業に限らず、従業員が業務上で負傷したり、病気にかかった場合は労働災害となる。この場合は従業員の側に重大な過失がない限り、全て事業者（経営者）側の責任である。

解　説

　従業員が業務上で負傷した場合、もしくは死亡した場合には、これは使用者である経営者の責任になります。これが大前提です。

　経営者側には金銭的な補償義務が発生し、状況によっては刑事責任を追及されるケースもあります。

　しかし、これには例外があります。従業員側に重大な過失がある場合です。ここでいう重大な過失とは、文字通り「重大」なもののみが該当します。

　例えば、「会社側がヘルメットを貸与したにもかかわらず、正当な理由なく着用を拒否した」等といったレベルの事象です。単なる不注意や勘違い等は、軽度の過失であって対象外です。④は正しいです。

　そして、この従業員が補償を受ける権利は、その従業員の退職によって消滅はしません。③の記載は誤りとなります。

保護帽（ヘルメット）着用喚起の例

（1級電気通信工事　令和3年午前 No.49）

〔解答〕　③誤り → 失われない

📖 根拠法令等

労働基準法
第八章　災害補償
（補償を受ける権利）
第83条　補償を受ける権利は、労働者の退職によって変更されることはない。

5-5　道路法令① ［占用］

建設工事を進めていく上で、道路との関わりは深い。まずは重機の移動や資材の搬入にあたっては、道路上の移動は避けられない。それに加えて工事進捗の都合上、作業区画が一時的に道路上にせり出すケースも少なくない。

演習問題 道路占用許可申請書の記載事項として、「道路法令」上、誤っているものはどれか。

①道路の占用の期間　②道路の復旧方法　③工事の費用　④道路の占用の場所

ポイント▶ 中長期にわたって、継続的に道路施設の一部を借りる行為を占用という。この際の、道路管理者へ提出する許可申請書に関する設問である。申請書に記載すべき項目は、道路法によって具体的に規定されている。

解　説

道路占用許可申請書に記載すべき事項は、以下の7項目になります。

・目的
・期間
・場所
・工作物、物件または施設の構造
・工事実施の方法
・工事の時期
・道路の復旧方法

したがって、選択肢の中では「工事の費用」が非該当となります。③が誤り。

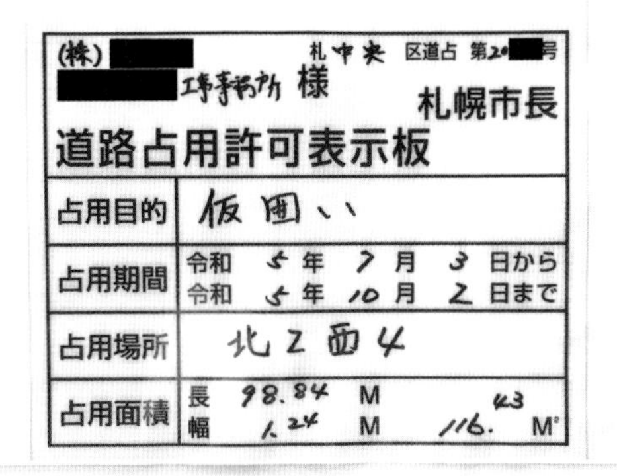

道路占用許可の例

（1級電気通信工事　令和3年午前　No.52）

〔解答〕　③誤り → 対象外

根拠法令等

道路法
第三章　道路の管理
第三節　道路の占用
（道路の占用の許可）
第32条　道路に次の各号のいずれかに掲げる工作物、物件又は施設を設け、継続して道路を使用しようとする場合においては、道路管理者の許可を受けなければならない。
〔中略〕

2　前項の許可を受けようとする者は、左の各号に掲げる事項を記載した申請書を道路管理者に提出しなければならない。
一　道路の占用の目的
二　道路の占用の期間
三　道路の占用の場所
四　工作物、物件又は施設の構造
五　工事実施の方法
六　工事の時期
七　道路の復旧方法

演習問題 道路占用工事における工事実施方法に関する記述として、「道路法令」上、誤っているものはどれか。

①道路の一方の側は、常に通行することができるようにする
②工事現場においては、柵または覆いの設置、夜間における赤色灯または黄色灯の点灯、その他道路の交通の危険防止のために必要な措置を講ずる
③路面の排水を妨げない措置を講ずる
④道路を掘削する場合は、溝掘、えぐり掘または推進工法、その他これに準ずる方法により掘削する

ポイント▶ 道路については、通行を目的として使用する場合以外は、管理者の許可が必要である。この許可には2種類があり、名称も似ているため紛らわしい。道路使用許可と道路占用許可の2種類は、しっかり区別したい。

解　説

　道路占用許可は、道路を管理している道路管理者に申請を行い、許可を求めるものです。国道であれば国土交通省、県道であれば県道路局、市道であれば市道路局等となります。

　道路を掘削する方法には、法令による制約があります。溝掘、つぼ掘、推進工法等による方法でなければなりません。選択肢にある「えぐり掘」は禁止されています。

　えぐり掘は、埋め戻しの際の締固めが十分に行えない懸念があります。その結果、えぐり掘

■掘削方法の例

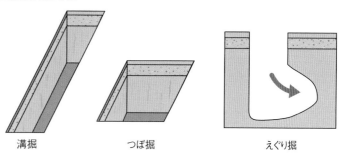

溝掘　　　　つぼ掘　　　　えぐり掘

りをした上部が沈下を起こす原因となってしまいます。

　したがって、④が誤りとなります。

（1級電気通信工事　令和1年午前　No.52）

〔解答〕　④誤り → えぐり掘は禁止

📖 根拠法令等

道路法施行令
第二章　道路の占用
（工事実施の方法に関する基準）
第13条　法第32条第2項第五号に掲げる事項についての法第33条第1項の政令で定める基準は、次のとおりとする。
　1　占用物件の保持に支障を及ぼさないために必要な措置を講ずること。

　2　道路を掘削する場合においては、溝掘、つぼ掘又は推進工法その他これに準ずる方法によるものとし、えぐり掘の方法によらないこと。
　3　路面の排水を妨げない措置を講ずること。
　4　原則として、道路の一方の側は、常に通行することができることとすること。
　5　工事現場においては、さく又は覆いの設置、夜間における赤色灯又は黄色灯の点灯その他道路の交通の危険防止のために必要な措置を講ずること。

5-5 道路法令② ［車両制限］

車両の制限に関する記述として、「道路法令」上、誤っているものはどれか。

①車両制限令で定める車両とは、自動車、原動機付自転車、軽車両、トロリーバスをいい、他の車両をけん引している場合はそのけん引されている車両は含まない

②車両制限令には、道路の構造を保全しまたは交通の危険を防止するために、車両の幅、重量、高さ、長さおよび最小回転半径の最高限度が定められている

③道路管理者は、車両の構造または車両に積載する貨物が特殊であるためやむを得ないと認めるときは、当該車両を通行させようとする者の申請に基づいて、必要な条件を付して通行を許可することができる

④限度超過車両（特殊車両）を通行させようとする者は、通行する国道および都道府県道の道路管理者が2以上となる場合、1の道路管理者に通行許可の申請を行う

ポイント▶ 車両に関する制限をルール化するためには、まずは車両の範囲を定めなければならない。広義には鉄道法で定義される車も車両ではあるが、ここでは道路関係法に限定した狭義の車両について理解したい。

解　説

道路関係諸法による車両の定義は、複数の法令に分散していますが、以下の5種に区分できます。

・自動車
・原動機付自転車
・軽車両
・トロリーバス
・けん引されている車両

トロリーバスの例

このように、他の車両にけん引されている車も、法令上の車両に含まれます。故障車両を引っ張るような緊急時以外にも、けん引は街中でもよく見かける運行形態です。

したがって、①が誤りです。

（1級電気通信工事　令和2年午前　No.52改）

〔解答〕　①誤り → 被けん引車も含む

 根拠法令等

車両制限令
第一章　総則
（定義）
第2条　この政令において、次の各号に掲げる用語の意義は、それぞれ当該各号に定めるところによる。

1　車両　法第2条第5項に規定する車両（人が乗車し、又は貨物が積載されている場合にあってはその状態におけるものをいい、他の車両をけん引している場合にあっては当該けん引されている車両を含む。）をいう。

演習問題 車両の制限に関する記述として、「道路法令」上、誤っているものはどれか。

① 車両制限令には、道路の構造を保全しまたは交通の危険を防止するために、車両の幅、重量、高さ、長さおよび最小回転半径の最高限度が定められている

② 限度超過車両（特殊車両）を通行させようとする者は、通行する国道および都道府県道の道路管理者が2以上となる場合、それぞれの道路管理者に通行許可の申請を行わなければならない

③ 道路管理者は、車両の構造または車両に積載する貨物が特殊であるためやむを得ないと認めるときは、当該車両を通行させようとする者の申請に基づいて、必要な条件を付して通行を許可することができる

④ 限度超過車両（特殊車両）の通行の許可証の交付を受けた者は、当該許可に係る通行中は当該許可証を当該車両に備え付けていなければならない

ポイント▶ 道路（一部の私道を含む公道全般）を走行する車両には、構造上の制限がある。幅や高さ、長さや重量、最小回転半径の限度が定められている。これを超過する車両は、原則として通行することができない。

解　説

　諸般の事情により、構造の基準を超える車両を運転せざるを得ないケースでは、特別に道路管理者の許可を受けることで、可能となる場合があります。

　これら特殊車両を通行させるにあたって、通行する国道および都道府県道の道路管理者が2つ以上となる場合はどう考えればよいのでしょうか。

　この際は、それぞれの道路管理者に通行許可の申請を行うのではなく、代表として、**1つの道路管理者に申請**をすればよいとされています。②が誤り。

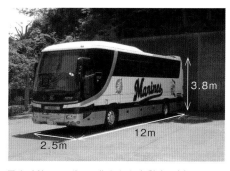

最大寸法いっぱいに作られた自動車の例

（1級電気通信工事　令和4年午前　No.52）

〔解答〕　②誤り → 1つの管理者でよい

根拠法令等

道路法
第三章　道路の管理
第四節　道路の保全等

（限度超過車両の通行の許可等）

第47条の2　道路管理者は、車両の構造又は車両に積載する貨物が特殊であるためやむを得ないと認めるときは、前条第2項の規定又は同条第3項の規定による禁止若しくは制限にかかわらず、当該車両を通行させようとする者の申請に基づいて、通行経路、通行時間等について、道路の構造を保全し、又は交通の危険を防止するため必要な条件を付して、同条第1項の政令で定める最高限度又は同条第3項に規定する限度を超える車両の通行を許可することができる。

2　前項の申請が道路管理者を異にする2以上の道路に係るものであるときは、同項の許可に関する権限は、政令で定めるところにより、1の道路の道路管理者が行うものとする。この場合において、当該1の道路の道路管理者が同項の許可をしようとするときは、他の道路の道路管理者に協議し、その同意を得なければならない。

5-6　電気通信事業法①　［定 義］

公衆電話回線等の事業用の電気通信設備は、公共性の高いものである。これらを運用する事業者は社会的な責任も大きく、公平で安定性の高い運用能力が要求される。また、災害発生時にはアクセスが急増するような性質もある。

演習問題　「電気通信事業法」で規定されている用語に関する記述として、正しいものはどれか。

①電気通信とは、有線、無線その他の電磁的方式により、符号、音響または影像を送り、伝え、または情報を処理することをいう
②電気通信設備とは、電気通信を行うための機械、器具、線路その他の電気的設備をいう
③電気通信事業とは、電気通信回線設備を他人の需要に応ずるために提供する事業をいう
④電気通信業務とは、電気通信事業者の行う電気通信設備の維持および運用の提供の業務をいう

ポイント▶　電気通信事業法では冒頭の第2条（定義）にて、電気通信に関連する用語の意義が定められている。微妙な言い回しがあるため、注意しておきたい。

解 説

これら電気通信事業にまつわる用語は、紛らわしいものが多いです。特に次の6項目は、一歩深めに取り組んでおきましょう。

1．電気通信　　4．電気通信事業
2．電気通信設備　5．電気通信事業者
3．電気通信役務　6．電気通信業務

それぞれの用語の具体的な内容については、下記の根拠法令に示したのでご参照ください。

音響を送受信する電気通信設備の例

掲題の選択肢の中では、②のみが正しい表現になります。（1級電気通信工事　令和1年午前　No.54）

〔解答〕　②正しい

 根拠法令等

電気通信事業法
第一章　総則
（定義）
第2条　この法律において、次の各号に掲げる用語の意義は、当該各号に定めるところによる。
　1　電気通信　有線、無線その他の電磁的方式により、符号、音響又は影像を送り、伝え、又は受けることをいう。
　2　電気通信設備　電気通信を行うための機械、器具、線路その他の電気的設備をいう。
　3　電気通信役務　電気通信設備を用いて他人の通信を媒介し、その他電気通信設備を他人の通信の用に供することをいう。
　4　電気通信事業　電気通信役務を他人の需要に応ずるために提供する事業をいう。
　5　電気通信事業者　電気通信事業を営むことについて、第9条の登録を受けた者及び第16条第1項の規定による届出をした者をいう。
　6　電気通信業務　電気通信事業者の行う電気通信役務の提供の業務をいう。

> **演習問題** 「電気通信事業法」に関する記述として、誤っているものはどれか。
>
> ①電気通信事業を営もうとする者は、都道府県知事の登録を受けなければならない
> ②電気通信事業者の取り扱い中に係る通信の秘密は、侵してはならない
> ③電気通信事業者の取り扱い中に係る通信は、検閲してはならない
> ④電気通信事業者は、電気通信役務の提供について、不当な差別的取り扱いをしてはならない

ポイント▶ 電気通信を営む事業者は、他の産業と比べて社会的な責任が大きいといえる。それゆえに法的な枠組みも、ややハードルが高いものとなっている。電気通信に携わる者として、これらは知っておかないと恥ずかしい。

解　説

電気通信事業者は他人の通信を取り扱っているため、状況によっては、関係者はそれらの通信の存在や内容を読み取れる立場にあります。

しかし内容を検閲したり、通信の秘密を侵すような行動は厳に禁止されています。盗聴した内容を他者に漏らす等の行為は、さらに悪質です。もちろん重い罰則規定もあります。

これは法律のみならず、憲法によるものでもあります。「知られない権利」は、国民の基本的人権です。

電気通信事業に参入する際には、<u>総務大臣に対して申請を行い、登録を受ける</u>必要があります（小規模の場合は届出のみ）。都道府県知事ではありません。①が誤りです。

（1級電気通信工事　令和2年午前　No.54）

〔解答〕　①誤り → 総務大臣の登録

📖 **根拠法令等**

電気通信事業法
第二章　電気通信事業
第二節　電気通信事業の登録等

（電気通信事業の登録）
第9条　電気通信事業を営もうとする者は、<u>総務大臣の登録</u>を受けなければならない。ただし、次に掲げる場合は、この限りでない。
　1　その者の設置する電気通信回線設備の規模及び当該電気通信回線設備を設置する区域の範囲が総務省令で定める基準を超えない場合
　2　その者の設置する電気通信回線設備が電波法第7条第2項第6号に規定する基幹放送に加えて基幹放送以外の無線通信の送信をする無線局の無線設備である場合

5-6 電気通信事業法② [関連規則]

> **演習問題** 「事業用電気通信設備規則」に関する記述として、誤っているものはどれか。
>
> ①専用役務とは、専ら符号または影像を伝送交換するための電気通信設備を他人の通信の用に供する電気通信役務をいう
> ②音声伝送役務とは、おおむね4kHz帯域の音声その他の音響を伝送交換する機能を有する電気通信設備を他人の通信の用に供する電気通信役務であってデータ伝送役務以外のものをいう
> ③直流回路とは、電気通信回線設備に接続して電気通信事業者の交換設備の動作の開始および終了の制御を行うための回路をいう
> ④絶対レベルとは、1の皮相電力の1mWに対する比をデシベルで表したものをいう

ポイント▶ 用語の定義は意外にも多い。基幹となる電気通信事業法だけでなく、下位の法令にも跨って存在している。混乱しないよう、早目に整理しておきたい。

解 説

　掲出した用語の法的な定義は、電気通信事業法施行規則と事業用電気通信設備規則に分散しています。

　専用役務の定義は、「<u>特定の者に電気通信設備を専用させる電気通信役務</u>」です。したがって、①が誤り。なお、①の内容は「データ伝送役務」の説明になります。

　その他の3つの文章は正しいです。特に数字に関する部分は、再確認しておきましょう。　（1級電気通信工事　令和3年午前　No.54）

事業用電気通信設備の例

〔解答〕　①誤り

📘 根拠法令等

電気通信事業法施行規則
第一章　総則
（用語）
第2条　この省令において使用する用語は、法において使用する用語の例による。
　2　この省令において、次の各号に掲げる用語の意義は、当該各号に定めるところによる。
　一　音声伝送役務　おおむね4kHz帯域の音声その他の音響を伝送交換する機能を有する電気通信設備を他人の通信の用に供する電気通信役務であってデータ伝送役務以外のもの
　二　データ伝送役務　専ら符号又は影像を伝送交換するための電気通信設備を他人の通信の用に供する電気通信役務
　三　専用役務　特定の者に電気通信設備を専用させる

電気通信役務
〔以下略〕
事業用電気通信設備規則
第一章　総則
（定義）
第3条　この規則において使用する用語は、法において使用する用語の例による。
　2　この規則の規定の解釈については、次の定義に従うものとする。
〔抜粋〕
　十一　「直流回路」とは、電気通信回線設備に接続して電気通信事業者の交換設備の動作の開始及び終了の制御を行うための回路をいう。
　十二　「絶対レベル」とは、1の皮相電力の1mWに対する比をデシベルで表したものをいう。

演習問題 「電気通信事業法」に基づく「端末設備等規則」に規定されている用語に関する記述として、正しいものはどれか。

① 「呼設定用メッセージ」とは、切断メッセージ、解放メッセージまたは解放完了メッセージをいう

② 「発信」とは、電気通信回線からの呼出しに応ずるための動作をいう

③ 「選択信号」とは、主として相手の端末設備を指定するために使用する信号をいう

④ 「アナログ電話用設備」とは、電話用設備であって、端末設備または自営電気通信設備との接続において電波を使用するものをいう

ポイント▶ 事業用電気通信設備の中でも、端末方に着目した用語の定義である。ここで明示されている端末設備等規則は、電気通信事業法の下位法令である。

解　説

　各選択肢の定義については、以下のようになります。まず①で示された内容は、「**呼切断用メッセージ**」の説明になります。

　題意の「呼設定用メッセージ」の定義は、「**呼設定メッセージまたは応答メッセージ**」です。したがって、①は誤り。

　次に②の内容は、「応答」の説明です。題意で示した「発信」とは、「**通信を行う相手を呼び出すための動作**」のことです。②も誤りです。

　「選択信号」の説明は、法令と一致しています。したがって、③が正しいです。

　最後に④は、「移動電話用設備」の説明になります。「アナログ電話用設備」の定義は、「**電話用設備であって、端末設備または自営電気通信設備を接続する点においてアナログ信号を入出力とするもの**」です。④も誤り。

（1級電気通信工事　令和4年午前　No.54）

〔解答〕　③正しい

根拠法令等

端末設備等規則
第一章　総則
（定義）
第2条　この規則において使用する用語は、法において使用する用語の例による。
　2　この規則の規定の解釈については、次の定義に従うものとする。
〔抜粋〕
　二　「アナログ電話用設備」とは、電話用設備であって、端末設備又は自営電気通信設備を接続する点においてアナログ信号を入出力とするものをいう。
　四　「移動電話用設備」とは、電話用設備であって、端末設備又は自営電気通信設備との接続において電波を使用するものをいう。
　十七　「発信」とは、通信を行う相手を呼び出すための動作をいう。
　十八　「応答」とは、電気通信回線からの呼出しに応ずるための動作をいう。
　十九　「選択信号」とは、主として相手の端末設備を指定するために使用する信号をいう。
　二十四　「呼設定用メッセージ」とは、呼設定メッセージ又は応答メッセージをいう。
　二十五　「呼切断用メッセージ」とは、切断メッセージ、解放メッセージ又は解放完了メッセージをいう。

5-7　有線電気通信法令①　[技術基準]

有線通信設備を施設する場合には、その送受信間のルートの全長にわたって、実際の現場の特性に応じた構造物を欠けることなく構築していく。そのために、有線電気通信設備特有の規定が存在する。

演習問題　「有線電気通信法令」に基づく、有線電気通信設備の技術基準に関する記述として、<u>誤っているもの</u>はどれか。

①架空電線の高さは、横断歩道橋の上にあるときを除き道路上にあるときは、路面から5m以上でなければならない

②架空電線の支持物には、取扱者が昇降に使用する足場金具等を、地表上2m未満の高さに取り付けてはならない

③架空電線は、他人の設置した架空電線との離隔距離が30cm以下となるように設置してはならない

④屋内電線と大地との間および屋内電線相互間の絶縁抵抗は、直流100Vの電圧で測定した値で、1MΩ以上でなければならない

ポイント▶　電気通信回線を有線で構築する場合の、基本的なルールである。特に2章の「線路施工」で取り扱った内容と重複する項目も多いが、それゆえに重要な事項であることがわかる。改めて、しっかり復習しておきたい。

解　説

選択肢のうち、①と③は2章のおさらいになります。それぞれ文章は正しいです。

架空電線の支持物、例えば電柱等には、昇降のために足場となる金具を設けるケースが多いです。この場合には、悪戯を防止する対策が必要となります。

具体的には、最下段の足場金具の最低高が定められていて、地表上1.8m以上にしなければなりません。すなわち、<u>1.8m未満の高さ</u>に取り付けてはなりません。

したがって、②が誤りです。（1級電気通信工事　令和1年午前　No.55改）

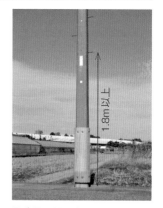

昇降用の足場金具の例

〔解答〕　②誤り → 1.8m未満

📖 根拠法令等

有線電気通信設備令
（架空電線の支持物）
第7条の2　架空電線の支持物には、取扱者が昇降に使用する足場金具等を、<u>地表上1.8m未満の高さ</u>に取り付けてはならない。ただし、総務省令で定める場合は、この限りでない。

演習問題 「有線電気通信法」に基づく、「有線電気通信設備令」に関する記述として、誤っているものはどれか。

①通信回線（導体が光ファイバであるものを除く）の平衡度は1,000Hzの交流において34dB以上でなければならない

②通信回線の線路の電圧は100V以下でなければならない

③有線電気通信設備に使用する電線は、絶縁電線でなければならない

④架空電線の支持物には取扱者が昇降に使用する足場金具等を地表上1.8m未満の高さに取り付けてはならない

ポイント▶ 有線電気通信回線を施設するにあたり、さまざまな規定に関する設問となる。これらは目に見えるものと見えないものとがあり、特に見えるものに関しては、実際の設備を観察して理解を進めることも有用である。

解　説

有線電気通信設備に使用する電線は、有線電気通信設備令にて決められています。これは、**絶縁電線あるいはケーブルを用いる**必要があります。

絶縁電線に限定したものではありませんので、③が誤りとなります。

絶縁電線とケーブルはともに電線に分類されますが、外装の有無が相違点です。

線路、電線、ケーブルと、似た表現の用語が多く出てきます。これらは法的な定義としては異なる物となりますので、きちんと区別しておきましょう。定義上の内包関係で示しますと、線路⊃電線⊃ケーブルとなります。

■ 絶縁電線とケーブルの違い

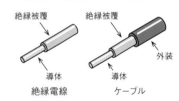

絶縁被覆　絶縁被覆
導体　　　導体　　外装
絶縁電線　ケーブル

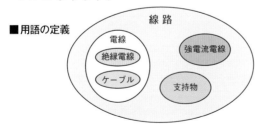

■用語の定義

線路　電線　絶縁電線　ケーブル　強電流電線　支持物

（1級電気通信工事　令和4年午前　No.55改）

〔解答〕　③誤り → 絶縁電線またはケーブル

根拠法令等

有線電気通信設備令
（定義）
（使用可能な電線の種類）
第2条の2　有線電気通信設備に使用する電線は、絶縁電線又はケーブルでなければならない。ただし、総務省令で定める場合は、この限りでない。

5-7 有線電気通信法令② ［通信回線］

「有線電気通信設備令」に関する記述として、誤っているものはどれか。

① 通信回線（導体が光ファイバであるものを除く）の電力は、絶対レベルで表した値で、その周波数が音声周波であるときは、プラス10dB以下、高周波であるときは、プラス20dB以下でなければならない

② 屋内電線（光ファイバを除く）と大地との間および屋内電線相互間の絶縁抵抗は、直流100Vの電圧で測定した値で、1MΩ以上でなければならない

③ 通信回線（導体が光ファイバであるものを除く）の平衡度は、1,000Hzの交流において34dB以上でなければならない

④ 通信回線（導体が光ファイバであるものを除く）の線路の電圧は、150V以下でなければならない

ポイント▶ 電気通信回線は文字通り電気の作用を利用して情報を伝送するものであるから、回線を流れる電流の性質にも着目しなければならない。特に電圧や電力に関しては、有線電気通信設備令にて上限値が規定されている。

解　説

線路の電圧と回線の電力は、右表のように定められています。

ここで「dB」という表現が出てきました。これは「デシベル」と読み、そもそもdBとは「○倍」という意味です。電力の10dBは10倍ですが、いったい何の10倍なのでしょうか。

電圧	100V以下	
電力	音声周波	絶対レベルで ＋10dB以下
	高周波	絶対レベルで ＋20dB以下

同令では、「絶対レベルは、1mWに対する比」と定義されています。つまり音声周波（200Hz超〜3.5kHz以下）の場合は、最大10mWと解釈できます。

また20dBは100倍の意なので、高周波（3.5kHz超）のときは、最大100mWになります。

選択肢では、④の記載が誤りとなります。

（1級電気通信工事　令和2年午前　No.55）

〔解答〕　④誤り → 100V以下

📖 根拠法令等

有線電気通信設備令
（定義）
第1条　この政令及びこの政令に基づく命令の規定の解釈に関しては、次の定義に従うものとする。
〔中略〕
10　絶対レベル　1の皮相電力の1mWに対する比をデシベルで表わしたもの
（線路の電圧及び通信回線の電力）
第4条　通信回線の線路の電圧は、100V以下でなけれ

ばならない。ただし、電線としてケーブルのみを使用するとき、又は人体に危害を及ぼし、若しくは物件に損傷を与えるおそれがないときは、この限りでない。
2　通信回線の電力は、絶対レベルで表わした値で、その周波数が音声周波であるときは、プラス10dB以下、高周波であるときは、プラス20dB以下でなければならない。ただし、総務省令で定める場合は、この限りでない。

演習問題 「有線電気通信設備令」に関する記述として、誤っているものはどれか。

① 通信回線（導体が光ファイバであるものを除く）の線路の電圧は、100V以下でなければならない

② 通信回線（導体が光ファイバであるものを除く）の平衡度は、1,000Hzの交流において10dB以上でなければならない

③ 通信回線（導体が光ファイバであるものを除く）の電力は、絶対レベルで表した値で、その周波数が音声周波であるときは、プラス10dB以下、高周波であるときは、プラス20dB以下でなければならない

④ 屋内電線（光ファイバを除く）と大地との間および屋内電線相互間の絶縁抵抗は、直流100Vの電圧で測定した値で、1MΩ以上でなければならない

ポイント▶ 回線の中を流れる電流は、目には見えない。それゆえに数値的な把握が難しいが、紛らわしい項目も含めて、キッチリ理解しなければならない。

解 説

　絶縁抵抗に関しては、注意が必要です。通信線路の場合と低圧電路とでは、基準が異なります。ここは、よく混同する人が多い箇所になります。

　本問は通信線路ですから、「直流100Vの電圧で測定した値で、1MΩ以上」を満たす必要があります。選択肢の④は正しいです。

　なお、低圧電路については2章でも出題されますので、これらも知っておく必要があります。

種　別	条　件	絶縁抵抗値
低圧電路	300V超えの場合	0.4MΩ以上
	150V超えの場合	0.2MΩ以上
	150V以下の場合	0.1MΩ以上
通信線路	100Vで測定して	1MΩ以上

　平衡度とは、「通信回線の中性点と大地との間に起電力を加えた場合における、これらの間に生ずる電圧と通信回線の端子間に生ずる電圧との比をデシベルで表わしたもの」と定義されます。

　やや難しい言い回しですが、こちらは1kHzの交流において、34dB以上でなければなりません。したがって、②が誤りです。

■屋内電線（通信線路）の絶縁抵抗
（※低圧電路ではない）

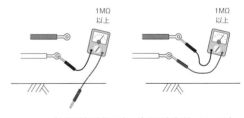

（1級電気通信工事　令和3年午前　No.55）

〔解答〕　②誤り → 34dB以上

根拠法令等

有線電気通信設備令
（通信回線の平衡度）
第3条　通信回線（導体が光ファイバであるものを除く。以下同じ。）の平衡度は、1,000Hzの交流において34dB以上でなければならない。ただし、総務省令で定める場合は、この限りでない。
（屋内電線）
第17条　屋内電線（光ファイバを除く。）と大地との間及び屋内電線相互間の絶縁抵抗は、直流100Vの電圧で測定した値で、1MΩ以上でなければならない。

5-8　電波法令①　［無線設備］

有線系よりも無線系のほうが、法令は厳しい。電波関係の諸法令としては、中軸となる電波法の他、電波法施行令、電波法施行規則、無線局免許手続規則、無線設備規則、無線従事者規則、無線局運用規則と多岐にわたる。

演習問題

受信設備の条件に関する次の記述の　　　に当てはまる語句の組み合わせとして、「電波法」上、正しいものはどれか。

「受信設備は、その副次的に発する （ア） または （イ） が、総務省令で定める限度をこえて、他の無線設備の機能に支障を与えるものであってはならない。」

	（ア）	（イ）
①	電波	高周波電流
②	電波	渦電流
③	熱	高周波電流
④	熱	渦電流

ポイント▶　電波関連の諸法令は、電波を発する送信設備やこれを操作する人間に関わるものが主体である。特に免許の概念は重要。電波は目に見えない特性もあることから、総務省による厳しい監督下に置かれている。

解　説

主に送信設備を規制するための電波法令ですが、中には受信設備に関する条文も存在します。掲題の例文は、特に有名なものです。

実は、テレビやラジオのような受信専用の設備も、電波や高周波電流を副次的に発しています。通常は微弱で無視できるレベルですが、これが大きくなると、周囲環境に影響を及ぼす懸念が出てきます。

そのため、電波を受信するだけの無線設備であっても、法規制の対象となっています。①が正しい組み合わせです。

受信設備の例

後段の、「他の無線設備の機能に支障を与える」の箇所も要注意です。余裕があれば、合わせてここも覚えておきましょう。

（1級電気通信工事　令和3年午前　No.56）

〔解答〕　①正しい

 根拠法令等

電波法
第三章　無線設備
（受信設備の条件）
第29条　受信設備は、その副次的に発する電波又は高

周波電流が、総務省令で定める限度をこえて他の無線設備の機能に支障を与えるものであつてはならない。

演習問題 無線設備の送信装置における周波数の安定のための条件について、「電波法令」上、誤っているものはどれか。

① 周波数をその許容偏差内に維持するため、送信装置は、できる限り電源電圧または負荷の変化によって、発振周波数に影響を与えないものでなければならない

② 移動局の送信装置は、実際上起り得る気圧の変化によっても、周波数をその許容偏差内に維持するものでなければならない

③ 周波数をその許容偏差内に維持するため、発振回路の方式は、できる限り外囲の温度もしくは湿度の変化によって、影響を受けないものでなければならない

④ 水晶発振回路に使用する水晶発振子は、発振周波数が当該送信装置の水晶発振回路により、またはこれと同一の条件の回路により、あらかじめ試験を行って決定されているものであること

ポイント▶ 本問は難解な表現が多く、無線に携っていない者にとっては、厳しい設問のようにも見える。送信設備の精度を維持していくための条文である。

解　説

　送信設備が発する電波については、法令によって細かいルールが設けられています。その中でも周波数に関しては、特に厳しい規制があります。

　周波数がわずかでもブレてしまうと、隣の周波数帯を使用している他の無線局に迷惑をかけてしまうため、周波数の維持は最優先の管理項目といえます。

水晶発振子（25MHz）の例

　車両や航空機等に搭載する無線機は、運行中の振動や衝撃によって周波数に影響を及ぼす可能性があります。そのため、周波数を許容偏差内に維持するための措置が必須となります。

　気圧の変化は関係ありませんので、②が誤りとなります。

　その他の3つの選択肢は、正しい文章となっています。

（1級電気通信工事　令和1年午前　No.57）

〔解答〕　②誤り → 振動または衝撃

 根拠法令等

無線設備規則
第二章　送信設備
第二節　送信装置
（周波数の安定のための条件）
第15条　周波数をその許容偏差内に維持するため、送信装置は、できる限り電源電圧又は負荷の変化によって発振周波数に影響を与えないものでなければならない。
　2　周波数をその許容偏差内に維持するため、発振回路の方式は、できる限り外囲の温度若しくは湿度の変化によって影響を受けないものでなければならない。

　3　移動局の送信装置は、実際上起り得る振動又は衝撃によっても周波数をその許容偏差内に維持するものでなければならない。
第16条　水晶発振回路に使用する水晶発振子は、周波数をその許容偏差内に維持するため、左の条件に適合するものでなければならない。
　1　発振周波数が当該送信装置の水晶発振回路により又はこれと同一の条件の回路によりあらかじめ試験を行って決定されているものであること。
〔以下略〕

5-8 電波法令② ［無線局］

> **演習問題**
>
> 無線局の免許の欠格事由に関する次の記述の□□□に当てはまる語句の組み合わせとして、「電波法」上、正しいものはどれか。
>
> 「電波法に規定する罪を犯し　(ア)　以上の刑に処せられ、その　(イ)　を終わり、またはその　(イ)　を受けることがなくなった日から　(ウ)　年を経過しない者には、無線局の免許を与えないことができる。」
>
> | | （ア） | （イ） | （ウ） |
> |---|---|---|---|
> | ① | 罰金 | 執行 | 2 |
> | ② | 罰金 | 処分 | 3 |
> | ③ | 過料 | 執行 | 3 |
> | ④ | 過料 | 処分 | 2 |

ポイント▶ 正当な免許を受けずに無線局を開設したり、免許状に記載された電力を上回って送信したりなど、電波法に違反すると処罰される場合がある。そして、それは次に免許申請する際にも、免許を与えられない要因となる。

解　説

　無線局の免許を申請した者に対して、総務大臣は免許を与えない場合があります。これには「日本の国籍を有しない人」等のような、いくつかの欠格事由が存在します。

　その中の1つに、過去に電波法や放送法に違反した者に対する欠格事由があります。

　例えば、正当な手続きで免許を受けることなく、無線局を不法に開設したケース等です。こういった場合には、懲役や罰金等の刑に処されることになります。

　<u>罰金</u>以上の刑に処せられたときは、その<u>執行</u>を終わるか、あるいはその<u>執行</u>を受けることがなくなった日から、<u>2年</u>を経過しないと、新たな免許を受けることができません。

　したがって、①が正しいです。

（1級電気通信工事　令和2年午前　No.57）

〔解答〕　①正しい

> **📖 根拠法令等**
>
> 電波法
> 第二章　無線局の免許等
> 第一節　無線局の免許
> （欠格事由）
> 第5条　次の各号のいずれかに該当する者には、無線局の免許を与えない。
>
> 〔中略〕
> 3　次の各号のいずれかに該当する者には、無線局の免許を与えないことができる。
> 一　この法律又は放送法に規定する罪を犯し罰金以上の刑に処せられ、その執行を終わり、又はその執行を受けることがなくなった日から<u>2年</u>を経過しない者

> **❓ 学習のヒント**
>
> 　刑法で刑罰の種類が定義されている。重い順に、死刑、懲役、禁錮、罰金、拘留、科料（かりょう）となる。電波法関係で死刑になることはないため、「罰金以上の刑」とは、懲役、禁錮、罰金の3種類。
> 　なお、選択肢にある「過料（かりょう）」は、法律上は罰則であって、刑罰には分類されない。

> **演習問題** 無線局の種別および定義に関する記述として、「電波法令」上、正しいものはどれか。
>
> ① 無線標定陸上局とは、無線測位業務を行う無線局をいう
> ② 無線呼出局とは、携帯局と通信を行うため陸上に開設する移動しない無線局をいう
> ③ 地球局とは、固定業務を行う無線局をいう
> ④ 陸上移動局とは、陸上を移動中またはその特定しない地点に停止中運用する無線局（船上通信局を除く）をいう

ポイント▶ 無線局の種別と定義は、電波法施行規則によって規定され、40種類以上が存在する。全ての把握は困難であるから、代表的なものを抑えておきたい。

解　説

　無線標定陸上局とは、「<u>無線標定業務を行う移動しない無線局</u>」です。道路交通における速度取締り用オービス等がこれに該当します。①は誤りです。

　なお、選択肢①にある、無線測位業務を行う無線局は、「無線測位局」です。

　無線呼出局の定義は、「<u>無線呼出業務を行う陸上に開設する無線局</u>」です。ポケットベルの基地局が代表例です。②の記述も誤りとなります。

　選択肢②に示されている、携帯局と通信を行うため陸上に開設する移動しない無線局は、「携帯基地局」です。

　地球局とは、「<u>宇宙局と通信を行ない、または受動衛星その他の宇宙にある物体を利用して通信を行なうため、地表または地球の大気圏の主要部分に開設する無線局</u>」です。③は誤りです。

無線標定陸上局の例

　なお、選択肢③にある、固定業務を行う無線局は、「固定局」です。

　消去法になりますが、④の記載が正しいものになります。（1級電気通信工事　令和4年午前　No.57改）

〔解答〕　④正しい

📖 根拠法令等

電波法施行規則

第一章　総則

（無線局の種別及び定義）

第4条　無線局の種別を次のとおり定め、それぞれ当該各号に定めるとおり定義する。

〔抜粋〕

1　固定局　固定業務を行う無線局をいう。

7　携帯基地局　携帯局と通信を行うため陸上に開設する移動しない無線局をいう。

7の2　無線呼出局　無線呼出業務を行う陸上に開設する無線局をいう。

12　陸上移動局　陸上を移動中又はその特定しない地点に停止中運用する無線局（船上通信局を除く。）をいう。

15　無線測位局　無線測位業務を行う無線局をいう。

18の2　無線標定陸上局　無線標定業務を行なう移動しない無線局をいう。

20の2　地球局　宇宙局と通信を行ない、又は受動衛星その他の宇宙にある物体を利用して通信を行なうため、地表又は地球の大気圏の主要部分に開設する無線局をいう。

5-9 消防法 ［消防用設備等］

消防用設備は一見、電気通信の世界とは関係が薄いように見える。しかし火災が発生した事実を、必要な機関へ早急に確実に伝達するためには、信頼性の高い通信インフラが不可欠である。

演習問題 消防用設備等に関する記述として、「消防法令」上、誤っているものはどれか。

① 消火設備、警報設備および避難設備は、消防の用に供する設備に該当する
② 無線通信補助設備は、消火活動上必要な施設に該当する
③ 自動火災報知設備には、非常電源を附置しなければならない
④ 漏電火災警報器は、甲種消防設備士が設置工事にあたり、乙種消防設備士が整備にあたる

ポイント▶ 消防用設備等は大きく3種類に区分される。「消防の用に供する設備」、「消防用水」、「消火活動上必要な施設」の3種である。これらは数が多く、全てを正確に覚えるのはなかなか厳しい。

解　説

まず、「消防の用に供する設備」は、避難設備と警報設備、消火設備の3種類です。これらの頭文字をとって、「用は避・警・消」と書いて、「要はひ・け・し」と覚えるのが定番です。

したがって、①は正しいです。

次に、「消火活動上必要な施設」は、以下の5項目に区分できます。

・排煙設備　　・連結散水設備　　・連結送水管
・非常コンセント設備　　・無線通信補助設備

これにより、②は正しいです。

無線通信補助設備の例

■ 消防用設備等の種類

消防用設備等				
消防の用に供する設備				消火活動上必要な施設
【ひ】 避難設備	【け】 警報設備	【し】 消火設備	消防用水	・排煙設備 ・連結散水設備 ・連結送水管 ・非常コンセント設備 ・無線通信補助設備
・避難器具 ・誘導灯および誘導標識	・自動火災報知設備 ・ガス漏れ火災警報設備 ・漏電火災警報器 ・消防機関へ通報する火災報知設備 ・非常警報器具および非常警報設備	・消火器または簡易消火用具 ・屋内消火栓設備 ・スプリンクラー設備 ・特殊な消火設備 　水噴霧消火設備　泡消火設備 　不活性ガス消火設備 　ハロゲン化物消火設備 　粉末消火設備 ・屋外消火栓設備 ・動力消防ポンプ設備		

火災発生時に、商用電源が断たれて停電となる可能性があります。この際に、消防用設備が稼働できなくなる事態は避けなければなりません。

そのため主要な消防用設備には、バッテリー等の**非常電源**を内包するよう規定があります。自動火災報知設備もこれに該当します。③も正しいです。

消防設備士は、甲種と乙種の2ランクがあります。甲種が上位で、工事と整備の両方を行うことができます。下位の乙種は、整備しかできません。

自動火災報知設備の例

次に、扱える内容ごとに、特類と、第1類〜第7類までの全8区分があります。これらの中で電気通信に係るものは、第4類と第7類になります。

■消防設備士の分類

類別	甲種	乙種	取り扱い範囲
特 類	○		特殊消防用設備等
第1類	○	○	屋内消火栓設備、スプリンクラー設備、水噴霧消火設備等
第2類	○	○	泡消火設備、パッケージ型消火設備、パッケージ型自動消火設備
第3類	○	○	不活性ガス消火設備、ハロゲン化物消火設備、粉末消火設備
第4類	○	○	自動火災報知設備、ガス漏れ火災警報設備、消防機関へ通報する火災報知設備等
第5類	○	○	金属製避難はしご、救助袋、緩降機
第6類		○	消火器
第7類		○	漏電火災警報器

漏電火災警報器を扱う第7類には甲種が存在しません。ここは例外的に、**電気工事士**が設置工事にあたります。整備は乙種消防設備士が行います。

したがって、④が誤りです。

漏電火災警報器の例

（1級電気通信工事　令和1年午前　No.58）

〔解答〕　④誤り→工事は電気工事士が行う

根拠法令等

消防法施行令
第二章　消防用設備等
第一節　防火対象物の指定
（消防用設備等の種類）
第7条　法第17条第1項の政令で定める消防の用に供する設備は、消火設備、警報設備及び避難設備とする。
〔中略〕
　6　法第17条第1項の政令で定める消火活動上必要な施設は、排煙設備、連結散水設備、連結送水管、非

常コンセント設備及び無線通信補助設備とする。
〔以下略〕

第三節　設置及び維持の技術上の基準
第三款　警報設備に関する基準
（自動火災報知設備に関する基準）
第21条　自動火災報知設備は、次に掲げる防火対象物又はその部分に設置するものとする。
〔中略〕
　4　自動火災報知設備には、非常電源を附置すること。

5-10 建築基準法 ［用語の定義］

建設業を営む上で欠かせない法令が、建築基準法である。とはいえ、電気通信業界を歩んできた者にとっては畑違いの分野と感じる側面もある。用語も特殊であり理解は容易ではないが、最低限の部分はおさえていきたい。

演習問題

「建築基準法」を根拠法とし、以下の用途に供する建築物の中で特殊建築物として、定められていないものを選べ。

①劇場　②学校　③事務所　④危険物の貯蔵場

ポイント▶ 建築基準法ではさまざまな用語が定義されている。まず基本となる建築物とは、土地に定着する工作物のうち、屋根および柱もしくは壁を有するもの、とされている。ではこれに対して、特殊建築物とはどういった物件を指すのだろうか。

解　説

　特殊建築物というのは聞き慣れない用語ですが、文字通りに解釈すると「特殊な用途に供する建築物」となります。実態としては多数の人が集まる建築物や、防火上あるいは衛生上、特に規制すべき建築物等がこれに該当します。

　建築基準法・第2条の第2号にて、特殊建築物の定義がなされています。以下に掲出した24種が特殊建築物であり、一戸建住宅と事務所、商店等を除いた、多くの種類の建築物が該当します。

■特殊建築物一覧

学校	市場	工場
体育館	ダンスホール	倉庫
病院	遊技場	自動車車庫
劇場	公衆浴場	危険物の貯蔵場
観覧場	旅館	と畜場
集会場	共同住宅	火葬場
展示場	寄宿舎	汚物処理場
百貨店	下宿	上記に類する建築物

危険物の貯蔵場の例

　したがって、設問の選択肢の中で該当しない建築物は、③事務所です。

〔解答〕　③定められていない

根拠法令等

建築基準法
第一章　総則
（用語の定義）
第2条　この法律において次の各号に掲げる用語の意義は、それぞれ当該各号に定めるところによる。
（中略）

2　特殊建築物　学校、体育館、病院、劇場、観覧場、集会場、展示場、百貨店、市場、ダンスホール、遊技場、公衆浴場、旅館、共同住宅、寄宿舎、下宿、工場、倉庫、自動車車庫、危険物の貯蔵場、と畜場、火葬場、汚物処理場その他これらに類する用途に供する建築物をいう。

演習問題 「建築基準法」に規定されている用語に関する記述として、誤っているものはどれか。

①居室とは、居住、執務、作業、集会、娯楽その他、これらに類する目的のために、継続的に使用する室をいう

②建築設備とは、土地に定着する工作物のうち、屋根および柱、もしくは壁を有するもの（これに類する構造のものを含む）をいう

③建築とは、建築物を新築し、増築し、改築し、または移転することをいう

④建築主とは、建築物に関する工事の請負契約の注文者、または請負契約によらないで自らその工事をする者をいう

ポイント▶ 建築基準法ではさまざまな用語が定義されている。これらの用語は、実に30種以上になるが、主要なものは把握しておきたい。紛らわしい表現には要注意。

解　説

選択肢の①、③、④の記述は法令通りで正しいです。

建築設備の定義は、「<u>建築物に設ける電気、ガス、給水、排水、換気、暖房、冷房、消火、排煙、もしくは汚物処理の設備、または煙突、昇降機もしくは避雷針</u>」と、されています。

一方で、②で示されている内容は、「建築物」の説明になります。したがって、②が誤りです。

（1級電気通信工事　令和4年午前　No.58）

建築設備（電気）の例

〔解答〕　②誤り

 根拠法令等

建築基準法
第一章　総則
（用語の定義）
第2条　この法律において次の各号に掲げる用語の意義は、それぞれ当該各号に定めるところによる。
　1　建築物　土地に定着する工作物のうち、屋根及び柱若しくは壁を有するもの（これに類する構造のものを含む。）、これに附属する門若しくは塀、観覧のための工作物又は地下若しくは高架の工作物内に設ける事務所、店舗、興行場、倉庫その他これらに類する施設をいい、建築設備を含むものとする。
　3　建築設備　建築物に設ける電気、ガス、給水、排水、換気、暖房、冷房、消火、排煙若しくは汚物処理の設備又は煙突、昇降機若しくは避雷針をいう。
　4　居室　居住、執務、作業、集会、娯楽その他これらに類する目的のために継続的に使用する室をいう。
　13　建築　建築物を新築し、増築し、改築し、又は移転することをいう。
　16　建築主　建築物に関する工事の請負契約の注文者又は請負契約によらないで自らその工事をする者をいう。

5-11 建設リサイクル法 ［再資源化］

通称「リサイクル法」と呼ばれる法令は広義のものであり、建設関係に特化したものは区別して「建設リサイクル法」と呼ばれる。これは正式には、「建設工事に係る資材の再資源化等に関する法律」という。

演習問題 建設資材廃棄物に関する記述として、「建設工事に係る資材の再資源化等に関する法律」上、誤っているものはどれか。

①建設業を営む者は、建設資材廃棄物の再資源化により得られた建設資材を使用するよう努めなければならない

②建設工事の元請業者は、当該工事に係る特定建設資材廃棄物の再資源化等が完了したときは、その旨を都道府県知事に書面で報告しなければならない

③解体工事における分別解体等とは、建築物等に用いられた建設資材に係る建設資材廃棄物をその種類ごとに分別しつつ当該工事を計画的に施工する行為である

④再資源化には、分別解体等に伴って生じた建設資材廃棄物であって、燃焼の用に供することができるものを、熱を得ることに利用できる行為が含まれる

ポイント▶ この「建設工事に係る資材の再資源化等に関する法律」は、特定の建設資材について、それらの分別解体や、再資源化を促進することを主眼として制定された。

解 説

建設工事に係る特定建設資材の廃棄物について、再資源化等の処置が完了したときには、元請業者はその旨を発注者に報告する義務があります。都道府県知事ではありません。②が誤り。

上記の各選択肢に関する詳細は、以下の根拠法令をご参照ください。

〔解答〕 ②誤り → 発注者に報告

 根拠法令等

建設工事に係る資材の再資源化等に関する法律
第一章 総則
（定義）
第2条 この法律において「建設資材」とは、土木建築に関する工事に使用する資材をいう。
2 この法律において「建設資材廃棄物」とは、建設資材が廃棄物となったものをいう。
3 この法律において「分別解体等」とは、次の各号に掲げる工事の種別に応じ、それぞれ当該各号に定める行為をいう。
一 建築物等に用いられた建設資材に係る建設資材廃棄物をその種類ごとに分別しつつ当該工事を計画的に施工する行為
〔中略〕
4 この法律において建設資材廃棄物について「再資源化」とは、次に掲げる行為であって、分別解体等に伴って生じた建設資材廃棄物の運搬又は処分に該当するものをいう。
〔中略〕
二 分別解体等に伴って生じた建設資材廃棄物であって燃焼の用に供することができるもの又はその可能性のあるものについて、熱を得ることができる状態にする行為

第二章　基本方針等
（建設業を営む者の責務）
第5条
〔中略〕
2　建設業を営む者は、建設資材廃棄物の再資源化により得られた建設資材を使用するよう努めなければならない。

第四章　再資源化等の実施
（発注者への報告等）
第18条　対象建設工事の元請業者は、当該工事に係る特定建設資材廃棄物の再資源化等が完了したときは、主務省令で定めるところにより、その旨を当該工事の発注者に書面で報告するとともに、当該再資源化等の実施状況に関する記録を作成し、これを保存しなければならない。
〔以下略〕

演習問題　分別解体等および再資源化等を促進するため、特定建設資材として、「建設工事に係る資材の再資源化等に関する法律」上、誤っているものはどれか。
①木材
②アスファルト・コンクリート
③コンクリートおよび鉄から成る建設資材
④建設発生土

ポイント▶　建設リサイクル法においては、建設資材と特定建設資材は区別されている。特定建設資材は4種のみであり、これは施工管理技士としては特に重要であるため、把握しておきたい。

解説

特定建設資材は以下の4種と定められています。

・コンクリート
・コンクリートおよび鉄から成る建設資材
・木材
・アスファルト・コンクリート

木材の例

アスファルト・コンクリートの例

したがって、建設発生土は特定建設資材には該当しません。④が非該当です。

〔解答〕　④定められていない

5-12　電気工事士法　[従事範囲]

自家用電気工作物および一般用電気工作物は、原則として電気工事士でなければ作業には従事できない。しかし実際には取り扱い範囲に例外があり、周辺資格によってカバーしているケースがある。周辺資格も合わせて把握したい。

演習問題

電気工事士以外の者が従事できる軽微な工事に関する記述として、「電気工事士法」上、誤っているものはどれか。

① 電線を直接造営材に取り付ける工事
② 電圧24Vで使用する蓄電池の端子に電線をねじ止めする工事
③ 地中電線用の管を設置する工事
④ 電線を支持する柱、腕木、その他これらに類する工作物を設置する工事

ポイント▶　電気工事士法によって、原則的には電気工事士でなければ電気工事には従事できないことになっている。しかし、政令で定める軽微な工事については、対象外の規定がある。これを理解しておきたい。

解　説

電気工事士でなくても実施できる軽微な工事は、電気工事士法施行令にて具体的な定めがあります。詳しくは、下記の根拠法令の欄を参照してください。

選択肢の②、③、④の記述は施行令の条文に該当し、正しいです。

<u>造営材に電線を直接取り付ける</u>工事は、この軽微な工事には含まれていません。この場合には、電気工事士の免状を受けている者でなければ従事できません。

したがって、①が誤りとなります。

地中電線用の管の例

（1級電気通信工事　令和5年午前　No.58）

〔解答〕　①誤り → 電気工事士が必要

📖 根拠法令等

電気工事士法施行令

（軽微な工事）
第1条　電気工事士法第2条第3項ただし書の政令で定める軽微な工事は、次のとおりとする。
1　電圧600V以下で使用する差込み接続器、ねじ込み接続器、ソケット、ローゼットその他の接続器又は電圧600V以下で使用するナイフスイッチ、カットアウトスイッチ、スナップスイッチその他の開閉器にコード又はキャブタイヤケーブルを接続する工事
2　電圧600V以下で使用する電気機器又は電圧600V以下で使用する蓄電池の端子に電線をねじ止めする工事
3　電圧600V以下で使用する電力量計若しくは電流制限器又はヒューズを取り付け、又は取り外す工事
4　電鈴、インターホーン、火災感知器、豆電球その他これらに類する施設に使用する小型変圧器の二次側の配線工事
5　電線を支持する柱、腕木その他これらに類する工作物を設置し、又は変更する工事
6　地中電線用の暗渠きょ又は管を設置し、又は変更する工事

演習問題 電気工事士等が従事する作業に関する記述として、「電気工事士法令」上、誤っているものはどれか。ただし、自家用電気工作物は最大電力500kW未満の需要設備とする。

①第1種電気工事士は、特殊電気工事を除く、一般用電気工作物および自家用電気工作物に係る電気工事の作業に従事することができる

②第2種電気工事士は、一般用電気工作物に係る電気工事の作業に従事できるが、自家用電気工作物に係る電気工事の作業に従事することができない

③認定電気工事従事者は、自家用電気工作物に係る電気工事のうち、簡易電気工事の作業に従事することができる

④非常用予備発電装置工事の特殊電気工事資格者は、自家用電気工作物に係る電気工事のうち、非常用予備発電装置として設置される原動機、発電機、配電盤、これらの附属設備および他の需要設備との間の電線との接続部分に係る電気工事の作業に従事することができる

ポイント▶ 電気工事士と、それに関連する周辺資格にまつわる設問である。全体としてどれだけの資格区分が存在し、それぞれ交付者が誰なのか。弱電専門であって電気通信工事のみに従事する者でも、知っておいたほうがよい。

解 説

　まず、電気工事士等が取り扱う電気工作物は、自家用と一般用の大きく2種類に分けられます。このうち自家用は、下表のように4つに区分されます。

自家用電気工作物			一般用電気工作物等
ネオン設備	非常用予備発電設備	600V以下の設備	
		第1種電気工事士	
		都道府県知事	
			第2種電気工事士
特殊電気工事資格者（ネオン）	特殊電気工事資格者（非常用）	認定電気工事従事者	
産業保安監督部（経済産業省）			

　上級である第1種電気工事士であっても、全ての範囲を扱えるわけではありません。どの資格を保有すれば、何に従事できるのか、再確認しましょう。

　非常用予備発電装置の特殊電気工事資格者は、非常用予備発電装置の原動機、発電機、配電盤の工事に従事することができます。しかし、他の需要設備との間の電線との接続部分は扱えません。④が誤りです。

（1級電気通信工事　令和1年午後　No.5）

〔解答〕　④誤り → 接続部分は対象外

📖 根拠法令等

電気工事士法施行規則
（特殊電気工事）
第2条の2　法第3条第3項の自家用電気工作物に係る電気工事のうち経済産業省令で定める特殊なものは、次のとおりとする。

〔中略〕
2　非常用予備発電装置として設置される原動機、発電機、配電盤（他の需要設備との間の電線との接続部分を除く。）及びこれらの附属設備に係る電気工事。

● COLUMN ●

無線局の種別

電波法施行規則の第4条にて、無線局の種別が下記の通り定められている。

1　　固定局　固定業務を行う無線局をいう。
2　　基幹放送局　基幹放送を行う無線局であって、基幹放送を行う実用化試験局以外のものをいう。
2の2　地上基幹放送局　地上基幹放送または移動受信用地上基幹放送を行う基幹放送局をいう。
2の3　特定地上基幹放送局　基幹放送局のうち法第6条第2項第7号に規定する特定地上基幹放送局をいう。
3　　地上基幹放送試験局　地上基幹放送または移動受信用地上基幹放送を行う基幹放送局をいう。
3の2　特定地上基幹放送試験局　基幹放送局のうち法第6条第2項第7号に規定する特定地上基幹放送局をいう。
3の3　地上一般放送局　地上一般放送を行う無線局であって、地上一般放送を行う実用化試験局以外のものをいう。
4　　海岸局　船舶局、遭難自動通報局または航路標識に開設する海岸局と通信を行うため陸上に開設する移動しない無線局をいう。
5　　航空局　航空機局と通信を行なうため陸上に開設する移動中の運用を目的としない無線局をいう。
6　　基地局　陸上移動局との通信を行うため陸上に開設する移動しない無線局をいう。
7　　携帯基地局　携帯局と通信を行うため陸上に開設する移動しない無線局をいう。
7の2　無線呼出局　無線呼出業務を行う陸上に開設する無線局をいう。
7の3　陸上移動中継局　基地局と陸上移動局との間および陸上移動局相互間の通信を中継するため陸上に開設する移動しない無線局をいう。
8　　陸上局　海岸局、航空局、基地局、携帯基地局、無線呼出局、陸上移動中継局その他移動中の運用を目的としない移動業務を行う無線局をいう。
9　　船舶局　船舶の無線局のうち、無線設備が遭難自動通報設備またはレーダーのみのもの以外のものをいう。
10　遭難自動通報局　遭難自動通報設備のみを使用して無線通信業務を行なう無線局をいう。
10の2　船上通信局　船上通信設備のみを使用して無線通信業務を行う移動する無線局をいう。
11　航空機局　航空機の無線局のうち、無線設備がレーダーのみのもの以外のものをいう。
12　陸上移動局　陸上を移動中またはその特定しない地点に停止中運用する無線局をいう。
13　携帯局　陸上、海上若しくは上空の1若しくは2以上にわたり携帯して移動中またはその特定しない地点に停止中運用する無線局をいう。
14　移動局　船舶局、遭難自動通報局、船上通信局、航空機局、陸上移動局、携帯局その他移動中または特定しない地点に停止中運用する無線局をいう。
15　無線測位局　無線測位業務を行う無線局をいう。
16　無線航行局　無線航行業務を行う無線局をいう。
17　無線航行陸上局　移動しない無線航行局をいう。
18　無線航行移動局　移動する無線航行局をいう。
18の2　無線標定陸上局　無線標定業務を行なう移動しない無線局をいう。
19　無線標定移動局　無線標定業務を行なう移動する無線局をいう。
20　無線標識局　無線標識業務を行う無線局をいう。
20の2　地球局　宇宙局と通信を行ない、または受動衛星その他の宇宙にある物体を利用して通信を行なうため、地表または地球の大気圏の主要部分に開設する無線局をいう。
20の3　海岸地球局　法第63条に規定する海岸地球局をいう。
20の4　航空地球局　法第70条の3第2項に規定する航空地球局をいう。
20の5　携帯基地地球局　人工衛星局の中継により携帯移動地球局と通信を行うため陸上に開設する無線局をいう。
20の6　船舶地球局　法第6条第1項第4号ロに規定する船舶地球局をいう。
20の7　航空機地球局　法第6条第1項第4号ロに規定する航空機地球局をいう。
20の8　携帯移動地球局　自動車その他陸上を移動するものに開設し、または陸上、海上若しくは上空の1若しくは2以上にわたり携帯して使用するために開設する無線局であって、人工衛星局の中継により無線通信を行うものをいう。
20の9　宇宙局　地球の大気圏の主要部分の外にある物体に開設する無線局をいう。
20の10　人工衛星局　法第6条第1項第4号イに規定する人工衛星局をいう。
20の11　衛星基幹放送局　衛星基幹放送を行う基幹放送局をいう。
20の12　衛星基幹放送試験局　衛星基幹放送を行う基幹放送局をいう。
21　非常局　非常通信業務のみを行うことを目的として開設する無線局をいう。
22　実験試験局　科学若しくは技術の発達のための実験、電波の利用の効率性に関する試験または電波の利用の需要に関する調査を行うために開設する無線局であって、実用に供しないものをいう。
23　実用化試験局　当該無線通信業務を実用に移す目的で試験的に開設する無線局をいう。
24　アマチュア局　アマチュア業務を行う無線局をいう。
25　簡易無線局　簡易無線業務を行う無線局をいう。
26　構内無線局　構内無線業務を行う無線局をいう。
27　気象援助局　気象援助業務を行う無線局をいう。
28　標準周波数局　標準周波数業務を行う無線局をいう。
29　特別業務の局　特別業務を行う無線局をいう。

6章

着手すべき優先度❻

★

選択問題の領域

最後の6章も選択問題の領域である。出題される全8問のうち、5問を選択して解答すればよい。3問は捨ててもよく、重要度はかなり低い。

解答すべき全60問のうち、この5問はたったの8％でしかない。

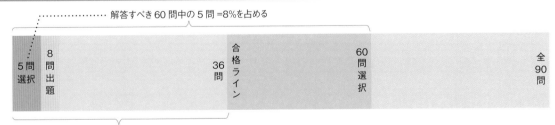

合格に必要な36問に対して5問は、わずかに14％。周辺技術に関するものと一部の法令が出題されるが、それほど神経質になる必要はない。

ここまでくると、余裕がある場合にリラックスして解く程度でよい。あるいは最初から省略してしまい、前方の章に集中する戦略でもよいだろう。無理して取り組む範囲ではない。

6-1 低圧配線① ［技術基準］

有線電気通信で使用できる最高電圧は100Vであるから、電源部を含めても、実質的に低圧での配線工事しか発生しない。この場合でも、内線規程や電気設備の技術基準といった、諸々のルールに従って施工する必要がある。

> **演習問題**
> 電気設備において、低圧の幹線および配線に関する記述として、電気設備の技術基準の解釈上、誤っているものはどれか。
> ただし、負荷には電動機またはこれに類する起動電流が大きい電気機械器具は接続されていないものとする。
> ①低圧幹線の電線は、供給される負荷である電気使用機械器具の定格電流の合計値以上の許容電流のものを施設した
> ②低圧分岐回路の電線の許容電流が、その電線に接続する低圧幹線を保護する過電流遮断器の定格電流の35％であるため、低圧幹線の分岐点から9mの箇所に分岐回路を保護する過電流遮断器を施設した
> ③低圧幹線の電源側電路に設置する過電流遮断器は、当該低圧幹線に使用する電線の許容電流よりも低い値の定格電流のものを施設した
> ④低圧分岐回路の電線の許容電流が、その電線に接続する低圧幹線を保護する過電流遮断器の定格電流の30％であるため、低圧幹線の分岐点から3mの箇所に分岐回路を保護する過電流遮断器を施設した

> **ポイント▶** 電気関係の資格試験ではよく見られる、お馴染みの低圧配線の設問である。電気通信の分野でも装置の電源廻り等、強電に属する工事は発生し得るので、マスターしておくに越したことはない。

解 説

選択肢①は当たり前ですね。説明するまでもありません。選択肢③も初歩的なものです。電線の許容電流よりも高い値の定格電流となっている遮断器では、最大で電線の許容値を超える電流が流れることになってしまいます。

選択肢の②と④は、定番の低圧分岐回路です。ここは数字が係る部分ですので、しっかりと記憶することが求められます。まずは、低圧幹線に接続される過電流遮断器の定格電流を把握します。仮にこれが$I_B = 100$Aとしましょう。

次に、この幹線の遮断器の下流方に、分岐回路を3本設けた場合を仮定します（実際は何本でも構いません）。こ

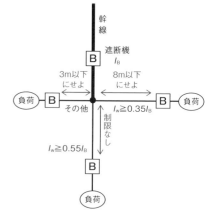

れら分岐回路に使用する電線の許容電流値は、どの程度の大きさのものを用いればよいでしょうか。ここで、幹線の遮断器の定格電流値I_Bと比較することになります。

分岐回路で使用する電線の許容電流値（I_W）がI_Bの55％（つまり$0.55 I_B = 55A$）以上であれば、分岐回路を保護する過電流遮断器と分岐点との距離について、制限はありません。

次に、電線の許容電流値がI_Bの55％未満となる場合を考えますが、このケースでは、分岐回路を保護する過電流遮断器と分岐点との距離に制約が出てきます。I_WがI_Bの35％（つまり$0.35 I_B = 35A$）以上であれば、これを8m以下とする必要があります。②が誤りです。

さらには、I_WがI_Bの35％未満であるならば、これらの距離は3m以下としなければなりません。 （1級電気通信工事　令和1年午後　No.3）

〔解答〕　②誤り → 8m以下

演習問題 電気設備において、低圧幹線の施設や低圧分岐回路等の施設に関する記述として、「電気設備の技術基準の解釈」上、誤っているものはどれか。

ただし、負荷には電動機またはこれに類する起動電流が大きい電気機械器具は接続されていないものとする。

① 低圧幹線の電源側電路に施設する過電流遮断器には、当該低圧幹線の許容電流以下の定格電流のものを使用する
② 低圧分岐回路の電線の許容電流が、低圧幹線を保護する過電流遮断器の定格電流の35％であるため、低圧幹線の分岐点からの電線の長さが8mの箇所に低圧分岐回路を保護する過電流遮断器を施設する
③ 低圧幹線の電線として、当該低圧幹線を通じて供給される電気使用機械器具の定格電流の合計値以上の許容電流のものを使用する
④ 低圧分岐回路の電線の許容電流が、低圧幹線を保護する過電流遮断器の定格電流の30％であるため、低圧幹線の分岐点からの電線の長さが4mの箇所に低圧分岐回路を保護する過電流遮断器を施設する

ポイント▶ 前ページに掲出した設問の類題である。問題文の文字量が多く、内容の把握がしんどい印象があるが、数字の部分に着目して考えたい。

解　説

こちらも、前ページと同じ流れで進めます。選択肢の②は、I_WがI_Bの35％以上ですから、過電流遮断器と分岐点との距離は8m以下とする必要があります。②は正しいです。

選択肢の④は、I_WがI_Bの35％未満となるケースです。このときの距離は、3m以下としなければなりません。4mでは不可となります。

したがって、④が誤りです。 （1級電気通信工事　令和2年午後　No.3改）

〔解答〕　④誤り → 3m以下

> **演習問題**　事務室におけるコンセント専用の低圧分岐回路に関する記述として、電気設備の技術基準の解釈上、**誤っているもの**はどれか。
>
> 　ただし、電線は軟銅線のものを使用し、その長さは、分岐点から配線用遮断器までは2m、配線用遮断器からコンセントまでは7mとする。
>
> ①定格電流30Aの配線用遮断器に直径2mmの電線を配線し、定格電流15Aのコンセントを1個取り付ける
> ②定格電流20Aの配線用遮断器に直径1.6mmの電線を配線し、定格電流20Aのコンセントを1個取り付ける
> ③定格電流15Aの配線用遮断器に直径1.6mmの電線を配線し、定格電流15Aのコンセントを1個取り付ける
> ④定格電流30Aの配線用遮断器に直径2.6mmの電線を配線し、定格電流30Aのコンセントを1個取り付ける

ポイント▶　電気設備の技術基準の解釈を根拠として、低圧分岐回路には回路を保護する過電流遮断器の種類と定格電流によって、使用できる電線の太さや、コンセントの許容電流の組み合わせに関しての制約が設けられている。

解　説

　分岐回路を配線する場合には、下表のような基準があります。これに沿った形で設計をしなければなりません。

分岐回路の種類	遮断器の定格電流	電線の太さ	コンセントの定格電流
15A分岐回路	15A以下	直径1.6mm以上	15A以下
20A分岐回路（遮断器の場合）	20A	直径1.6mm以上	20A以下
20A分岐回路（ヒューズの場合）	20A（ヒューズ）	直径2.0mm以上	20A
30A分岐回路	30A	直径2.6mm以上	20A以上30A以下
40A分岐回路	40A	断面積8mm²以上	30A以上40A以下

　定格電流30Aの配線用遮断器を用いた場合には、30A分岐回路とみなされます。このカテゴリでは、直径2.6mm以上の太さの電線を使用しなくてはなりません。そして取り付けるコンセントも、定格電流20A以上30A以下のものである必要があります。

　したがって、選択肢①は規格を外れた配線となります。　（1級電気通信工事　令和2年午後　No.4）

〔解答〕　①誤り→ 規格外れ

> **演習問題** 事務室におけるコンセント専用の低圧分岐回路に関する記述として、「電気設備の技術基準の解釈」上、誤っているものはどれか。
>
> ただし、電線は軟銅線のものを使用し、その長さは、分岐点から配線用遮断器までは2m、配線用遮断器からコンセントまでは7mとする。
>
> ①定格電流15Aの配線用遮断器に直径1.6mmの電線を配線し、定格電流20Aのコンセントを1個取り付ける
> ②定格電流20Aの配線用遮断器に直径1.6mmの電線を配線し、定格電流15Aのコンセントを1個取り付ける
> ③定格電流30Aの配線用遮断器に直径2.6mmの電線を配線し、定格電流30Aのコンセントを1個取り付ける
> ④定格電流40Aの配線用遮断器に断面積8mm²の電線を配線し、定格電流30Aのコンセントを1個取り付ける

ポイント▶ 前ページに掲出した設問の類題である。数字が多く登場するため、混同しないように注意したい。分岐回路の種類の一覧表をしっかりと覚えておけば、正答は機械的に導き出せる。

解 説

回路に取り付けるコンセントの定格電流値は、少なくとも遮断器の定格電流値と同じか、それ以下でなければなりません。

この点だけを見ても、選択肢①が明らかに超過していることがわかります。

なお、設問ではコンセントは1個に限定されていますが、実際にはコンセントの個数には特に定めはありません。

(1級電気通信工事 令和4年午後 No.3)

〔解答〕 ①誤り → コンセントは15A以下

 根拠法令等

電気設備の技術基準の解釈
第149条 （低圧分岐回路等の施設）
低圧分岐回路には、次の各号により過電流遮断器及び開閉器を施設すること。
一 低圧幹線との分岐点から電線の長さが3m以下の箇所に、過電流遮断器を施設すること。ただし、分岐点から過電流遮断器までの電線が、次のいずれかに該当する場合は、分岐点から3mを超える箇所に施設することができる。
・電線の許容電流が、その電線に接続する低圧幹線を保護する過電流遮断器の定格電流の55％以上である場合
・電線の長さが8m以下であり、かつ、電線の許容電流がその電線に接続する低圧幹線を保護する過電流遮断器の定格電流の35％以上であること
〔中略〕
2 低圧分岐回路は、次の各号により施設すること。
一 第2号及び第3号に規定するものを除き、次によること。
イ 第1項第1号の規定により施設する過電流遮断器の定格電流は、50A以下であること。
ロ 電線は、太さが149-1表の中欄に規定する値の軟銅線若しくはこれと同等以上の許容電流のあるもの又は太さが同表の右欄に規定する値以上のMIケーブルであること。
〔149-1表は、前ページに掲載した〕

6-2　工事種と施設区分　［屋内配線］

　屋内配線に限らないが、計6種の環境ごとに工事種の施設可否が決められている。配線の格納場所が展開した場所なのか、隠ぺい場所か。隠ぺい場所であれば点検が可能か。そして、これら全てが乾燥しているか否かの6種である。

演習問題

「電気設備の技術基準とその解釈」を根拠とし、低圧屋内配線の施設場所と工事の種類の組み合わせとして、不適当なものはどれか。

なお、使用電圧は100Vであり、ビルの乾燥した場所に施設するものとする。

施設場所	工事の種類
①展開した場所	ライティングダクト工事
②展開した場所	VVR（ビニルケーブル）を用いたケーブル工事
③点検できない隠ぺい場所	PF管を用いた合成樹脂管工事
④点検できない隠ぺい場所	金属ダクト工事

ポイント▶ 点検の可否、あるいは乾燥か湿気があるかによって、施工できる工事種に制約がある。ここは覚える項目が多いために、注意が必要だ。問題本文中の「乾燥した場所」を見落とさないようにしたい。

解　説

　「電気設備の技術基準とその解釈」第156条により、金属ダクト工事は点検できない隠ぺい場所では施設することができません。その他の組み合わせはいずれも施設可能です。

　施設可能な工事種と場所との関係性は、次ページの表を参照のこと。

ライティングダクトの例

PF管の例

金属ダクトの例

〔解答〕　④不適当→工事不可

> **演習問題**
> 「電気設備の技術基準とその解釈」を根拠とし、低圧屋内配線の工事として、湿気の多い場所に施設できないものはどれか。
>
> ①合成樹脂管工事　②金属管工事　③金属ダクト工事　④ケーブル工事

ポイント▶ 前ページの問題に類似する設問である。今回は乾燥した場所ではなく、「湿気の多い場所」となっている点に注意。点検の可否に関しては問われていない。

解　説

「電気設備の技術基準とその解釈について」第156条により、金属ダクト工事は湿気が多い場所では施設することができません。その他の組み合わせはいずれも施設可能です。

施設可能な工事種と場所との関係性は、以下の表を参照のこと。

施設場所の区分		ケーブル工事	合成樹脂管(可とう含む)	金属管(可とう含む)		バスダクト	金属ダクト	300V以下専用				
								金属線ぴ	ライティングダクト	セルラダクト	フロアダクト	平形保護層
展開した場所	乾燥した場所	●	●	●		●	●	●	●			
	湿気が多い場所	●	●	●		●						
点検できる隠ぺい場所	乾燥した場所	●	●	●		●	●	●	●	●		●
	湿気が多い場所	●	●	●								
点検できない隠ぺい場所	乾燥した場所	●	●	●						●	●	
	湿気が多い場所	●	●	●								

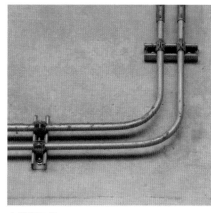
金属管の例

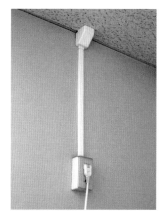
一種金属線ぴの例

〔解答〕　③施設できない

6-3　電気用品安全法　[電気用品]

電気製品を主因とする事故は火災につながるケースが多く、いったん発生してしまうと被害は甚大なものとなる。このためメーカー側が、自覚と責任をもって安全対策に取り組まなければならない。この根拠となる法令が電気用品安全法（電安法）である。

演習問題　特定電気用品に表示する記号として、電気用品安全法上、<u>正しいもの</u>はどれか。

① 　　③

② 　　④

ポイント▶　電気製品の安全を担保するために、電気用品安全法の基準に準拠していることを、当該の製品に表示する義務がある。特に特定電気用品と、特定電気用品以外の電気用品はその定義が複雑なため、踏み込んで理解したい。

解　説

　私たちの日常生活における電気用品と、電気用品安全法にて定められている電気用品は定義が異なります。電気を用いる全ての製品が「電気用品」ではないということになります。混同を避けるために、電気を用いる全ての製品を「電気機械・器具」と呼ぶことにします。

　電気機械・器具は、3段階の階層に分かれています。上の2つが、電気用品安全法にて定義される「電気用品」です。そしてこれら電気用品には、<u>PSE</u>のマークが付されています。定義されていない製品は、「その他の電気機械・器具」として区別しましょう。

　さらに電気用品の中でも、特に危険や障害の発生するおそれの多い電気用品を、「<u>特定電気用品</u>」と呼んで最上位に置いています。特定と特定以外とではマークが異なり、特定は菱形、特定以外が丸となります。

　①の記号が正しいです。

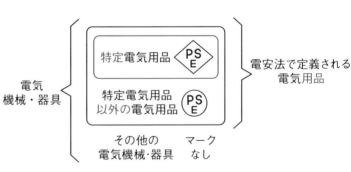

〔解答〕　①正しい

?! 学習のヒント

PSE：Product Safety Electrical Appliance & Materials

📖 根拠法令等

電気用品安全法
第一章　総則

（目的）
第1条　この法律は、電気用品の製造、販売等を規制するとともに、電気用品の安全性の確保につき民間事業者の自主的な活動を促進することにより、電気用品による危険及び障害の発生を防止することを目的とする。

（定義）
第2条　この法律において「電気用品」とは、次に掲げる物をいう。
　　一　一般用電気工作物の部分となり、又はこれに接続して用いられる機械、器具又は材料であって、政令で定めるもの
　　二　携帯発電機であって、政令で定めるもの
　　三　蓄電池であって、政令で定めるもの
　　2　この法律において「特定電気用品」とは、構造又は使用方法その他の使用状況からみて特に危険又は障害の発生するおそれが多い電気用品であって、政令で定めるものをいう。

演習問題

次の電気用品のうち、「電気用品安全法令」上、特定電気用品に該当しないものはどれか。ただし、使用電圧200Vの交流の電路に使用するものとする。

①ケーブル（CV22mm^{2}3心）
②ケーブル配線用スイッチボックス
③電流制限器（定格電流100A）
④温度ヒューズ

ポイント▶

電気に関係する器具であっても、その全てが「電気用品」ではない。電気用品安全法では、電気用品に該当するものを具体的に定義している。これらはさらに、特定電気用品と、特定電気用品以外の電気用品とに分類される。

解説

　現行法での「特定電気用品」は、実に100品目以上が指定されています。さすがに全てを把握するのは、現実的ではありません。

　さしあたり大分類だけを列挙すると、電線類、ヒューズ、配線器具、電流制限器、小形単相変圧器類、電熱器具、電動力応用機械器具、電子応用機械器具、交流用電気機械器具、携帯発電機の10種類になります。

温度ヒューズの例

　選択肢の中では、②の「ケーブル配線用スイッチボックス」が該当しません。

（1級電気通信工事　令和1年午後　No.6）

〔解答〕　②非該当

6-4　消火設備　[各種設備]

火災等の災害は、いうまでもなく未然に防ぐことを最優先としなければならない。しかし、万が一にも火災を発生させてしまった場合には、燃焼している物質の性質によって、とり得る中で適切な消火手段を選択する必要がある。

演習問題　消火設備に関する記述として、適当でないものはどれか。

① 不活性ガス消火設備は、二酸化炭素、窒素、あるいはこれらのガスとアルゴンとの混合ガスを放射することで、不活性ガスによる窒息効果により消火する
② スプリンクラー設備は、建築物の天井面などに設けたスプリンクラーヘッドが火災時の熱を感知して感熱分解部を破壊することで、自動的に散水を開始して消火する
③ 屋内消火栓設備は、人が操作することによって消火を行う固定式の消火設備であり、泡の放出により消火する
④ 粉末消火設備は、噴射ヘッドまたはノズルから粉末消火剤を放出し、火炎の熱により、粉末消火剤が分解して発生する二酸化炭素による窒息効果により消火する

ポイント▶　火災が発生したからといって、闇雲に散水をすると逆効果の場合がある。特に第3類危険物等の禁水性物質の場合は、水と接触することで一層激しく燃え広がる性質がある。燃焼している物質の特性を考慮しなければならない。

解　説

消防法施行令・第7条第2項で、消火設備として以下の10種が挙げられています。

1. 消火器及び簡易消火用具	6. 不活性ガス消火設備
2. 屋内消火栓設備	7. ハロゲン化物消火設備
3. スプリンクラー設備	8. 粉末消火設備
4. 水噴霧消火設備	9. 屋外消火栓設備
5. 泡消火設備	10. 動力消防ポンプ設備

泡を放出して消火の効果をもたらす設備は、**泡消火設備**です。屋内に施設されていたとしても、屋内消火栓設備という名称ではありません。

屋内消火栓設備は、**水を放出**することで消火の効果を得ます。したがって、③が不適当です。

その他の選択肢①、②、④は正しいです。

屋内消火栓設備の例

（1級電気通信工事　令和1年午後　No.8）

〔解答〕　③不適当 → 水を放出

演習問題 **不活性ガス消火設備の特徴に関する記述として、適当でないものはどれか。**

① 移動式の不活性ガス消火設備は、ホースノズルを人が操作することで、移動しながら消火する方式である
② 全域放出方式と局所放出方式の不活性ガス消火設備は、常時、人がいない部分に設置される
③ 不活性ガス消火設備の消火剤であるハロゲン化物は、窒息効果の他、化学的な連鎖反応抑制による燃焼抑制効果により消火する
④ 水を使用することが不適切な油火災や、電気火災または散水によって二次的な被害が出ると予想される室に設置される

ポイント▶ 不活性ガスは一般論的には、ヘリウムやネオン等の希ガス類元素や窒素等、化学反応を起こしにくい気体を指す。消火設備における不活性ガスとは、酸素を排出せずに燃焼を継続させない性質の気体をいう。

解　説

　不活性ガス等のガス系消火設備はその放出方式によって、全域放出、局所放出、移動式に分類することができます。さらに制御の方法によって、手動式、自動式に区分されます。

　全域放出方式は通信機器室等に用いられるスタイルで、防護対象となる部屋全体に対して、均一にガス放出を行う方式です。

　一方の局所放出方式は、部屋の中で防護対象となる機器だけに、集中的に不活性ガスの放出を行う方式となります。

　いずれの方式も、室中の酸素濃度が低下します。酸欠事故を防ぐため念の為に、人がいないことを確認した後に作動させる必要があります。人がいる部屋には、そもそも設置されません。

　不活性ガス消火設備の消火剤は、主に**窒素ガス**や**二酸化炭素**が用いられています。これらは熱の作用を受けても、酸素を排出しません。

不活性ガス消火設備の例

　結果として酸素濃度を下げる**窒息効果**のみによって、消火の作用を得ます。③が不適当です。

全域放出方式　　　　　局所放出方式

防護対象室　　　　　防護対象物

　なお、ハロゲン化物を消火剤とする方式は、**ハロゲン化物消火設備**です。

（1級電気通信工事　令和2年午後　No.7）

〔解答〕　③不適当

293

6-5 非常用装置 ［各種装置］

非常用装置は、平常時用の装置が稼働できないときのバックアップ手段のことである。ここでは主に電気に関係する各種装置について取り扱うが、根拠となる法令が曖昧なものもあり、注意しておきたい。

演習問題 非常用予備発電装置に関する記述として、適当でないものはどれか。

① 建設工事現場の仮設電源として使用される移動用発電設備は電気事業法令上、非常用予備発電装置として扱われる

② 非常用予備発電装置の負荷容量は、一般的に商用電源の負荷容量と比較して、必要最小限にするため、必要な負荷を選択して投入する

③ 法令や条例によって騒音値が規制される場合は、敷地境界における騒音規制値を満足する性能を有する必要がある

④ 非常用予備発電装置が運転される場合には、電力会社の配電線等に電気が流出しないようにする必要がある

ポイント▶ 非常用予備発電装置の所管省庁は、経済産業省である。しかし同装置は、電気事業法等法令上の定義がなされていない特異な存在である。そのため理解を進める上では、やや厄介なポジションに置かれている。

解 説

法令による定義がないため、経済産業省では次のように解釈を示しています。

「「非常用予備発電装置」とは、非常用の予備電源を得る目的で電気を発生する装置であって、受電または発電が全停した場合、設備あるいは人身保護のために非常用ポンプ、照明、換気、消火、通信等の用に供する最少保安電力を確保するために設置される装置をいう。」

ところで、最初の選択肢に登場する移動用発電設備について、工事現場の仮設電源として使用するケースでは、どのように定義されるのでしょうか。これは経済産業省の通達によって、以下のように示されています。

非常用予備発電装置の例

① 移動用発電設備であって、発電所、変電所、開閉所、電力用保安通信設備又は需要設備の非常用予備発電設備として使用するもの：発電所、変電所、開閉所、電力用保安通信設備又は需要設備に属する非常用予備発電装置

② 移動用発電設備であって①以外のもの：発電所

やや難解な表現ですが、工事現場の仮設電源として使用される場合は、少なくとも①には該当しません。したがって、②の発電所に分類されます。これにより、定義上は非常用予備発電装置としては扱われないことになります。①が不適当です。

（1級電気通信工事　令和1年午後　No.7）

〔解答〕　①不適当 → 扱われない

演習問題 非常用の照明装置に関する記述として、「建築基準法令」上、誤っているものはどれか。

① 照明器具には、LEDランプは認められておらず、白熱灯または蛍光灯のいずれかでなければならない

② 電気配線に使用する電線は、600V二種ビニル絶縁電線その他これと同等以上の耐熱性を有するものとしなければならない

③ 予備電源は、常用の電源が断たれた場合に自動的に切り替えられて接続され、かつ、常用の電源が復旧した場合に自動的に切り替えられて復帰するものとしなければならない

④ 照明器具（照明カバーその他照明器具に付属するものを含む）のうち主要な部分は、難燃材料で造り、または覆うこと

ポイント▶ 建造物に設ける非常用の照明装置は、電気関係の設備でありながら建築基準法が根拠法となっている。商用電源等の、常用となる電源系統が断たれた場合に確実に作用し、火災等にも耐えるような構造が要求されている。

解　説

　非常用の照明装置は建築基準法が根拠法ではありますが、実際には法令ではなく、国土交通省の告示にて細目が定められています。

　その中で、照明器具の仕様が限定されていて、白熱灯、蛍光灯、LEDランプのいずれかと規定されています。

　この非常用の照明装置に関する告示は、火災発生時を想定した内容が強調されていることが特徴といえます。①が誤りです。

（1級電気通信工事　令和2年午後　No.10）

非常用の照明装置の例

〔解答〕　①誤り → LEDも可

📖 根拠法令等

国土交通省告示
建築基準法施行令第126条の5第1号ロ及びニの規定に基づき、非常用の照明器具及び非常用の照明装置の構造方法を次のように定める。
非常用の照明装置の構造方法を定める件〔抜粋〕
第1 照明器具
　1 照明器具は、耐熱性及び即時点灯性を有するものとして、次のイからハまでのいずれかに掲げるものとしなければならない。
　　イ 白熱灯　　ロ 蛍光灯　　ハ LEDランプ
　4 照明器具（照明カバーその他照明器具に付属するものを含む。）のうち主要な部分は、難燃材料で造り、又は覆うこと。
第2 電気配線
　4 電線は、600ボルト二種ビニル絶縁電線その他これと同等以上の耐熱性を有するものとしなければならない。
第3 電源
　2 予備電源は、常用の電源が断たれた場合に自動的に切り替えられて接続され、かつ、常用の電源が復旧した場合に自動的に切り替えられて復帰するものとしなければならない。

6-6 落雷対策 ［防護デバイス］

地震、台風、洪水、津波、大雨、竜巻、土砂、雪害、状況によっては火山の噴火等、自然災害は数多くあれど、人間の英知を絞ってもこれらには無力である。落雷もまた人類にとっての脅威であり、通信設備を破壊する原因にもなる。

演習問題 直撃雷サージは、落雷時の直撃雷電流が通信装置等に影響を与えるものである。一方で誘導雷サージは、落雷時の直撃雷電流によって生ずる ☐ によって、その付近にある通信ケーブル等を通して通信装置等に影響を与えるものである。☐に入る適切な語句を選べ。

①複流　②不平衡　③電磁界　④瞬断　⑤熱線輪

ポイント▶ 雷にまつわる被害で最も大きいものは、いうまでもなく直撃雷によるものである。避雷針で引っ張り込むことができずに建造物に直接雷害が起きると、火災等に発展する。一方で、誘導雷サージに代表される直撃雷でない被害もある。

解　説

稲妻が発生した場合に、人や建造物に直撃雷が落ちると甚大な被害となります。このためビル等に避雷針を設け、意図的に稲妻を誘導してその配下の範囲を守る策がとられています。

避雷針の保護角の外である場合は、一般的に比較的高い場所や、先が鋭利な物体に落雷するといわれています。電柱もこの1つです。電柱やそこで支持しているケーブル類に直撃雷が発生した場合には、これによるサージ電流が通信設備の中まで侵入してくるケースが考えられます。

直撃雷サージによる被害であれば、瞬時とはいえ高電圧・大電流が装置の中に入り込み、破壊してしまうことになります。

これとは別に、誘導雷サージによる被害も存在します。誘導雷は稲妻の直撃を受けるのではなく、近傍

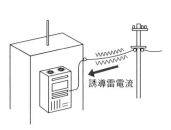

で雷が発生した場合に<u>電磁界</u>によってケーブル等に誘起されるものです。

雷が発生したときには、LF（長波）帯やVHF（超短波）帯を中心にさまざまな成分の電磁波を放射します。架空電線がアンテナの働きをしてこれらの電磁波を拾ってしまい、通信設備まで入り込んでしまう現象です。これも基盤を焼いてしまったり、装置を故障させる原因となります。③が適切です。

〔解答〕　③適切

> **演習問題**
> 雷サージ電流が電源ラインや通信ラインに侵入したときに、雷サージ電流をアースにバイパスし情報機器を保護する避雷器として、<u>適当なもの</u>はどれか。
>
> ①UVR　　②UPS　　③SPD　　④OCR

ポイント▶ 雷サージ電流が機器に入り込むと基盤を焼いてしまったり、故障の原因となる。よって侵入を未然に防がなければならない。避雷器は気中ギャップによって通常時は絶縁されているが、高電圧がかかると短絡して大地へと逃がす。

解　説

「UVR（Undervoltage Relays）」は、不足電圧継電器のことです。電圧が設定値以下になった場合に動作するものです。短絡や地絡、電圧降下等の検知に用いられることが多いです。

「UPS（Uninterruptible Power Supply）」は、無停電電源装置のことです。商用電源が短時間の停電となった際に、瞬断することなく電力の供給を継続するためのものです。整流装置、蓄電池、インバータから構成されます。

掲題の設問の避雷器は、「<u>SPD</u>（Surge Protective Device）」です。別名をアレスタともいいます。③が適当です。

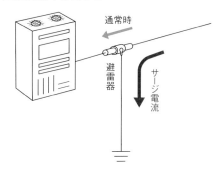

■避雷器のはたらき

通常時

避雷器

サージ電流

避雷器の例

「OCR（Over Current Relay）」は、過電流継電器のことです。電流が一定の設定値以上になった場合に動作して、回路や装置を保護します。

（2級電気通信工事　令和1年後期　No.27）

〔解答〕　③ 適当

> **?! 学習のヒント**
>
> 　一般には稲妻は「落ちる」という表現をするが、ときとして逆の場合もある。稲妻の正体は電流であるが、電流の実態は電子である。大地と雲とで正負のどちらに帯電しているかによって、電流の流れる向きは異な
>
> るからである。
> 　夏の稲妻は雲から大地に向かって電子が落ちる場合が多いため、電流は大地から雲に向かって登っていくことになる。冬場はこの逆のケースが多い。

6-7 二次電池 ［特 性］

直流電源を用意する手段は大きく2つに分けられる。1つは交流を整流すること。もう1つが電池を導入することである。電池にも2つの種類があり、充電ができない使い切りの一次電池と、充電が可能な二次電池とに分けられる。

演習問題 二次電池の充電方式に関する次の記述に該当する用語として、<u>適当なもの</u>はどれか。

「自然放電で失った容量を補うために、継続的に微小電流を流すことで、満充電状態を維持する。」

①定電圧定電流充電
②トリクル充電
③浮動充電
④パルス充電

ポイント▶ 二次電池は蓄電池ともいい、繰り返し充電を行って中長期にわたって使用できる特徴がある。種類は主に3つに分けられ、かつては鉛蓄電池が主流であった。近年では、リチウムイオン電池が急速に普及してきた。

解 説

掲題の、「自然放電で失った容量を補うために、継続的に微小電流を流すことで、満充電状態を維持する。」方式は、トリクル充電です。

浮動（フロート）充電とも似ていますが、接続の仕方が異なります。浮動充電は蓄電池と負荷とが並列につながっていますが、トリクル充電は別回路で構成されています。

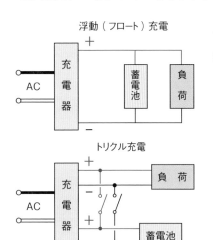

浮動充電は並列のつなぎですから、常に定電圧を印加して、満充電を維持します。満充電の状態では、蓄電池内を流れる<u>電流はほぼ0A</u>です。

一方のトリクル充電は、通常時は<u>微小電流を流して</u>満充電を維持しています。そして停電時には、回路を切り替えて、蓄電池から負荷へ向けて供給します。

両方式の違いは、電流の流れ方で判別できます。②が適当。

二次電池（鉛蓄電池）の例

（1級電気通信工事 令和1年午後 No.4）

〔解答〕 ②適当

> **演習問題** リチウムイオン電池に関する記述として、<u>適当でないもの</u>はどれか。
>
> ①セルあたりの起電力が3.7Vと高く、高エネルギー密度の蓄電池である
> ②自己放電や、メモリ効果が少ない
> ③電解液に水酸化カリウム水溶液、正極にコバルト酸リチウム、負極に炭素を用いている
> ④リチウムポリマー電池は、液漏れしにくく、小型・軽量で長時間の使用が可能である

ポイント▶ 携帯電話をはじめ、電子機器を持ち歩くことが生活のステータスとなってくると、電源の小型・軽量化が急務になった。ここで市民権を得たのがリチウムイオン電池である。現代のモバイル技術の著しい発達は、この電池抜きには語れない。

解　説

　「リチウムイオン電池」の起電力は3.7Vです。これは重要な数値であるため、覚えておいてください。他の充電池と比較しても、エネルギー密度は高いが、逆に製造コストが高い欠点があります。①は適当です。

　リチウムイオン電池の構造は、正極にはリチウムやコバルトの酸化物、負極には結晶構造中にリチウムを含んだ炭素を用いています。電解質には液状の、リチウム塩を溶かした有機溶媒が使われています。水酸化カリウム水溶液ではありません。よって③が不適当です。

リチウムイオン電池の例

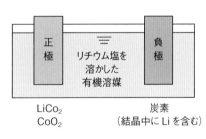

■リチウムイオン電池の仕組み

　「リチウムポリマー電池」は、リチウムイオン電池の進化版です。液状の有機溶媒であった電解質をゲル状の導電性ポリマーに変えたことで、小型・軽量化が実現でき、形状の自由度も向上しました。
　さらに、エネルギー密度もリチウムイオン電池の約1.5倍と高くなっています。欠点は高価であることです。④は適当です。

（2級電気通信工事　令和1年前期　No.32）

〔解答〕　③不適当

• COLUMN •

電気設備の技術基準の解釈

〔抜粋〕
【架空電線路の強度検討に用いる荷重】（省令第32条第1項）

第58条　架空電線路の強度検討に用いる荷重は、次の各号によること。
1　風圧荷重　架空電線路の構成材に加わる風圧による荷重であって、次の規定によるもの
　　イ　風圧荷重の種類は、次によること。
　　　（イ）甲種風圧荷重 58-1 表に規定する構成材の垂直投影面に加わる圧力を基礎として計算したもの、又は風速
　　　　40m/s 以上を想定した風洞実験に基づく値より計算したもの
　　　（ロ）乙種風圧荷重 架渉線の周囲に厚さ 6mm、比重 0.9 の氷雪が付着した状態に対し、甲種風圧荷重の 0.5 倍
　　　　を基礎として計算したもの
　　　（ハ）丙種風圧荷重 甲種風圧荷重の 0.5 倍を基礎として計算したもの
　　　（ニ）着雪時風圧荷重 架渉線の周囲に比重 0.6 の雪が同心円状に付着した状態に対し、甲種風圧荷重の 0.3 倍を
　　　　基礎として計算したもの
　　　〔図表略〕
　　ロ　風圧荷重の適用区分は、58-2 表によること。ただし、異常着雪時想定荷重の計算においては、同表にかかわら
　　　ず着雪時風圧荷重を適用すること。
　　　〔図表略〕
　　ハ　人家が多く連なっている場所に施設される架空電線路の構成材のうち、次に掲げるものの風圧荷重については、
　　　ロの規定にかかわらず甲種風圧荷重又は乙種風圧荷重に代えて丙種風圧荷重を適用することができる。
　　　（イ）低圧又は高圧の架空電線路の支持物及び架渉線
　　　（ロ）使用電圧が 35,000V 以下の特別高圧架空電線路であって、電線に特別高圧絶縁電線又はケーブルを使用
　　　　するものの支持物、架渉線並びに特別高圧架空電線を支持するがいし装置及び腕金類
　　ニ　風圧荷重は、58-3 表に規定するものに加わるものとすること。
　　　〔図表略〕

2　垂直荷重 垂直方向に作用する荷重であって、58-4 表に示すもの
3　水平横荷重 電線路に直角の方向に作用する荷重であって、58-4 表に示すもの
4　水平縦荷重 電線路の方向に作用する荷重であって、58-4 表に示すもの
5　常時想定荷重 架渉線の切断を考慮しない場合の荷重であって、風圧が電線路に直角の方向に加わる場合と電線路
　に平行な方向に加わる場合とについて、それぞれ 58-4 表に示す組合せによる荷重が同時に加わるものとして荷重
　を計算し、各部材について、その部材に大きい応力を生じさせる方の荷重
6　異常時想定荷重 架渉線の切断を考慮する場合の荷重であって、風圧が電線路に直角の方向に加わる場合と電線路
　に平行な方向に加わる場合とについて、それぞれ 58-4 表に示す組合せによる荷重が同時に加わるものとして荷重
　を計算し、各部材について、その部材に大きい応力を生じさせる方の荷重
7　異常着雪時想定荷重 降雪の多い地域における着雪を考慮した荷重であって、風圧が電線路に直角の方向に加わる
　場合と電線路に平行な方向に加わる場合とについて、それぞれ 58-4 表に示す組み合わせによる荷重が同時に加わ
　るものとして荷重を計算し、各部材について、その部材に大きい応力を生じさせる方の荷重
　　〔図表略〕
8　垂直角度荷重 架渉線の想定最大張力の垂直分力により生じる荷重
9　水平角度荷重 電線路に水平角度がある場合において、架渉線の想定最大張力の水平分力により生じる荷重
10　支線荷重 支線の張力の垂直分力により生じる荷重
11　被氷荷重 架渉線の周囲に厚さ 6mm、比重 0.9 の氷雪が付着したときの氷雪の重量による荷重
12　着雪荷重 架渉線の周囲に比重 0.6 の雪が同心円状に付着したときの雪の重量による荷重
13　不平均張力荷重 想定荷重の種類に応じ、次の規定によるもの
　　〔中略〕
14　ねじり力荷重 想定荷重の種類に応じ、次の規定によるもの
　　〔中略〕

● 索引・INDEX ●

優先度 ★★★
優先度 ★★☆
優先度 ★☆☆
優先度 ★☆☆
優先度 ☆☆☆

索引

■ 著者略歴

高橋 英樹（たかはしひでき）

昭和 47 年 神奈川県生まれ　産業能率大学大学院 修士課程修了　主に電気、電気通信工事における設計、
設計監理、施工管理。土木工事の設計、設計監理。鉄道向け列車運行保安装置のソフト開発。
現在は、技術資格スクール「のぞみテクノロジー」取締役。

（のぞみテクノロジー　神奈川県川崎市中原区木月 1-32-3 内田ビル 2 階　https://www.nozomi.pw/）

〈保有資格〉

経営管理修士 MBA	第三種電気主任技術者
施工管理技士（1 級電気通信工事、1 級電気工事、	第二種電気工事士
2 級土木）	第一種衛生管理者
情報処理安全確保支援士	ネオン工事技術者
情報セキュリティスペシャリスト	建設業経理士 2 級
教育職員免許（高等学校、中学校）	動力車操縦者運転免許
職業訓練指導員免許（電子科）	航空従事者航空通信士
無線従事者免許（一陸技、一海通、航空通、一アマ）	防災士
電気通信主任技術者（伝送交換、線路）	他多数
電気通信設備工事担任者（AI・DD 総合種）	

■ 制作スタッフ
● 装　丁：田中　望
● 編　集：大野　彰
● 作図＆DTP：株式会社オリーブグリーン

2024 年版（ねんばん）
電気通信工事施工管理技士（でんきつうしんこうじせこうかんりぎし）
突破攻略（とっぱこうりゃく）　1 級第 1 次検定（いっきゅうだいいちじけんてい）

2024 年 6 月 13 日　初版　第 1 刷発行

著　者　高橋 英樹
発行者　片岡　巌
発行所　株式会社技術評論社
　　　　東京都新宿区市谷左内町 21-13
　　　　電話　03-3513-6150　販売促進部
　　　　　　　03-3267-2270　書籍編集部
印刷／製本　株式会社加藤文明社

定価はカバーに表示してあります。

本書の一部または全部を著作権法の定める範囲を超え、無断で複写、
複製、転載、テープ化、ファイル化することを禁じます。

©2024　高橋 英樹　大野　彰

造本には細心の注意を払っておりますが、万一、乱丁（ページの乱れ）や落
丁（ページの抜け）がございましたら、小社販売促進部までお送りください。
送料小社負担にてお取り替えいたします。

ISBN 978-4-297-14175-2 C3054
Printed in Japan

本書の内容に関するご質問は、下記の宛先
まで書面にてお送りください。お電話によ
るご質問及び本書に記載されている内容以
外のご質問には、お答えできません。あら
かじめご了承ください。
〒 162-0846
新宿区市谷左内町 21-13
株式会社技術評論社 書籍編集部
「電気通信工事施工管理技士
　突破攻略　1 級第 1 次検定」係
FAX：03-3267-2271